## 多媒体学习光盘使用说明

计算机配置要求

请确认您的光驱可以读取DVD光盘。

请确认您电脑中的Windows Media Player为9.0以上的版本。如果不是，请先去Microsoft相关网站更新。

打开范例

1 在开始画面中单击"打开范例"，可以复制本书讲解和练习需要使用的范例到您的电脑中。

2 出现"复制范例"对话框，默认的复制路径为"C:\FollowMe\产品名称"。

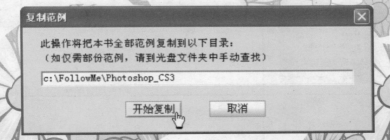

③ 您也可以视情况更改默认的路径，然后单击"开始复制"按钮即可。

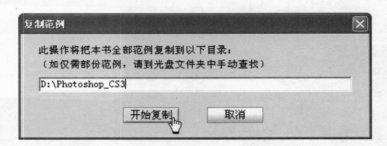

④ 如果不希望一次复制所有范例，也可以单独找到您想要的文件。
打开光盘文件夹后，双击"Example"文件夹会出现所有范例文件，您可以选择需要的章节复制到硬盘中，再进行操作。

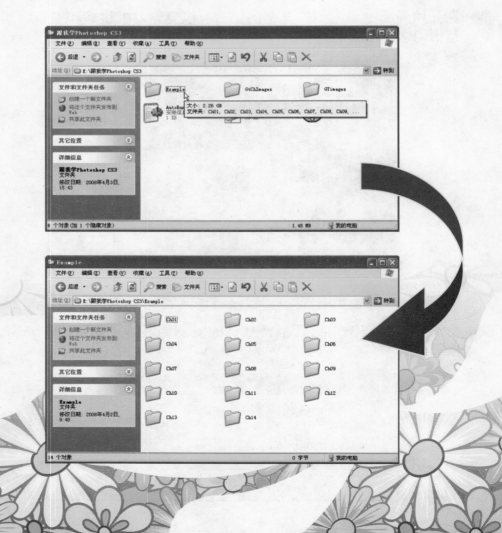

⑤ 单击"观看视频教学"进入课程教学，开始学习。

⑥ 进入如下图所示的"课程目录"，选择要学习的章。

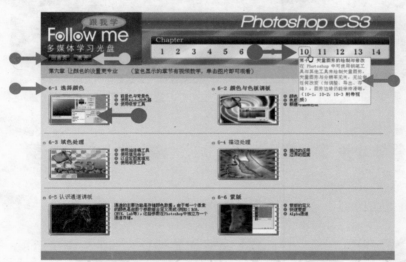

⑦ 接着，选择要查看的节数。

● 以蓝色字显示的标题是带有视频教学的章节，其余的还请阅读书上相关内容进行学习。

● 显示本章的课程简介。

单击"离开"按钮，会退出多媒体光盘的学习界面。

● 单击"回首页"按钮，会回到主画面——"首页"。

8 自动打开播放程序，开始播放指定的课程。

1 播放　　　　**2** 暂停　　　　**3** 停止

4 静音　　　　**5** 调整音量　　**6** 调整进度

7 上一节课程　**8** 下一节课程　**9** 回课程目录

10 显示当前课程名称

CAD

恩光技术团队
林福泉　江高举　编著

新手
一学就会

AutoCAD
辅助绘图

机械工业出版社
China Machine Press

本书介绍 AutoCAD 的基础知识和应用。

本书分为 14 章，内容主要为：界面，基本操作，绘制基本图形，图形编辑，文字建立与编辑，尺寸标注与多重引线编辑，图层应用与查询数据，动态块、外部参照与图像管理，表格建立与数据链接操作，图形配置、打印与发布，建立三维图形对象，编辑三维图形对象，视觉样式与打印操作，三维动画制作。

本书适用于 AutoCAD 初中级用户，相关专业和培训教材与参考。

本书中文简体字版由中国台湾基峰资讯有限公司授权机械工业出版社出版，未经本书原版出版者和本书出版者预先书面许可，不得以任何方式复制或抄袭本书的任何部分。

本书版权登记号：图字：01-2009-2218

图书在版编目（CIP）数据

新手一学就会 AutoCAD 辅助绘图 / 林福泉，江高举编著 .—北京：机械工业出版社，2009.4

ISBN 978-7-111-25887-2

Ⅰ . 新… Ⅱ . ①林… ②江… Ⅲ . 计算机辅助设计－应用软件，AutoCAD Ⅳ . TP391.72

中国版本图书馆 CIP 数据核字（2008）第 205380 号

机械工业出版社（北京市西城区百万庄大街 22 号 邮政编码 100037）
责任编辑：李华君
三河市明辉印装有限公司印刷
2009 年 4 月第 1 版第 1 次印刷
184mm×260mm 20.5 印张
标准书号：ISBN 978-7-111-25887-2
　　　　　ISBN 978-7-89482-928-3（光盘）
定价：39.80 元（附光盘）

凡购本书，如有倒页、脱页、缺页，由本社发行部调换

本社购书热线电话（010）68326294

前言

AutoCAD 是目前市面上，使用最广的绘图软件之一，在许多学校还被列为标准课程，从早期的 DOS 版本到目前最新的 AutoCAD 2008，其功能不断增加，操作也更加方便。在 AutoCAD 2008 中文版中，不仅有全中文化的操作环境、动态输入与动态块的功能，更重要的是加入了可注释性对象、多重引线、数据库与表格链接等全新功能，使打印工作与表格数据的链接更为便捷。

本书的内容包含了 AutoCAD 2008 的绘图基本功能、高级的绘图功能、可注释尺寸标注与文字的加入操作；另外针对 3D 立体图形的绘制与编辑，以深入浅出的方式进行了介绍，让读者可以轻轻松松地绘出三维的实体图形，并加以渲染。本书所示范的照相机与运动路径的三维动画制作对初学者很有借鉴意义。关于对象捕捉、环境设置和整合应用等内容，本书也都进行了详细说明，让读者对 AutoCAD 了解更充分，更容易上手。

对于 AutoCAD 初学者而言，可以轻松地阅读本书，并能很快学会 AutoCAD 的基本操作，更重要的是我们制作了多媒体学习光盘，可以阅览动态块、数据库与表格的链接运用、三维漫游与飞行动画制作等的实际操作界面，它是学习上的重要帮手，赶快体验一下这种省钱又大有收获的学习方式吧。

本系列图书编撰期间，承蒙整个顾问群的通力合作，才使所有书籍顺利完成。当然，也要感谢老朋友孙锦珍小姐细致、耐心地完成排版工作。任何一本图书能够顺利上架，图书公司也扮演了相当重要的角色，感谢基峰资讯所有同仁，没有你们的辛劳，这本书就无法顺利出现在读者的面前。

最后，要诚挚地感谢所有的读者，您每购买一本书，对我们都是莫大的支持与鼓励，请继续给予鞭策，让我们所编著的图书更能满足您的需要，也让我们知道好书不会寂寞！

志凌资讯·恩光技术团队
2007 年 9 月 9 日 于温哥华

目　录

新手一学就会 ▼ AutoCAD 辅助绘图

Video
Video
Video
Video
Video

新手一学就会▼ AutoCAD 辅助绘图

新手一学就会 ▼ AutoCAD 辅助绘图

AutoCAD 2008 中文版简介

　　AutoCAD 2008 中文版是一套 Windows 环境下专业的绘图软件，具有完全中文化的操作界面、完整的辅助功能、多项新建的功能，不仅使执行速度更快，还可以和其他 Windows 软件充份整合。除此之外，AutoCAD 2008 新增了可调整比例注释对象、多重引线及数据库表格的链接更新等功能，大大提高了绘图效率。

学习重点

1.1　认识 AutoCAD 操作界面
1.2　图形的相关操作
1.3　用户界面的操作
1.4　辅助功能

1.1 认识 AutoCAD 操作界面

　　AutoCAD 2008 提供工作空间、面板、选项板和工具栏等界面控件，在操作上相当方便，可以让用户快速找到相关的命令，大大提高绘图效率。

1.1.1 启动 AutoCAD 2008

　　当按照软件安装程序的提示安装好 AutoCAD 2008 中文版之后，在 Windows 的桌面上便会建立 AutoCAD 2008 快捷方式图标，双击该图标即可进入 AutoCAD 2008 的新功能专题研习画面，选择"以后再说"单选项，单击 确定 按钮，就可以进入 AutoCAD 2008 操作窗口。

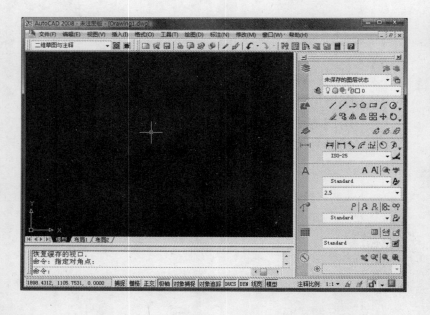

提示

　　为了方便读者阅读，本书会将绘图区的背景颜色由黑色更改为白色，如何更改设置，请参考 1.1.6 节。

1.1.2 操作窗口介绍

当打开 AutoCAD 2008 后，系统默认状态会打开"二维草图与注释"工作空间的操作界面，它的操作窗口说明如下。

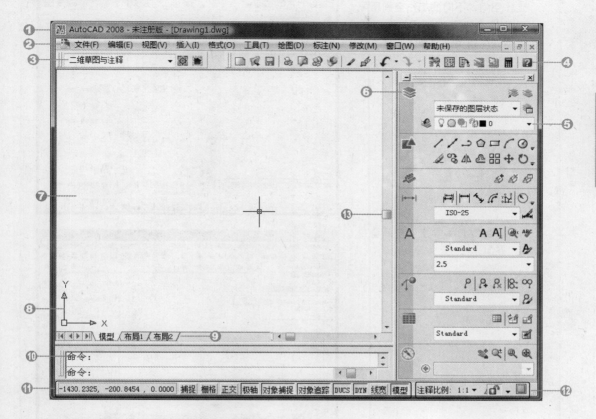

① 标题栏：显示软件名称及当前编辑的文件名称；

② 菜单栏：包括文件、编辑、视图、插入等共 11 种菜单；

③ 工作空间工具栏：包含下拉列表与按钮，可以进行工作空间模式的更改与设置；

④ 标准注释工具栏：以图标的方式显示经常使用的命令；

⑤ 面板：由各种常用的"控制台"控件（例如：图层、二维绘图等）所构成；

⑥ 控制台：由按钮和下拉列表对象组成，用来执行该类型的相关操作命令；

⑦ 绘图区：用来编辑和显示 AutoCAD 图形，可以搭配缩放、平移或多重视图来查看所绘制的图形；

⑧ 坐标系：AutoCAD 提供世界坐标系（WCS）和用户自定义坐标系（UCS）；

⑨ 布局与模型选项卡：用来进行模型和图纸空间绘图类型的切换操作；

⑩ 命令窗口：用于输入命令，同时系统相关提示或信息也会出现在此窗口中；

⑪ 应用程序状态栏：显示当前光标位置和系统相关状态控制命令；

⑫ 图形状态栏：显示当前的绘图状态是在模型还是在图纸绘图状态，并有选项卡可进行不同模式的切换操作；

⑬ 窗口滚动条：用来调整绘图区的位置。

提示

AutoCAD 2008 提供了两种工作空间，不同的工作空间所呈现的操作界面也不同。有关工作空间的相关设置操作，请参考 1.3 节。

🔊 三维建模工作空间窗口界面

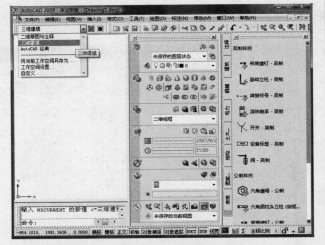

🔊 AutoCAD 经典工作空间窗口界面

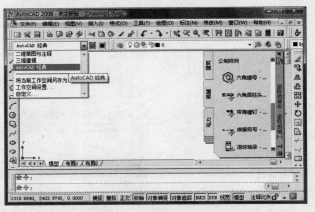

1.1.3 菜单栏

AutoCAD 2008 提供了 11 种功能菜单，包含"文件"、"编辑"、"视图"、"插入"、"格式"、"工具"、"绘图"、"标注"、"修改"、"窗口"与"帮助"菜单，用户可以根据个人的需求，选择适当的菜单来执行所需要的命令。

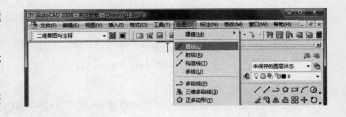

1.1.4 面板（Dashboard）

"面板"由一系列"控制台"控件所构成，而每个"控制台"均包含相关的命令按钮与控件，这些命令按钮和控件与工具栏上的按钮及对话框的控件类似。

因此可以在不打开一堆工具栏的情况下，快速找到所需的操作命令。除此之外，不同工作空间模式的设置，对应显示的面板样式也会有所不同。

▌▌ 面板的基本操作

接下来以二维草图与注释的面板为例,说明如何操作面板的显示、隐藏、固定与锚定的方法。

范 例	面板的基本操作

Step 01 选择"工具"→"工作空间"→"二维草图与注释"命令,系统便自动打开"二维草图与注释"面板,并且显示固定在窗口右侧。

Step 02 移动鼠标到"图层控制台"图标上,单击向下双箭头 ⊻ 按钮,便展开该控制台被隐藏起来的滑出式面板。

Step 03 移动鼠标到滑出式面板上,单击向上双箭头 △ 按钮,便可恢复为原状。

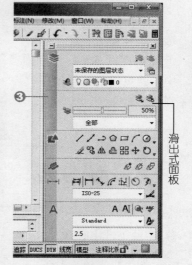

滑出式面板

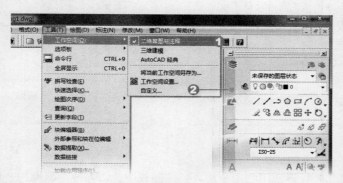

Step 04 单击"锚定" ■ 按钮,就会将面板锚定在右侧并自动隐藏。

Step 05 移动鼠标到面板锚定栏上,会自动显示面板,然后在面板标题栏上右击。

Step 06 可选择或取消选择快捷菜单中的命令(例如:自动隐藏),便可以进行面板的隐藏、显示、关闭及更改锚定位置等设置。

提示

固定模式下,在固定区域上右击,取消选择"允许固定"复选框,面板就会形成浮动样式;若要恢复固定样式,只需用鼠标拖动面板标题栏回到窗口边缘即可。

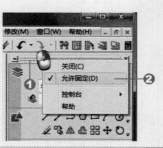

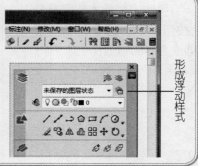

形成浮动样式

▌ 面板控制台的显示设置

系统允许针对面板中"控制台"选项，进行显示或隐藏设置。

范 例	设置面板控制台界面控件

Step 01 右击"面板"中的空白位置。

Step 02 选择"控制台"选项，在显示的"控制台"子菜单（例如：三维制作）中，就可以打开指定的"控制台"控件。

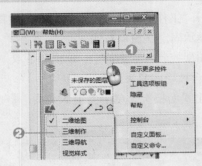

打开三维制作控制台结果

提示

如果要关闭某一个"控制台"控件，可以依照上述的方法，取消该"控制台"选项即可。

▌ 建立个性化面板

如果希望建立个性化的面板，并且将常用的命令加入到该面板中，以方便绘制操作，请遵循以下步骤操作。

范 例	建立个性化面板

Step 01 选择"工具"→"自定义"→"界面"命令。

Step 02 打开"自定义用户界面"对话框，在"面板"选项上右击，选择"新建面板"命令。

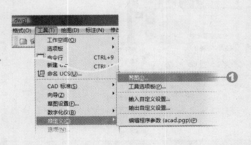

Step 03 输入新面板名称，单击"按钮图像"窗口中的图标，该图形即成为新面板的代表图标。

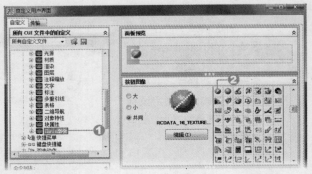

Step 04 接下来依次拖动"命令列表"的命令到新面板的"第 1 行"文件夹中，即可新建若干命令按钮到新面板中，单击 确定 按钮。

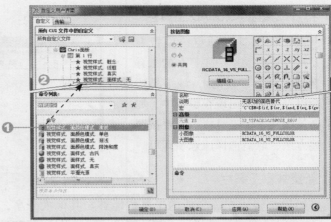

Step 05 在"面板"中，利用快捷菜单打开建立的个性化新面板，结果如右图所示。

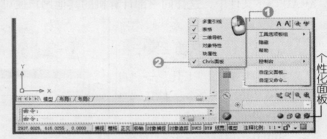

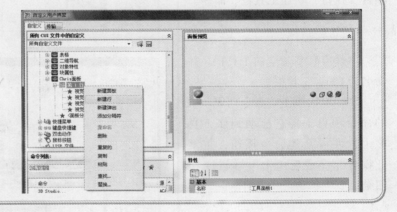

提示

如果要对面板、行、分隔符等进行编辑操作，都可以通过右键快捷菜单中的命令来完成。

1.1.5 工具栏

在 AutoCAD 2008 中，所有的命令除了放置在菜单中，也可以制作成工具按钮，并将常用的工具按钮制作成工具栏，方便快速单击以执行命令，相关工具栏的操作说明如下。

▎移动 AutoCAD 工具栏

我们可以将工具栏拖动到主窗口的上、下、左、右边缘固定放置；或是拖动到任何地方，成为浮动式工具栏。拖动方法是在想要移动的工具栏上的空白处按住鼠标左键，并拖动到目标位置即可。

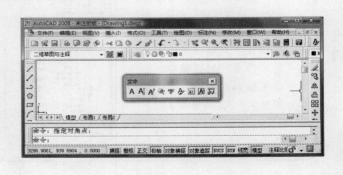

新手一学就会 ▼ AutoCAD 辅助绘图

打开或关闭 AutoCAD 工具栏

在任何工具栏的空白位置右击，选择快捷菜单中要打开的工具栏选项（例如：查询），该工具栏便会以浮动形式出现在窗口中，如果要关闭某一个工具栏，只要按照上述方法，取消选择该选项即可。

新建共享工具栏

如果希望建立一个新的工具栏能够与其他人分享，可以将该工具栏放置在系统默认的 ACAD.CUI 文件中，这样同一部计算机的其他用户便可以使用该工具栏了。

范 例　新建共享工具栏

Step 01 执行"工具"→"自定义"→"界面"命令，打开"自定义用户界面"对话框。

Step 02 用鼠标右击"工具栏"项目，执行"新建工具栏"命令。

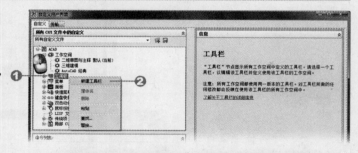

Step 03 新建空白工具栏，并命名为 Chris 工具栏。

Step 04 单击"命令列表"中的命令项目，将它拖动到该工具栏上，便可新建命令按钮，重复此操作，完成后单击 确定 按钮结束。

新建工具栏的结果

提示

若要对工具栏或工具栏的命令按钮进行新建、删除、插入分隔符、重命名等操作，可以在"自定义用户界面"对话框中，右击要编辑的项目，执行快捷菜单中的命令即可。

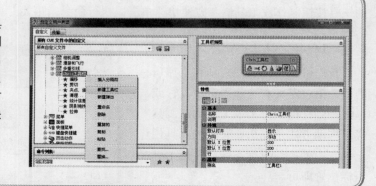

▌新建个人专用工具栏

设计者可以将个性化的工具栏加入系统的 CUSTOM 选项中，这样其他用户便无法使用该工具栏。

范　例　新建个性化工具栏

Step 01 依照前面的方法，打开"自定义用户界面"对话框，在"自定义"选项卡中，右击"所有 CUI 文件中的自定义"窗口中的"局部 CUI 文件"→ CUSTOM →"工具栏"项目，执行"新建工具栏"命令。

Step 02 输入名称，并且依照前面方法加入工具按钮，完成后单击 ▭确定▭ 按钮。

Step 03 使用鼠标右击工具栏空白位置，执行 CUSTOM →"Chirs 工具栏 2"命令，便可打开该工具栏。

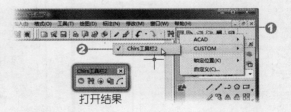

打开结果

▌清除工具栏

在绘图时，工具栏往往占用窗口的大部分空间，使得绘图区范围变小，这时便可以按下 [Ctrl] + [O] 键，来清除所有工具栏内容，只保留"绘图区"、"状态栏"、"菜单栏"与"命令窗口" 4 大部分，并以全屏幕范围来显示；如果再按一次 [Ctrl] + [O] 键，就会恢复回原来的屏幕状态。

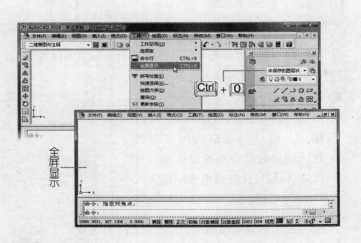

全屏显示

新手一学就会 ▼ AutoCAD 辅助绘图

加入工具按钮结果

提示

执行"工具"→"全屏显示"命令或单击"状态栏"右侧的"全屏显示" 按钮来达到上述目的。

1.1.6 绘图区

绘图区用来编辑和显示 AutoCAD 图形，可以搭配缩放、平移或多重视窗来查看所绘制的图形。绘图区通常默认为最大化，也可以将它恢复成独立窗口。系统默认的图形背景颜色是黑色，若要改变背景颜色，方法如下。

范 例　更改绘图区背景颜色

Step 01 执行"工具"→"选项"命令，打开"选项"对话框，切换到"显示"选项卡，单击 颜色(C)... 按钮。

Step 02 打开"图形窗口颜色"对话框，选择"背景"列表中的"二维模型空间"，再选择"界面元素"列表中的"统一背景"选项，展开"颜色"下拉列表，选择白色，单击 应用并关闭(A) 与 确定 按钮，完成操作。

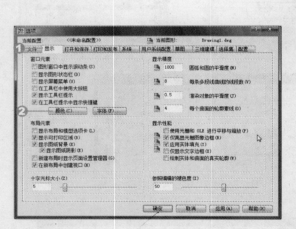

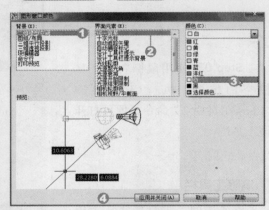

除了可以改变绘图区的显示方式外，与绘图区相关的，还有光标的形状，不同形状的光标，所代表的绘图行为也不同。

● 十：在"命令："提示下，移动鼠标到图形上就会出现此种光标样式，可以用来框选图形对象，被选到的对象会出现虚线和夹点，这是 AutoCAD 最常出现的模式。

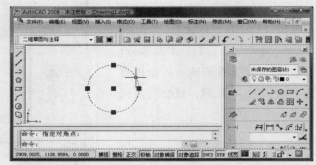

- ◉ 十：在执行某一命令的过程中，如需要输入一组数值，就会出现该光标，提示我们输入或选择以坐标点的方式输入数值。

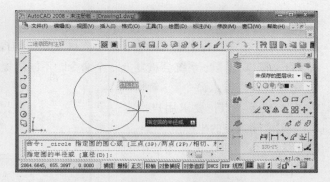

- ◉ 口：在"选择对象："提示下才会出现，是用于圈选对象或直接选择对象。

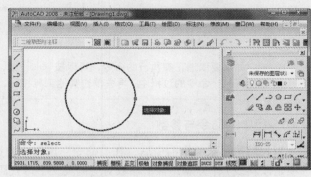

有关绘图光标的动态模式输入形式，请参考 2.2 节。

1.1.7　命令窗口

"命令"窗口分成上下两个区域：上方是命令历史区，下方是命令行。在命令行可以输入命令，或输入命令参数。命令历史是显示过去曾经执行的命令，可以利用垂直滚动条查看，或按 F2 键切换成文本窗口，在文本窗口中再按一次 F2 键，可以切换回"命令"窗口。

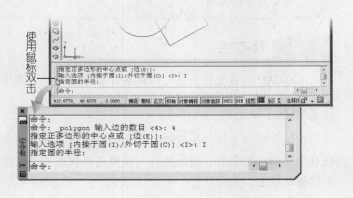

命令历史区、命令行

可以用鼠标按住"命令"窗口上方边界处拖动，以调整窗口的大小；或用鼠标双击命令窗口的左边框，可以形成独立窗口。

▮▮ 命令行基本操作

如果要在命令行中输入命令，必须先确定系统的提示文字是否为"命令"；如果在"命令"提示下，按 Enter 键，系统会重复上一个命令。不同的提示文字代表不同的操作模式，说明如下。

● 命令：可以输入命令。
● 起点或下一点：要求用户指定一点或输入点的坐标值。
● 选择对象：要求选择图形中的对象。

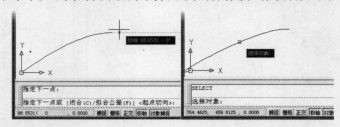

如果要取消正在执行的命令，可以按 Enter 键，系统会重新回到"命令："的提示。如果在执行某一命令的过程中，再去单击其他工具按钮，系统会先取消前一命令，再执行新的命令。

▮▮ 命令行中的命令与参数

当我们执行某一个命令后，在"命令"窗口中会显示该命令名称和对应的参数。各个参数选项是以斜线 / 作分隔，各个参数对应的英文字母代码是以括号 ( ) 标示，要输入参数，只要输入对应的英文字母后按 Enter 键，系统即进入该参数选项。参数选项最后以 〈 〉括起的，是默认的参数选项，可以直接按 Enter 键进入，范例说明如下。

范　例　命令行的参数设置

Step 01 命令行中输入 rectang，按 Enter 键，便会出现对应参数项目。

Step 02 输入您要的参数名称与数值，并且在屏幕上单击两点，便可以画出具有圆角的矩形。

AutoCAD 提供传统命令输入、动态模式输入与命令按钮方法来绘制图形，如何执行请参考 2.2 节的说明。

1.1.8　状态栏

AutoCAD 的状态栏分为"应用程序状态栏"与"图形状态栏"两种，分别说明如下。

▮▮ 应用程序状态栏

它包含显示光标的坐标值、多个打开和关闭图形的绘图工具按钮、状态托盘设置 🔒 ▾ 按钮及全屏显示按钮等，通过选择与取消选择状态托盘设置 🔒 ▾ 按钮的列表选项，可以改变显示的按钮状态。

范 例 应用程序状态栏的界面控件

Step 01 单击状态托盘设置 按钮。

Step 02 设置要显示的按钮选项，改变应用程序状态栏的界面控件。

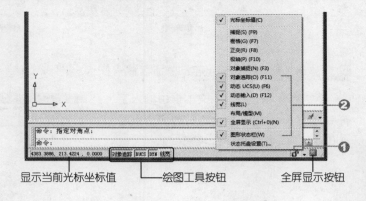

显示当前光标坐标值　　绘图工具按钮　　全屏显示按钮

图形状态栏

"图形状态栏"可显示多个用于调整注释比例的工具，包括注释比例、注释可见性、自动缩放与信息栏菜单等按钮。如果打开"图形状态栏"时，它就会显示在绘图区的底部，如果关闭它，"图形状态栏"的按钮会移动到应用程序状态栏中。

范 例 图形状态栏的界面控件

Step 01 单击状态托盘设置 按钮，单击 "图形状态栏" 命令，即可打开此界面控件。

Step 02 单击"信息栏菜单"按钮，在列表中选择或取消某个选项，就会改变显示状态。

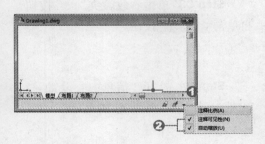

注释比例按钮　　注释可见性按钮

提示

关闭"图形状态栏"后，"图形状态栏"的工具会移到应用程序状态栏中。

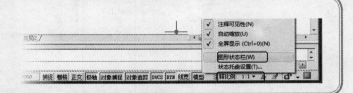

1.1.9 搜索 / 通信中心 / 收藏夹

AutoCAD 2008 提供"搜索"、"通信中心"与"收藏夹"3 个功能按钮与文本框，方便查询相关的命令或信息。

| 范 例 | 搜索、通信中心与收藏夹操作程序 |

Step 01 在"搜索"文本框中输入字符串，按 Enter 键，便会将符合的信息显示在"搜索"列表中供您参考。

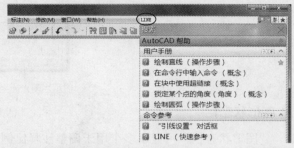

Step 02 单击"通信中心" 按钮，便会展开对应网站供您查询信息。

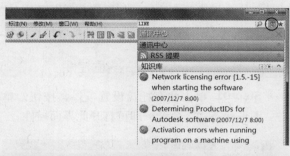

Step 03 单击"收藏夹" 按钮，再单击 设置 按钮。

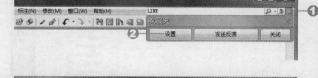

Step 04 打开"信息中心设置"对话框，进行网页信息的订阅，单击 确定 按钮。

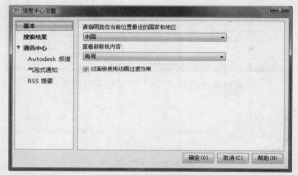

1.2 图形的相关操作

AutoCAD 提供多种方式建立新的图形，在本节中将介绍建立新图形的方法，以及如何打开文件和保存文件。

1.2.1 新建（NEW）与打开（OPEN）

▌新建文件（NEW）

启动 AutoCAD 2008 后，如果要打开一个新的文件，可以选择"文件"→"新建"命令，或单击"新建" 📄 按钮来建立新文件。

AutoCAD 2008 提供以下两种方式让设计者来设置新文件的格式。

◉ 直接选择图形样板或图形来打开

这是系统默认的状态，系统直接提供"图形样板"（.DWT）、"图形"（.DWG）与"标准"（.DWS）3 种方式供设计者选择与建立新图形。其中"图形样板"与"图形"都有特定样式、图形大小、单位尺寸等设置供设计者直接应用，而"标准"则需要设计者自行制定。

范 例	直接选择样板文件打开图形

Step 01 执行"文件"→"新建"命令，打开"选择样板"对话框。

Step 02 选择要打开的"文件类型"（例如：dwt），并选择"图形样板"（例如：acadiso.dwt），单击 打开(O) 按钮，打开新图形。

 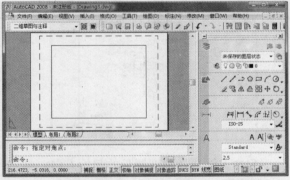

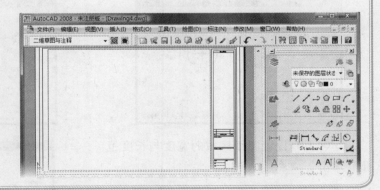

提示

系统默认的 acadiso.dwt 样板，是一张 A3 大小的图纸，没有出现任何标题块，如果打开其他具有 Title Block 块的样板（例如：Tutorial-iArch.dwt），打开后便会出现 D-Size Layout 的配置供使用。

◉ 使用向导建立新图形

AutoCAD 提供另一种建立新图形的方式，就是利用向导来建立新图形，步骤说明如下。

新手一学就会▼ AutoCAD 辅助绘图

范 例 利用向导建立新图形

Step 01 在命令行中输入 startup，按 Enter 键，并输入 1，按 Enter 键，才能使用此种方式。

Step 02 选择"文件"→"新建"命令，打开"创建新图形"对话框，单击"使用向导" 按钮。

Step 03 单击"高级设置"，单击 确定 按钮。

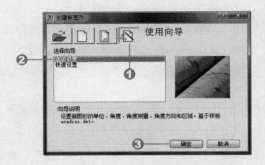

Step 04 打开"高级设置"对话框，选择测量单位与精度，再单击 下一步(N) > 按钮。

Step 05 选择角度的测量单位与精度，单击 下一步(N) > 按钮。

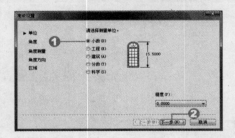

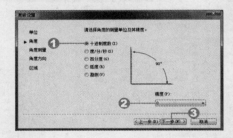

Step 06 选择角度测量的起始方向，单击 下一步(N) > 按钮。

Step 07 选择角度测量的方向（系统默认是以逆时针方向角度为正值），单击 下一步(N) > 按钮。

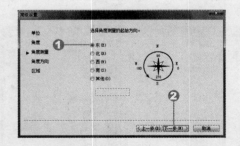

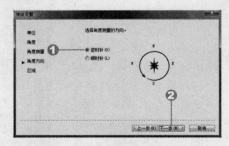

Step 08 设置图纸区域的宽度与长度范围，单击 完成 按钮。

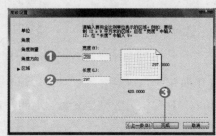

提示

在上述步骤3中，如果选择"快速设置"项目，系统只会进行步骤4与步骤8画面的两种设置，请自行尝试。除此之外，在一开始的"创建新图形"对话框中，系统还提供"从草图开始"与"使用样板"建立新图形的方式，前者可以设置图形尺寸单位，后者可以挑选图纸样板。

从草图开始设置模式

使用样板设置模式

快速新建样板文件 (QNEW)

上述的方式都必须通过对话框来打开新样板文件，或许您会质疑难道没有更方便的方法，就像 Word 一样，打开后便自动载入一新文件。这种快速打开新样板文件的方法介绍如下。

范　例　快速打开新样板文件的设置操作

Step 01 执行"工具"→"选项"命令，打开"选项"对话框，切换到"文件"选项卡，选择"样板设置"→"快速新建的默认样板文件名"项目，选择"无"，单击 浏览(B)... 按钮。

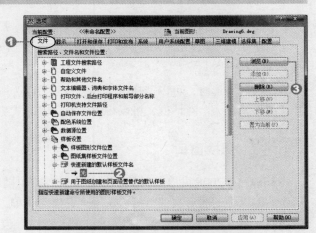

Step 02 选择所要的样板（例如：acadiso.dwt），单击 打开(O) ▼ 按钮。

Step 03 返回"选项"对话框，系统便载入此样板到快速新建的默认样板文件夹中，单击 确定 按钮便完成设置。以后执行"文件"→"新建"命令，就会直接打开 acadiso.dwt 样板图形供绘图。

打开（OPEN）

通过"文件"→"打开"命令、单击 打开(O) ▼ 按钮或在命令行中输入 OPEN 命令，会打开"选择文件"对话框，即可选择所要打开的原有文件。

1.2.2 保存文件（QSAVE）与另存为（SAVEAS）

保存文件（QSAVE）

完成图形的绘制后，可以选择"文件"→"保存"命令，将图形快速保存；如果图形是第一次保存，则会打开"图形另存为"对话框，选择保存的位置及文件名称。

另存为（SAVEAS）

在绘制图形时，可以选择"文件"→"另存为"命令，或按 Ctrl + Shift + S 键，同样会打开"图形另存为"对话框，可以将图形另存，方式与保存文件类似。

1.2.3 切换窗口

AutoCAD 2008 可以同时编辑多个文件，并可随时切换到不同的文件。如果在窗口中只显示当前编辑中的图形文件，可以选择"窗口"菜单，从菜单中选择欲切换的文件名称；也可以将当前已打开的所有文件，选择不同的排列方式，包括"层叠"、"水平平铺"、"垂直平铺"等。

范 例 练习窗口切换操作

Step 01 打开数张图形，选择"窗口"→"层叠"命令，图形文件会依序排列。

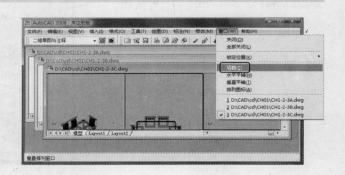

Step 02 执行"窗口"→"水平平铺"命令，图形文件会水平排列。

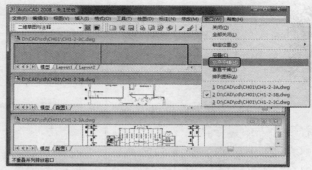

Step 03 执行"窗口"→"垂直平铺"命令，图形文件会垂直排列。

 提示

当平铺显示图形时，在所要编辑的图形文件窗口中单击鼠标左键，即可切换到该窗口；如果单击任一窗口右上角的 ✕ 按钮，即可单独关闭该图形。

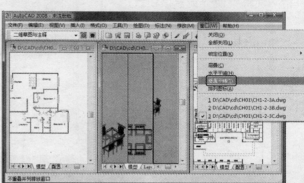

1.3 用户界面的操作

系统提供的"工作空间"界面，可以将各项目所需的工具栏、菜单等用户界面整合在一起，因此，当转换不同项目的绘图时，只要切换到它所对应的"工作空间"界面，即可在该"工作空间"中快速找到项目的绘图命令，可以大大提高绘图效率。

1.3.1 建立新的工作空间

AutoCAD 2008 通过"自定义用户界面"对话框，来建立、修改、删除与管理针对不同项目或用户所建立的用户界面（也就是所谓的工作空间），首先为您示范建立新工作空间的方法。

范　例　建立新工作空间的操作程序

Step 01 执行"工具"→"自定义"→"界面"命令，打开"自定义用户界面"对话框，切换到"自定义"选项卡；在 ACAD 的"工作空间"选项上右击，执行"新建工作空间"命令。

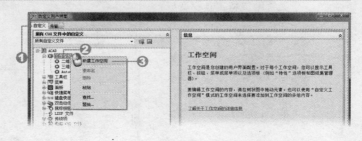

Step 02 新建一工作空间项目，输入名称，单击"工作空间内容"窗口的 [自定义工作空间(C)] 按钮。

Step 03 回到左侧窗口中，选择要加入的"工具栏"项目，同时在"工作空间内容"窗口的"工具栏"文件夹便会新建该项目。

Step 04 参考上一步骤，选择"菜单"与"面板"中要加入的项目，完成加入用户界面控件后，单击 [完成(D)] 按钮。

Step 05 设置工作空间特性：移动鼠标到"特性"窗口中，输入说明文字，方便辨认。

Step 06 依次单击"启动"、"模型/布局选项卡"等字段，会出现下拉列表项目供更改显示模式，完成后单击 [完成] 按钮。

Step 07 回到图形中，单击"工作空间"下拉列表选择"Chris 工作空间"项目，切换到该工作空间，结果如右图所示。

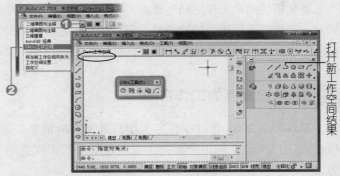

打开新工作空间结果

提示

🖉 如果希望将工具栏变成固定式的样式，在上述新建工具栏步骤中，可以通过"特性"窗口来加以设置，如果要更改排列顺序，可以用鼠标拖动该项目。

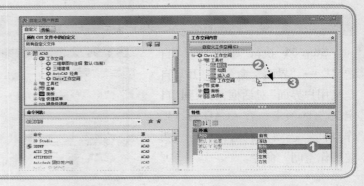

如果要将某一个"工具栏"或"菜单"中的项目删除,只要在步骤 6 中,右击要删除的项目,执行"从工作空间中删除"命令即可。

1.3.2 工作空间的转换与设置

▌不同工作空间的转换

打开新图形时,系统默认用户界面为"二维草图与注释"工作空间,如果在绘图过程中,随时想要转换成上一节建立好的个性化工作空间,有以下两种方式:(1)执行"工具"→"工作空间"→"Chris 工作空间";(2)单击"工作空间"工具栏下拉列表,选择"Chris 工作空间"项目。执行后,就会发现用户的绘图界面已经更换,通过此步骤,可以提高绘图效率。

▌默认工作空间的指定

AutoCAD 2008 除了可以让我们在不同的工作空间之间进行转换外,也可以将默认的用户界面加以改变成为自定义的工作空间,步骤如下。

范 例　　更改系统的默认工作空间

Step 01 单击"工作空间"工具栏上的"工作空间设置" 按钮。

Step 02 打开"工作空间设置"对话框,单击"我的工作空间"下拉按钮,选择"Chris 工作空间"项目,更改默认工作空间状态,单击 确定 按钮结束。

Step 03 回到页面中,单击"工作空间"工具栏上的"我的工作空间" 按钮,便快速切换到默认的工作空间。

▌工作空间的删除

如果要删除某一个"工作空间",请按照前面方法打开"自定义用户界面"对话框,在左侧窗口中要删除的工作空间上右击,执行快捷菜单中的"删除"命令,便出现"是否确实要删除此元素?"对话框,单击 是(Y) 按钮即可。

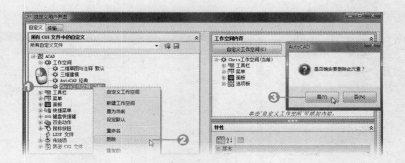

将当前绘图界面建立为新工作空间

如果我们在绘制某一项目，已经打开常用的工具栏，并且希望能将当前的用户界面建立为一个新工作空间，方便往后重复打开与使用。那么单击"工作空间"下拉按钮，选择"将当前工作空间另存为"选项，并指定名称（例如：Carol），就会发现已经建立好新的用户工作空间界面环境。

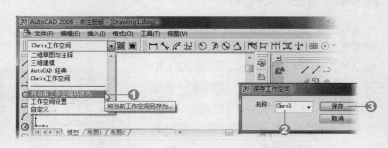

1.3.3 输出／输入用户界面

AutoCAD 2008 让设计师可以将个人的工作空间界面，输出成为一个用户界面文件（扩展名 .cui），并且携带此文件复制到您要工作的计算机中，再输入成为该计算机的一个工作空间，让您在其他计算机上也能使用自己所熟悉的绘图界面。

输出用户界面

范　例	输出用户界面

Step 01 打开"自定义用户界面"对话框，单击"传输"选项卡。

Step 02 单击左边窗口中要转移的工作空间（例如：Chris 工作空间），拖动到右边窗口的"工作空间"项目中，右击并执行快捷菜单中的"重命名"命令，重命名 Carol 工作空间，再单击 按钮。

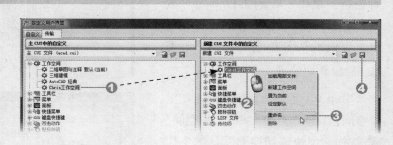

Step 03 打开"另存为"对话框，设置路径与文件名称，单击 保存(S) 按钮完成。

输入外部用户界面文件

范　例　输入外部用户界面

Step 01 将上述的文件复制到另一台计算机上，执行"工具"→"自定义"→"输入自定义设置"命令，打开"自定义用户界面"对话框，在左边窗口的下拉菜单中选择"打开"选项。

Step 02 打开"打开"对话框，选择刚才建立的 Carol.cui 文件，单击 打开(O) 按钮。

Step 03 回到前一画面，左边窗口新建 Carol 工作空间，以右键拖动它到右边窗口的工作空间中，将此工作空间加入该部计算机，单击 确定 按钮。

通过上述"输入/输出"个人用户界面的方式，可以让您不论在家或在公司的计算机操作时，都能使用您习惯的绘图界面。

1.4　辅助功能

AutoCAD 2008 提供完整的辅助功能，协助用户在学习的过程中，遇到困难或不清楚的情况时，可以在这些辅助功能中找到解答，首先我们可以展开"帮助"菜单，包含"帮助"、"新功能专题研习"、"联机培训资源"、"联机开发人员中心"等功能，我们以常用的方式来说明。

1.4.1 AutoCAD 说明主题

在 AutoCAD 绘图环境中，按 F1 键、单击 工具按钮，或执行"帮助"→"帮助"命令，就会打开"AutoCAD 2008 帮助"窗口。用户可以单击"目录"选项卡，查看 AutoCAD 公司所提供的中文使用手册。除了单纯地查看目录外，也可以利用"索引"和"搜索"两个选项卡，切换到不同的画面去搜索特定的主题。

新手一学就会　AutoCAD 辅助绘图

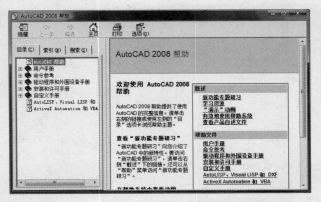

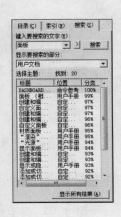

1.4.2 新功能研讨区

　　如果要查看 AutoCAD 2008 版本的新功能，可以执行"帮助"→"新功能专题研习"命令，系统打开"新功能专题研习"画面，单击列表中的主题项目，并依次展开其次主题，系统便会将该主题的内容以及操作程序显示在右侧的窗口供您浏览，如果要回到主菜单，只需单击 ◀主菜单 按钮即可。至于其他的"联机培训资源"、"联机开发人员中心"等功能，可以在浏览器中打开相应的网页以供查阅。

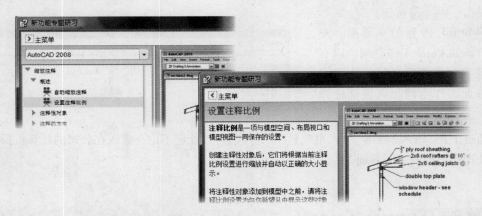

　　除此之外，AutoCAD 2008 提供"搜索"、"通信中心"与"收藏夹"3 个功能按钮与输入文本框，这也是 AutoCAD 辅助功能的一部分，通过它们可以快速查询到相关信息，详细说明请参考 1.1 节。

基本操作技巧

本章着重介绍 AutoCAD 的基本操作技巧，在开始使用 AutoCAD 之前，了解这些基本的概念和方法，会对如何使用计算机进行绘图有一个整体的概念，操作起来更加得心应手。

学习重点

2.1 重要绘图概念介绍

在任何一种绘图系统，坐标与角度的定义都是非常重要的，因此读者必须将其弄得清清楚楚。否则，日后在进行图形绘制或查看时，因为含糊不清，会导致所绘制的图形出现"差之毫厘，失之千里"的错误。

2.1.1 坐标系统

AutoCAD 提供两种坐标系统，分别是"世界坐标系统"（WCS）和"用户坐标系统"（UCS）。世界坐标系统是固定的坐标系统，x 轴就是水平轴，y 轴是垂直轴，z 轴则由右手定则定义，它是垂直于 xy 平面的轴，而原点（0,0）就是 x 轴和 y 轴相交的地方，x、y 与 z 轴坐标的正负关系如右图所示。

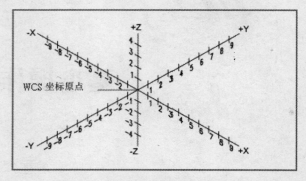

所谓右手定则是：右手拇指、食指和中指，三指成 90°度张开，拇指代表正 x 轴，食指代表正 y 轴，而中指方向为正 z 轴。至于绕坐标轴旋转，旋转轴是以拇指指向该轴的正向，另外四指弯曲的方向就是绕轴旋转时旋转的方向。

> **提示**
>
> 建立一个新图形时，系统默认的坐标系统是 WCS，在绘图窗口左下角可以看到两个垂直相交的箭头，箭头方向代表的是正 x 轴和正 y 轴。

在绘图的过程中绘制较特殊的图形，或者是绘制 3D 立体图形时，我们可以使用 UCS。AutoCAD 提供多种方式定义 UCS，用户可以在这些 UCS 之间任意切换，当然也可以切换回到 WCS。UCS 可以任意移动，其原点可以在 WCS 上的任何地方，而且 UCS 的坐标轴也可以依用户的需求进行旋转或倾斜。善用 UCS 可以将复杂的 3D 绘图简化成 2D 的平面绘图，有关 UCS 的详细说明，请参考 11.1.2 节。

新手一学就会 ▼ AutoCAD 辅助绘图

延长阅读

在 AutoCAD 绘图窗口中，任意移动鼠标时，状态栏上会显示当前光标所在的坐标值（x,y,z），在 2D 绘图时只输入（x,y），而 Z 值就是当前所指定的高度，默认 Z=0。

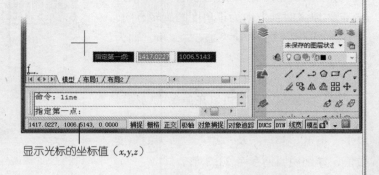

显示光标的坐标值（x,y,z）

2.1.2 输入坐标与角度

▌ 输入坐标

输入坐标的方式，可以使用直接输入坐标值（x,y,z）的方式；或是利用指针在绘图区，单击指定"坐标点"。输入 x、y、z 坐标值时，中间是以逗号（,）作分隔。

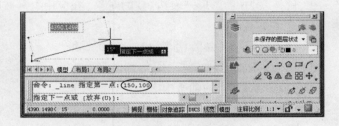

输入坐标的方式可分为：绝对坐标、相对坐标、极坐标和相对极坐标。

● 绝对坐标：系统对应于当前坐标系统原点（0,0）的坐标值。例如输入"2,3"，表示是距离原点 $x=2$、$y=3$ 的坐标点。

● 相对坐标：相对于前一点的距离，输入时必须在坐标值前加入 @ 符号，例如输入"@4,2"，表示是距离前一点 $x=2$、$y=3$ 的坐标点。

● 极坐标：给定一个对应于当前坐标系统原点的距离，和在 xy 平面上的角度，中间以小于符号（<）作分隔。例如输入"5<30"，表示是距离原点 3 个单位，角度为 30° 的点。

● 相对极坐标：相对于前一点的距离，例如输入"@4<30"，表示是距离前一点 4 个单位，角度为 30° 的点。

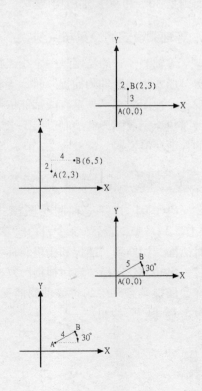

▌输入角度

系统默认角度是采用十进制，正 x 轴为 0°起，以逆时针方向为正角度的旋转方向，正 y 轴为 90°，负 x 轴为 180°，负 y 轴为 270°。

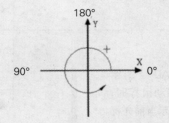

输入角度的方式，可以在命令行以相对极坐标方式输入角度值；或是在动态模式下单击，指定"起点"及"端点"所夹的角度数值，详细说明请参考 2.2.2 节。

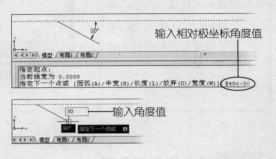

2.1.3 等轴测平面绘图（ISOPLANE）

等轴测平面是较特殊的 2D 平面，分为上平面、左平面和右平面。等轴测图形并不是 3D 图，只是以 2D 的图形来表达 3D 的对象，在应用上常被用来绘制立体图形的三视图：即上视图、左视图和右视图。

等轴测平面主要沿着 30°、90°和 150°三个主轴排列方式。上等轴测平面主轴是 30°和 150°的轴所构成，左等轴测平面是 90°和 150°轴所构成，而右等轴测平面则是 30°和 90°轴所构成。

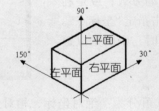

▌等轴测模式的设置与绘制

等轴测模式的绘制是一个相当特别的方式,因此在绘制之前,必须将"捕捉"模式打开,且"捕捉"形式为"等轴测捕捉"时，等轴测平面才会影响光标的移动。除此之外，为了让上视、右视与左视图的水平与垂直线都能依照 30°、90°与 150°度角的方式，最好配合"正交"模式，可以快速完成图形的绘制。接下来以绘制一个 2D 等轴测模式立体图来说明此程序,有关"捕捉"的各项功能说明，请参考 2.2 节。

范 例 | 等轴测模式的设置与绘制

Step 01 打开等轴测绘图模式：选择"工具"→"草图设置"命令,打开"草图设置"对话框，切换到"捕捉和栅格"标签。

Step 02 选择"启用捕捉"复选框，选择"捕捉类型"中的"等轴测捕捉"选项，单击 确定 按钮。

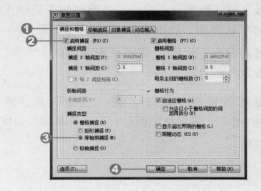

Step 03 绘制右视图：回到绘图页面，打开"正交"模式，在命令行输入 ISOPLANE 命令，按 Enter 键；输入 R，按 Enter 键。

Step 04 单击 ／ 按钮，接着在页面中绘制右视图的每个端点，如右图所示。

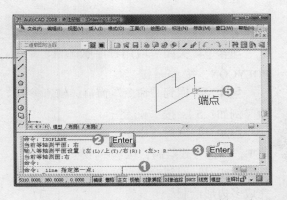

Step 05 参照步骤 3~4，重新输入 ISOPLANE 命令与参数 L，单击 ／ 按钮；接着在页面中绘制左视图的每个端点，如下图所示。

Step 06 按照上面的步骤，绘制两次上视图。

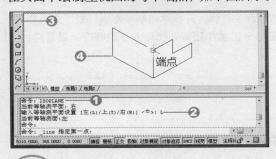

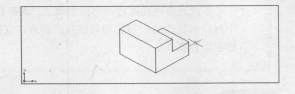

延长阅读

🖉 打开等轴测模式后，十字光标、捕捉间距、栅格，甚至是正交模式，都会依主轴的方向作修正。

🖉 如果设计者没有将系统默认的"栅格捕捉"模式由"矩形捕捉"改为"等轴测捕捉"的话，就算是在命令行中输入 ISOPLANE，也无法绘制等轴测视图。

🖉 在等轴测模式下，无法使用"圆"命令绘制圆形，必须选择"绘图"→"椭圆"→"轴、端点"命令，然后在命令行中输入 I，才能绘制等轴测圆形。

🖉 通过按 Ctrl + E 键或 F5 键，可以快速循环查看各个等轴测平面。

2.2 AutoCAD 绘图方法介绍

　　早期在 AutoCAD 中绘图，只能使用输入命令方式来操作，随着计算机软、硬件的演进，在 Windows 操作系统中，已新增绘图工具按钮，方便用户操作；当版本演进到 AutoCAD 2006 时，还加入了动态绘图模式，使用上更方便。

2.2.1 传统绘图模式

　　传统绘图模式与动态模式最大的不同点在于：当传统模式在绘图遇到需要下参数时，就必须暂停绘图区的操作，回到命令行中来执行，很不方便，然而动态模式可以直接在光标中输入参数。为方便比较两者的差异，以绘制多边形的操作程序为例进行说明。

范 例	以传统绘图模式绘制多边形

Step 01 关闭"应用程序状态栏"中的"DYN 动态输入"按钮，在"命令"窗口中输入 POLYGON，按 Enter 键。

Step 02 回到"命令"窗口，输入参数值（例如：5），按 Enter 键。

Step 03 回到"命令"窗口，输入参数值 E，以边方式绘制，按 Enter 键。

Step 04 回到绘图页面，单击两个端点完成多边形绘制。

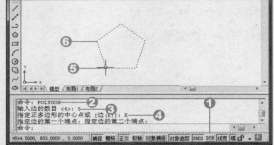

提示

不论是传统绘图或动态绘图模式，若不熟悉命令名称，只要单击在"面板"或"工具栏"中对应的绘图命令按钮即可绘图。因此，搭配命令工具按钮与动态输入参数程序，是最佳的绘图组合模式。

2.2.2 动态模式输入命令与参数

上一节的基本坐标输入方式，只能在命令行中才能进行坐标的输入，因此在绘图过程中，必须经常在绘图区与命令行中切换，过程相当繁琐。为精简程序，自从 AutoCAD 2006 以后便提供了新的动态输入模式，用户可以直接在动态光标提示字段中输入坐标与命令，大大提高绘图效率，只要打开"应用程序状态栏"中的 DYN 按钮，便可启用此模式，接下来以绘制多边形为例说明其操作方法。

5029.5000, 659.5000 , 0.0000	捕捉 栅格 正交 极轴 对象捕捉 对象追踪 DUCS (DYN) 线宽 模型 注

范 例	以动态模式绘制多边形

Step 01 启用"动态"输入模式，将鼠标停驻在绘图页面上。

Step 02 直接输入命令（例如：POLYGON），按 Enter 键。

Step 03 出现命令参数字段，输入数值（例如：5），按 Enter 键，此时会出现三个字段的光标，第一列是该命令的参数提示文字，后面两列是坐标输入字段。

Step 04 按 ↓ 键，会展开命令的参数值，选择其中的项目（例如：边），按 Enter 键。

Step 05 出现下一步绘图顺序的提示文字（例如：指定边的第一个端点），单击第一个端点。

Step 06 再单击第二个端点，即完成多边形的绘制操作。

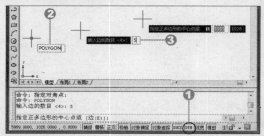

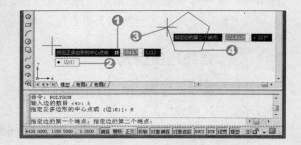

提示

当本书说明输入命令或坐标时，代表不仅输入所需信息，还代表按 Enter 键！如果输入的命令错误，则会出现错误信息提示。

动态模式输入类型

当动态命令输入后，会先出现坐标的输入字段或参数的字段，完全决定于该命令的绘图顺序，大致上可以区分成以下 3 种形式：（A）设置绘图类型→输入坐标→完成图形，（B）设置边界数量→设置绘图类型→输入坐标→完成图形，（C）仅需要输入坐标→完成图形。

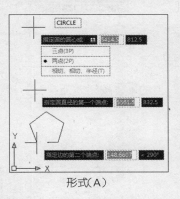

形式（A）

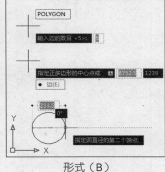

形式（B）

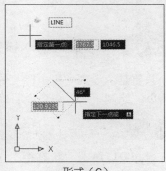

形式（C）

若要重复执行上一个绘图命令，只要按 Enter 键，便可以重复执行，如果想要执行上上次或更早的命令，只要用鼠标点下绘图区任一位置，重复按 ↑ 键，便可循环过去命令历史，选定后按 Enter 键，便可执行该选定命令。

2.2.3 动态模式输入绝对坐标

2-1 节已提到四种 AutoCAD 坐标的形式，下面以动态模式介绍如何来输入"绝对坐标"与"相对绝对坐标"，通过范例说明如下。

范 例 动态模式输入绝对坐标

Step 01 动态模式下输入 RECTANGLE 命令，按 Enter 键。

Step 02 输入 x 轴数值（例如：130），按 Tab 键，该字段便反白显示，并出现 🔒 符号（代表该字段临时被锁住），并切换到第二字段。

Step 03 输入 y 轴数值（例如：700），完成后按 Enter 键。

Step 04 重复前两步骤，输入第二点坐标，按 Enter 键便完成绘图操作。

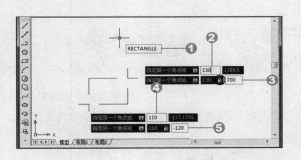

提示

如果要重新修改前一字段已输入的数据，只需按 Tab 键切换回来，即可重新输入。

若想要以"相对极坐标"方式输入坐标值，方法与上一个范例相似，只是在输入第一字段之前必须键入 @ 符号（Shift + 2 键），便会自动呈现三个字段，再以 Tab 键进行 X、Y 字段的切换与数值输入。

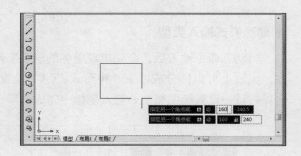

2.2.4 动态模式输入极坐标

只要是牵涉到"极坐标"的输入方式，都要按下"状态栏"上的 极轴 按钮才能执行。接下来将以"绘制直线"命令说明极坐标的输入方式。

| 范 例 | 绘制一直线段 |

Step 01 单击"状态栏"上的 极轴 按钮，动态输入 LINE 命令。

Step 02 单击第一点位置，拖动光标，此时会显示出该点的极轴提示文字。

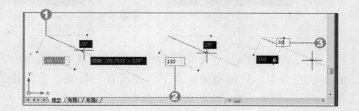

Step 03 输入长度数值（例如：150），按 Enter 键；输入角度（例如：30），按 Enter 键。

至于相对极坐标的动态输入方式，大致上与上一范例相类似，只不过在输入长度之前要先按住 Shift + 2 键，出现 @ 符号、长度与角度字段供输入坐标。

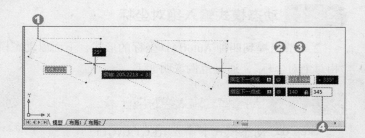

2.3 精确绘图

为了协助用户能绘制更精确的图形，AutoCAD 提供多项绘图辅助。我们可以打开对象捕捉，协助我们精确地锁定任何对象上特殊的几何点。

2.3.1 认识对象捕捉功能

在绘图过程中，若系统提示要指定某一点，例如：起点、下一点、终点、中心点、端点、轴端点、基准点等，都可以利用对象捕捉的方式，捕捉到现有图形中任何对象的几何点，达到精确绘图的目的。

对象捕捉可以锁定图形中任何可见的对象，包括有宽度的矩形、多段线、圆环或是二维填充、浮动视口边界和被锁图层中的对象均可使用。而关闭的图层因为不可见，所以不能使用对象捕捉。另外，虚线之间的空白处，也无法作对象捕捉。

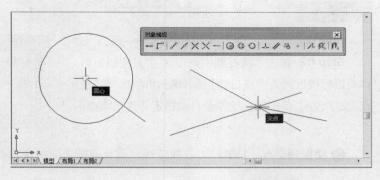

2.3.2 启用与操作对象捕捉

首先要启用"对象捕捉"功能，单击状态栏的 对象捕捉 按钮，便启动几何对象锁定功能。如果要查看与重新设置系统的几何捕捉类型，右击 对象捕捉 按钮，选择"设置"选项，在"草图设置"对话框的"对象捕捉"选项卡中，可以选择要的锁定对象项目，单击 确定 按钮完成设置，系统便会依设置值来执行该功能。

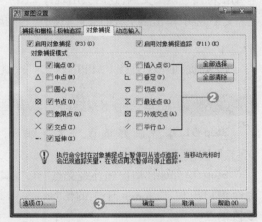

除上述方法之外，也可以打开"对象捕捉"工具栏，以指定的模式来执行捕捉功能，各种对象捕捉的功能与操作程序说明如下。

● 捕捉到端点（ENDP）：锁定线或圆弧中最靠近光标的端点。

范 例 画一条线段连到圆弧左上方端点

Step 01 单击 工具按钮，先单击一点。

Step 02 单击"捕捉到端点" 按钮，再移动鼠标到圆弧的左上端点，这时会出现黄色方框与"端点"文字说明，单击后系统即会自动锁定并连接该端点。

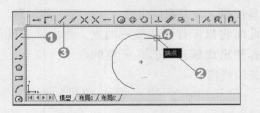

◉ 捕捉到中点（MID）✐：锁定线或圆弧的中点。

| 范　例 | 画一条线段连接到圆弧的中点 |

Step 01 单击 ✐ 工具按钮，先单击一点。

Step 02 单击"捕捉到中点" ✐ 工具按钮，再移动鼠标接近圆弧中点，这时会出现三角形框与"中点"文字说明，单击后系统即会自动锁定并连接该点。

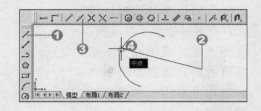

◉ 捕捉到交点（INT）✕：锁定线、圆弧或圆之间的交点。

| 范　例 | 画一条线段连接到两圆的交点 |

Step 01 单击 ✐ 工具按钮，先单击一点。

Step 02 单击"捕捉到交点" ✕ 工具按钮，再移动鼠标接近两圆交点，这时会出现打叉图形与"交点"文字说明，单击后系统即会自动锁定并连接该点。

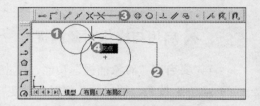

◉ 捕捉到外观交点（APPINT）✕：锁定沿着两对象原来路径做延长而得到的交点。

| 范　例 | 画垂直与水平线段，试着画另一线段以前者外观交点处为起点 |

Step 01 事先画好垂直与水平线段，单击 ✐ 工具按钮。

Step 02 单击"捕捉到外观交点"✕ 工具按钮，命令窗口出现"_appint 于"的信息，单击其中一线段端点。

Step 03 再单击另一直线，便会以两线段的外观交点为起点。

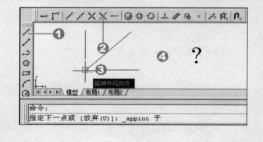

◉ 捕捉到延长线（EXT）┅：锁定沿着某对象原来路径做延长的点。

| 范　例 | 画一水平线段，并试着由它的延长线开始，当成另一个起点绘制 |

Step 01 单击 ✐ 工具按钮，画好水平线段。

Step 02 单击"捕捉到延长线" ┅ 工具按钮，命令窗口出现"_ext 于"的信息，此时将鼠标移到线段一端点，再次移动鼠标便出现延长线，在所要的点上，便会延长该线段。

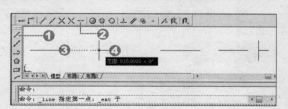

◉ 捕捉到圆点（CEN）◎：捕捉圆、椭圆、圆弧或椭圆圆弧的圆心。

> **范　例**　画一线段，由线段起点连接圆的圆心为终点

Step 01 单击 ╱ 工具按钮，选择一端点，并单击"捕捉到中心点" ◎ 工具按钮，命令窗口出现 "_cen 于" 的信息。

Step 02 移动鼠标接近圆心，会出现圆形框与"圆心"提示文字，单击鼠标便可连接到圆心。

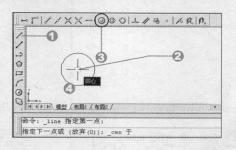

◉ 捕捉到象限点（QUA）◈：捕捉圆、椭圆、圆弧或椭圆圆弧中最靠近光标的象限点。所谓的象限点，指的是在圆周上 0°、90°、180°、270° 的四个点。

> **范　例**　画一线段，由线段起点连接圆的其中一个象限点

Step 01 单击 ╱ 工具按钮，选择一端点，并单击"捕捉到象限点" ◈ 工具按钮，命令窗口出现 "_qua 于" 的信息。

Step 02 移动鼠标接近圆的象限点，会出现菱形框与"象限点"提示文字，单击便可连接到圆的象限点。

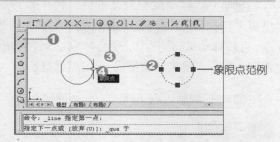

◉ 捕捉到切点（TAN）◯：捕捉圆、椭圆、圆弧或椭圆圆弧中最靠近光标的切点。

> **范　例**　画一相切于两个圆的切线段

Step 01 单击 ╱ 工具按钮，单击"捕捉到切点"◯工具按钮，命令窗口出现"_tan 到"的信息。

Step 02 移动鼠标接近圆，会出现圆形框与"递延切点"提示文字，按下鼠标便可连接到圆上的切点。

Step 03 再单击"捕捉到切点"◯工具按钮，接近另一个圆，出现上一步骤的情况后，单击，便完成切线操作。

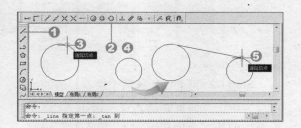

2.3.3　高级对象捕捉

上述对象捕捉模式是最为常用的捕捉模式，接下来要介绍较为特殊的捕捉模式。

◉ 捕捉到垂足（PER）⊥：捕捉到对象上的垂足，使这点与前次输入点的联机垂直。

> **范　例**　先画一垂直线段，再画一垂直于前者的水平线段

Step 01 单击 ╱ 工具按钮，单击水平线一端点，单击"捕捉到垂足" ⊥ 工具按钮，命令窗口出现 "_per 到"的信息。

Step 02 移动鼠标接近垂直线端点，会出现垂直框与"垂足"提示文字，单击，便新增一个垂直线段。

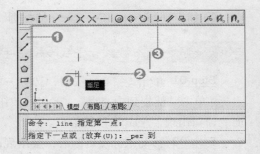

○ 捕捉到平行线（PAR）// ：捕捉与所指定的对象平行线上的点。

| 范 例 | 先画一线段，再绘制与前者相平行的线段 |

Step 01 单击 / 工具按钮，单击任一端点，并单击"捕捉到平行线" // 工具按钮，命令窗口出现 "_par 于"的信息。

Step 02 移动鼠标到基准线，约一秒钟后会出现平行符号（//）与"平行"提示文字，请勿单击，直接移动鼠标到右边，便会形成一个平行虚线，选定一端点，单击，便形成一个平行线段。

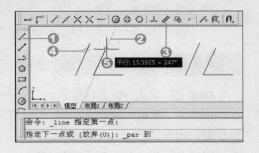

○ 捕捉到插入点（INS）⊟ ：捕捉在文字、块、属性、造形或属性定义中的插入点。

| 范 例 | 插入一个图到已存在的图中 |

Step 01 打开 CH02-3-2.dwg 范例文件，执行"插入""→""块"命令，打开"插入"对话框，单击 浏览(B)... 按钮；选择 Block01.dwg 块文件，单击 确定 按钮。

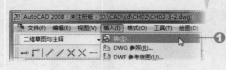

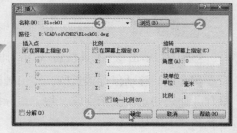

Step 02 为了要让这两个块有共通的插入点，单击"捕捉到插入点"按钮 ⊟ ，靠近原先的块，会出现 ⊟ 与"插入点"提示文字，单击，便加入该文件中。

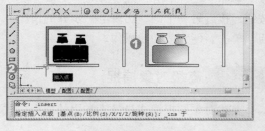

○ 捕捉到节点（NOD）。：捕捉执行点（POINT）、等分（DIVIDE）或等距（MEASURE）命令所产生的点。

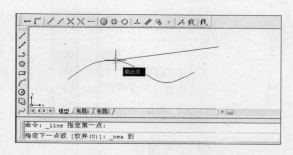

● 捕捉到最近点（NEA）🔗：锁定对象中，最靠近光标的点。

● 无捕捉（NON）🔏：取消执行中的对象捕捉。

● 临时追踪点（TT）⊶：捕捉通过指定参考点的水平或垂直路径上的点。

范　例　使用对象追踪的方式以矩形的中心绘制圆形

Step 01　事先绘制好正方形，单击"圆"⊙工具按钮，单击"临时追踪点"⊶工具按钮，再单击"捕捉到中点"⟋工具按钮，然后指定矩形上方线段，便会出现中点标记符号，按 Enter 键。

Step 02　单击"临时的追踪点"⊶工具按钮，再单击"捕捉到中点"⟋工具按钮，然后指定矩形左方线段，便会出现中点标记符号，按 Enter 键。

Step 03　出现通过两个指定参考点的水平与垂直虚线交点，此时单击，指定它为圆的圆心。

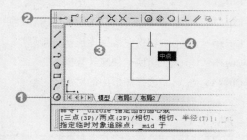

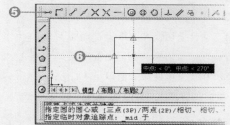

Step 04　再次单击"捕捉到中点"⟋工具按钮，将鼠标移到矩形上方线段，出现"中点"提示文字，单击完成圆的绘制。

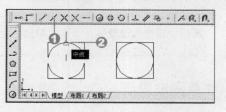

● 捕捉自（FROM）⌐：指定一个临时性的参考点，并输入偏移量，捕捉相对于参考点的坐标点，通常会以相对坐标的方式输入偏移量。

范　例　使用 FROM 命令，捕捉距离某参考点的特殊坐标点

Step 01　先绘制好一个矩形，单击⟋工具按钮，单击"捕捉到端点"⟋工具按钮，再单击"捕捉自"⌐工具按钮，然后用鼠标单击矩形左上角端点。

Step 02　在命令行中输入"相对坐标"（例如：@200,-200），按 Enter 键，即锁定相对于该点向右 200 单位向下 200 单位的坐标点。

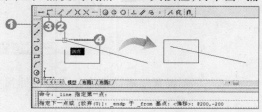

提示

捕捉自（FROM）对象捕捉功能，通常用于两对象需要有绝对关系位置时应用，特别是插入一个块到相对于某一对象位置时需加以应用。

2.3.4 键盘快捷键

AutoCAD 2008 自定义的一些快捷键，可以作为绘图时的辅助工具，特别是当我们绘制图形的同时，还需打开对象捕捉、正交、极轴等功能时，快捷键是一个很好的帮手。

快捷键	说　明	快捷键	说　明
F1	帮助	F2	打开或关闭文本窗口
F3	设置对象捕捉项目	F4	数字化仪 ON/OFF
F5	等轴测功能方向切换	F6	坐标显示模式切换
F7	栅格 ON/OFF	F8	正交 ON/OFF
F9	捕捉 ON/OFF	F10	极轴追踪 ON/OFF
F11	对象捕捉追踪 ON/OFF	F12	动态输入 ON/OFF
Ctrl+0	切换"全屏显示"	Ctrl+1	切换"特性"选项板
Ctrl+2	切换设计中心	Ctrl+3	切换"工具选项板"窗口
Ctrl+4	切换"图纸集管理器"	Ctrl+6	切换"数据库连接管理器"
Ctrl+7	切换"标记集管理器"	Ctrl+8	切换"快速计算器"
Ctrl+8	切换命令窗口	Ctrl+A	选择图形中的对象

提示

其他快捷键的设置值，请在"帮助"中输入关键词："快捷键"，便可得到需要的信息。

2.3.5 草图设置值

单击对象捕捉的任何命令，系统在捕捉到特定的一点后，该捕捉命令会自动失效。如果希望对象捕捉模式一直有效，就必须打开"对象捕捉"功能。可以单击状态栏的"对象捕捉" 对象捕捉 按钮或按 F3 键，来打开或关闭此功能。

如果要改变"对象捕捉"模式，可以移动指针在状态栏的"对象捕捉"按钮上右击，选择"设置"选项；或单击"对象捕捉"工具栏的 按钮，打开"草图设置"对话框作修改。

在"草图设置"对话框中，有 4 种标签可供设置，各种设置的功能用途分别说明如下。

● "捕捉和栅格"标签：除了可以设置捕捉及栅格的打开或关闭之外，在捕捉区，还可以设置捕捉 x 间距和 y 间距，以及将捕捉设置旋转某一个角度，或是设置 x 和 y 的基准点；在栅格区，可以设置栅格 x 间距和 y 间距。

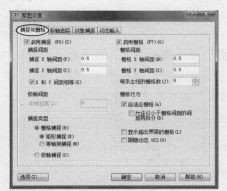

● "对象捕捉"标签：除了可以设置对象捕捉及对象捕捉追踪的打开或关闭之外，在"对象捕捉模式"区，还可以按用户需要来选择捕捉类型。

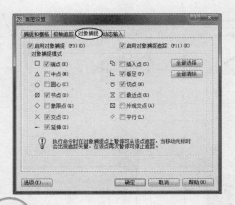

● "极轴追踪"标签：除了可以设置极轴追踪的打开或关闭之外，在"极轴角设置"区，还可以设置"增量角"；在"对象捕捉追踪设置"区，可以设置"用所有极轴角度设置追踪"。

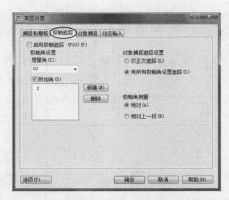

● "动态输入"标签：可以进行"指针输入"、"标注输入"、"动态提示"与"绘图工具栏提示外观"4 部分的设置，选择要启用的项目，并单击其中的 `设置(S)…` 按钮或 `设计工具栏提示外观(A)…` 按钮，进行各种功能的设置。

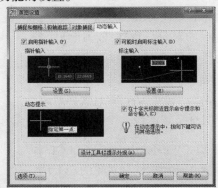

新手一学就会 ▼ AutoCAD 辅助绘图

提示

　　"绘图工具栏提示外观"按钮，可以用来设置模型预览、配置空间的颜色、提示文字大小与透明。

2.4 对象选择技巧

在绘图过程中，善用各种对象的选择方式会大大提高绘图效率，AutoCAD 提供很多种好用的对象选择方法（例如：直接选择、快速选择和窗口等）。

2.4.1 对象选择方式

在介绍对象选择之前，让我们来看看 AutoCAD 提供哪些选择方法，首先在命令窗口中输入 C 命令，按 Enter 键，再输入一次 SELECT 命令，便会出现所有的选择模式，包含窗口、窗交、框等模式，请打开 CH02-4-1.DWG 范例文件，并按照以下的方法来练习。

```
选择对象: SELECT
*无效选择*
需要点或窗口(W)/上一个(L)/窗交(C)/框(BOX)/全部(ALL)/栏选(F)/圈围(WP)/圈交(CP)/编组(G)/添加(A)/删除(R)/多个(M
)/前一个(P)/放弃(U)/自动(AU)/单个(SI)/子对象/对象
命令:
```

● 直接选择：移动指针到要编辑的对象上单击，所选择的对象会以虚线与夹点显示，可以连续用左键选择对象，被选择对象会显示成虚线与夹点，接下来可以执行图形后续的编辑操作（例如：删除）。如果不想选择的对象出现夹点，只想被选择的对象呈现虚线，让画面较为干净整齐时，只须在命令窗口中输入 SELECT 命令，此时光标会由 ┼ 转变为 □，一旦选择对象，就只会呈现虚线。

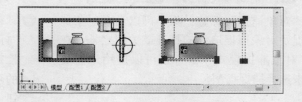

● 窗 口（Window）：在 SELECT 命令下，移动指针到对象的左上角，单击第一点，然后移动指针到对象的右下角，会出现一个实线方框，单击第二点，则包含在方框内的完整对象就会被选择，并以虚线显示。

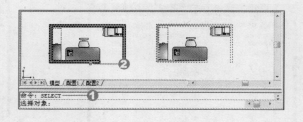

● 窗交（Crossing）：移动指针到对象的右下角，单击第一点，然后移动指针到对象的左上角，会出现一个虚线方框，单击第二点，则包含在方框内的对象就会被选择，并以虚线显示。

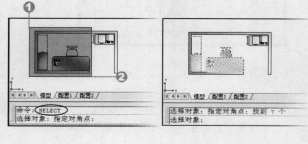

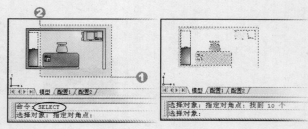

> **提示**
>
> 　　窗口（左上右下）与窗交（右下左上）的选择框顺序有所不同外，也可以通过选择框的颜色来区别，前者系统默认为淡紫色，后者为淡绿色。

⭕ 快速选择（QSELECT）：利用对象的特性，可以快速选择相关特性的对象，请参考下列范例。

范　例　选择所有图层名称为椅子的对象

Step 01　先打开 CH02-4-1A.DWG 范例文件，在绘图区右击，选择 "快速选择" 命令。

Step 02　打开 "快速选择" 对话框，在 "特性" 列表框中选择 "图层"，在 "值" 下拉列表中选择 "椅子" 项目，最后单击 ▢确定▢ 按钮，即可快速选择符合设置的对象。

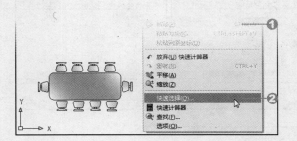

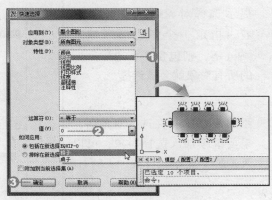

2.4.2　高级选择技巧

　　除了上述一般常见的对象选择方法外，AutoCAD 还提供了以下若干种高级选择对象的方法。

⭕ 栏选（Fence）：在命令的执行中，需要选择对象时，输入 F 参数，接着在绘图区指定第一栏选点，然后依序指定第二、第三栏选点，栏选线会以虚线显示，最后按 Enter 键，选择所有被栏选线接触的对象。

范　例　以栏选法选择对象

Step 01　打开 CH02-4-2.DWG 范例，单击 "修改" 工具栏上的 "复制" ✂ 工具按钮，在 "命令" 窗口中，输入 F 参数。

Step 02　依次指定第一、第二及第三栏选点（可以多于三点）。

Step 03　按 Enter 键，所有被栏选线接触的对象都会被选择。

● 全部选择（ALL）：在"命令"窗口中提示选择对象时，输入 ALL，系统会选择图形上所有的对象。

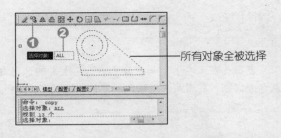

所有对象全被选择

● 圈围（WP）：在"命令"窗口中提示选择对象时，输入 WP 指定圈围区域，按 Enter 键，则包含在圈围区域内的完整对象就会被选择。

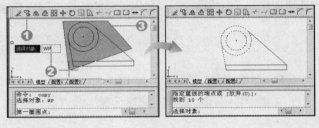

● 圈交（CP）：在"命令"窗口中提示选择对象时，输入 CP；接着，指定一个多边形区域，按 Enter 键，则包含在多边形区域内的所有对象就会被选择。

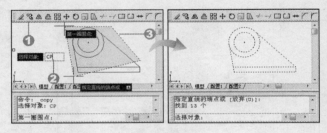

● 添加（ADD）：在选择对象后，如果要继续加入选择对象，可以输入 A 参数，然后选择要加入的对象。

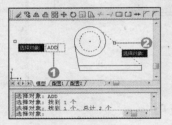

提示

假如 AutoCAD 选项的选择模式中，选择了"用 Shift 键添加到选择集"复选框时，就无法使用 ADD 功能，必须按住 Shift 键 + 选择对象来代替，选择"工具"→"选项"命令，可以查看此功能设置。

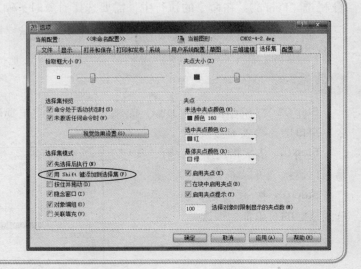

◉ 删除（REMOVE）：在选择对象后，如果要取消已选择对象，可以输入 R 参数，然后选择要取消的对象即可。

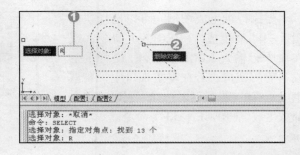

2.5　控制绘图窗口

AutoCAD 提供了超强的视图控制功能，我们可以任意缩放视图，以看清楚细微的部分或是查看庞大设计蓝图的全貌，也可以平移视图以查看特定区域的图形。另外，"鸟瞰视图"和"非重叠视口"，是 AutoCAD 一项很不错的工具。为了方便重复查看某视图，也可以为视图命名，以便日后使用。接下来让我们来了解控制绘图窗口的各种功能。

2.5.1　重画（REDRAW）

在绘图的过程中，我们可能会对屏幕执行重画的操作，以便清除屏幕上的临时参考点。若要重画图形，请执行"视图"→"重画"命令，即会重画当前的视口。除此之外，也可以在"命令"窗口中，输入 REDRAW、REDRAWALL 或 R 命令来达到上述目的。

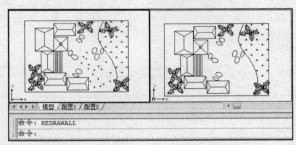

REDRAW 和 REDRAWALL 命令都是"透明命令"，可以在其他程序的执行过程中执行。

在绘图时，假如希望每一个绘制过程的点都可以临时被标示出来，就必须要在命令窗口中执行 BLIPMODE 命令，设置它的状态为 ON（默认值为 OFF），屏幕就会残留参考点，一旦取消此功能时，只要执行"重画"便可消除参考点。

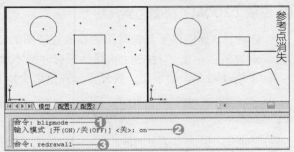

2.5.2　重生成（REGEN）

重生成不仅会将屏幕上的临时参考点清除，它还会重新计算各对象的坐标，更新图形中所有的图形。所以，对于一个较复杂的图形执行重生成，将会花费较多的时间。很多 AutoCAD 命令在执行完后，也会自动执行重生成，例如：恢复成单一视口，或执行全部缩放和范围缩放，也都会作重生成的操作。

要执行重生成图形，可以选择"视图"→"重生成"（REGEN）命令，或在命令行输入 REGEN 命令，便可重生成当前的视口；若在多重视口中，要重生成所有的视口，可以选择"视图"→"全部重生成"（REGENALL）命令。

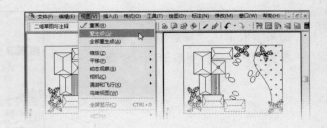

有关视图与视口的概念，请参考 9.2 节。

2.5.3 缩放视图（ZOOM）

所谓"视图"（VIEW）就是指工作窗口而言，然而当绘图时，所绘制的图形由于比例的不同，往往造成窗口无法容纳或者图形过小而无法辨识的情况产生，为解决此问题，AutoCAD 提供视图缩放、平移等功能，让我们可以轻轻松松地完成图形绘制。

所谓缩放视图，原理就像是照相机的伸缩镜头，拉近时可以放大图像看清楚细微的部分；而拉远时则将图像缩小，以便查看到图形更多的部分。不管用户如何将视图缩放，都不会改变图形中各个图形对象的绝对尺寸，只是改变显示的大小而已。

要调整视图的缩放，可以利用"标准"工具栏上的缩放工具按钮，或是在"缩放"工具栏上选择相关工具按钮。

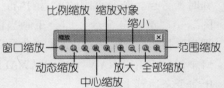

缩放（ZOOM）视图功能介绍

AutoCAD 提供以下几种常用的缩放式视图的功能，请打开范例 CH02-5-3.DWG 来加以练习。

● 实时缩放：单击 按钮，再按住鼠标左键不放，向垂直方向拖动；向上拖动时画面会放大，向下拖动时画面会缩小，放开鼠标左键即会停止缩放。

范 例	练习视图实时缩放功能

Step 01 单击"实时缩放" 工具按钮，指针即改变为 状态。

Step 02 按住鼠标左键不放，向垂直方向拖动，向上拖动时画面会放大；向下拖动时画面会缩小，拖动到适当大小时，放开鼠标左键即可停止缩放，得到新的视图。

Step 03 按 Enter 或 Esc 键。

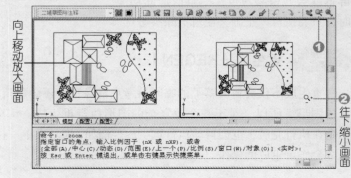

提示

若要以动态输入模式来执行各种窗口的缩放，只要将光标放置在绘图区，然后输入 ZOOM 命令，按 ↓ 键，选择其中的缩放功能即可。

● 缩放上一个 🔍：重新显示前一次的视图，AutoCAD 最多允许恢复十次的前视图。

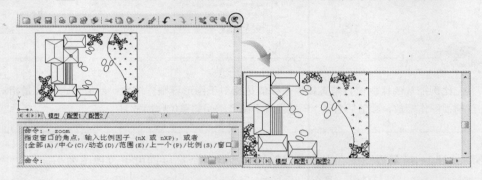

● 缩放窗口 🔍：以对角点的方式指定窗口要放大的区域，视图就会局部放大该区域的图形。

| 范 例 | 缩放窗口功能 |

Step 01 单击"缩放窗口" 🔍 工具按钮。在要放大的区域以窗口的方式，指定第一角点。

Step 02 指定对角点，即自动放大窗口中的视图。

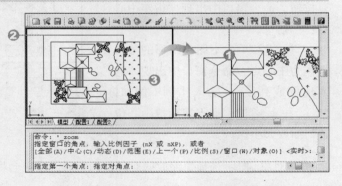

● 动态缩放 🔍：结合缩放窗口和平移（PAN）两项功能，可以任意移动动态视图框的位置，或是调整视图框的大小，以得到不同的视图。

| 范 例 | 动态缩放窗口功能 |

Step 01 单击"动态缩放" 🔍 工具按钮，窗口会显示所有图形的大小（此时图形会缩小），并出现 □ 动态图框。

Step 02 单击，动态图框会出现箭头符号 □ ，此时可以用鼠标水平移动并放大该动态窗口。

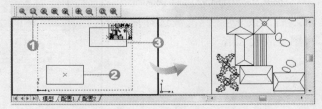

新手一学就会 ▼ AutoCAD 辅助绘图

Step 03 移动动态窗口到要查看的区域，按下 Enter 键，就会显示该区域的图形。

● 比例缩放 🔍：直接输入比例值来缩放视图。

| 范 例 | 比例缩放功能 |

Step 01 单击"比例缩放"🔍工具按钮，命令窗口中会显示"输入比例因子（nX 或 nXP)："的信息。

Step 02 输入比例值，按 Enter 键，窗口便会依比例缩放。

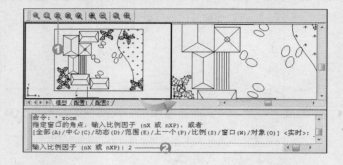

提示

比例缩放的比例值，若直接输入数值是相对于图形界限作缩放；数值后含有 X 是相对于当前视图作缩放，数值后含有 XP 是相对于图纸空间的单位作缩放。

● 中心缩放 🔍：指定视图中心点，并且输入缩放比例或高度即可更改视图大小。

| 范 例 | 中心缩放与比例输入的功能 |

Step 01 单击"中心缩放"🔍工具按钮，命令窗口中出现"指定中心点："信息。

Step 02 单击下图中图形的某一点作为中心点，命令窗口中出现"输入比例或高度"，输入比例（例如：2X)，按 Enter 键，会将视图按中心位置与缩放大小执行。

● 缩放对象 🔍：选择要缩放的对象，确定后，系统会将该对象放大 2 倍。

| 范 例 | 缩放对象功能 |

Step 01 单击"缩放对象"🔍工具按钮，命令窗口中会显示"选择对象"信息。

Step 02 用鼠标选择窗口中的对象之后，按 Enter 键，被选择对象的视图会放大 2 倍。

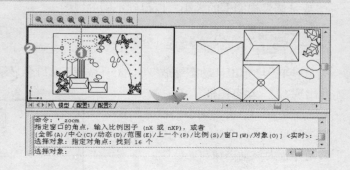

○ 放大 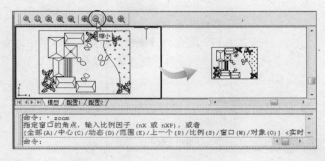：可直接将当前的视图图形放大 2 倍，如果重复按此项工具按钮，便会持续放大，直到结束为止。

○ 缩小 ：可直接将当前的视图缩小 1/2 倍。

　　单击"缩小" 工具按钮，整个图形会缩小为 1/2 倍，如果重复单击此项工具按钮，便会持续缩小，直到结束为止。

○ 缩放全部 ：显示最大的范围，以便看到所有的图形。

　　单击"缩放全部" 工具按钮，会显示整个绘图区范围的窗口，因此通常画面会缩得非常小，主要目的是要让设计者能看到全图，并选择下一阶段需要局部放大的区域。

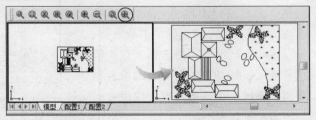

○ 范围缩放 ：缩放视图以显示当前图形的实际范围。

　　单击"范围缩放" 工具按钮，系统会显示当前图形的实际范围直到充满整个窗口。

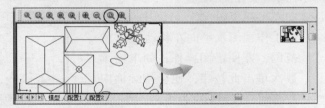

2.5.4　平移视图（PAN）

　　平移视图的主要目的是在不改变视图比例的情况下移动视图，以便查看图形的其他地方，方便图形的修正，AutoCAD 提供"实时"、"定点"、"左"、"右"、"上"、"下"六种平移视图的方法，执行"视图"→"平移"命令，也可以平移视图。

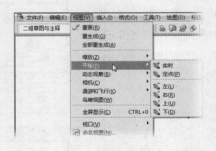

○ 实时平移视图 ：让设计者能按照绘图的需要，实时且随意来移动视图，方便图形的修正与查看。单击"实时平移" 工具按钮，指标即改变为手指张开形状 ，然后按住鼠标左键不放，拖动到所要位置，放开鼠标左键即停止平移，得到新的视图，最后按 Enter 或 Esc 键。

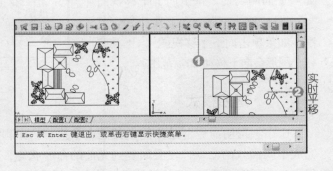

新手一学就会 ▼ AutoCAD 辅助绘图

实时平移

> **提示**
>
> 　　由于系统并没有将"点"、"向左"、"向右"、"向上"、"向下"平移方法的工具按钮组成一个工具栏，因此为方便使用起见，在本书中建立一个名为"平移视图"的个人工具栏，有关详细制作个人工具栏的方法，请参考 1.1.5 节。

● 点平移视图 　：让设计者能依照输入的基点与第二点方向与距离，来平移该视图。

范 例　　点平移视图的功能

Step 01 单击点平移视图 　工具按钮，命令窗口出现"_-pan 指定基点或位移"信息，用鼠标单击基准点。

Step 02 出现"指定第二点"信息，拖动鼠标并单击第二点的位置与距离，系统会根据第二点的线段方向与距离来平移视图。

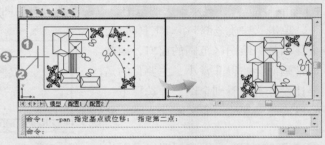

● 向左平移视图 　：可以让设计者的工作视图水平向左移动 20% 的范围，方便绘图操作；如果连续数次单击此按钮，便会持续地向左移动，直到结束为止。

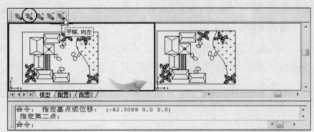

● 向右平移视图 　：让设计者工作的视图能水平向右移动 20% 的视图范围，方便绘图操作，如果连续单击此按钮，便会持续向右移动，直到结束为止。

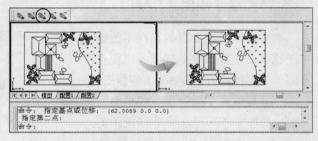

● 向上平移视图 　/ 向下平移视图 　：如同上面的功能，单击向上平移视图 　工具按钮，图形会向上移动 20% 范围，如果单击向下平移视图 　工具按钮，图形会向下移动 20% 范围。

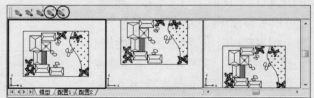

2.5.5　　**透明模式**

　　所谓"透明命令"是指能在其他命令执行的过程中，可以额外插入并执行的命令，一旦完成中间插入的命令，便会回复到先前的命令状态，并且继续完成前面未完成的动作，此过程称为"透明模式"，但并不是所有的命令都适用此模式，惟有"透明命令"才能使用。其中

ZOOM 和 PAN 命令就是属于"透明命令"的一种,"透明命令"通常用来改变绘图的设置、开关栅格、捕捉或是视图的缩放等。

在命令执行过程中要执行"透明命令"时,必须在"透明命令"之前加上单引号 ('),系统在接下来的提示会以 >> 符号来间隔对应"透明命令"的提示。执行完"透明命令"后,系统会继续执行原有未完成的命令。

范　例　利用透明命令 PAN 移动画面,方便绘制对角点直线

Step 01　启动"对象捕捉"功能,单击 ╱ 工具按钮,单击左上角点。

Step 02　在命令窗口中输入 'PAN,按 Enter 键,出现手指张开的光标,将图形移向左上方,方便右下角的连接。

Step 03　按 Enter 键,结束 PAN 的命令,回到画线的状态,单击右下角的点,再按 Enter 键,完成透明命令的操作练习。

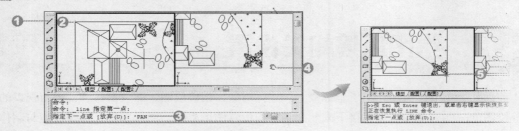

2.5.6　鸟瞰视图(DSVIEWER)

"鸟瞰视图"本身是一个独立的窗口,它可以控制绘图窗口的视图缩放。利用"鸟瞰视图"可以作视图的缩放、平移或是查看整个图形,这些相关的操作既方便又快速。当我们在绘图窗口中执行其他的操作时,"鸟瞰视图"窗口仍然可以保持打开或关闭。

范　例　以鸟瞰视图缩放图形

Step 01　选择"视图"→"鸟瞰视图"命令,打开"鸟瞰视图"窗口。

Step 02　单击出现细线方框,调整窗口大小,再移动窗口到所要的位置上。

Step 03　右击,便会出现粗线方框,绘图区便会将该区域的图形显示出来。

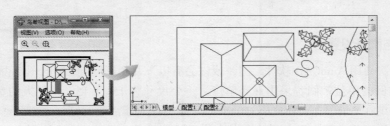

提示

> ✎ 如果想要调整方框的大小，只要随时单击便可将方框类型由 ☐ × 变为箭头符号方框 ☐，如此就可以进行大小调整，如果右击，就无法再进行方框大小的调整，除非单击重新进行设置，这部分操作请自行尝试。
>
> ✎ 如果要针对"鸟瞰视图"窗口内的图形加以缩放或显示全图，可以单击它所提供的"放大"、"缩小"与"全局"工具按钮，来调整所要辨别区域的大小与清晰度。

2.6 绘图环境相关设置

前面几个小节，已经介绍了坐标概念、选择对象、精确绘图、缩放窗口、视图与视口的应用等绘图的一些必备的概念，接下来要介绍如何设置图形界限、图形单位、绘图环境与制作个人的工具栏，这些都是在开始绘制正式图形之前重要的概念与配置。

2.6.1 设置图形单位与图形界限（LIMITS）

▌图形单位

当我们在绘制 AutoCAD 图形时，很重要的一个概念就是：什么是图形单位？当绘制一条直线其给定的长度是 100 时，到底它的单位是 100mm、100cm、100in 或 100km，这是非常重要的，因为所有的图形必须有相同的单位标准，绘制出的图形才能一致，因此当打开一个新文件时，第一件重要的事：必须要先指定图形单位，如此才能放心地开始制图。

Step 01 选择"格式"→"单位"命令。

Step 02 出现"图形单位"对话框，展开"插入比例"列表，选择需要的图形尺寸（例如：毫米），单击 确定 按钮，完成图形尺寸的设置。

▌绘图概念与图纸设置

若是第一次使用 AutoCAD 软件绘图，或许会有以下几个疑问：绘制的图是否要采用真实单位或是缩小比例的单位？倘若采用真实单位，一个尺寸为 15m×15m 或更大的室内空间设计，打印时如何容纳在一张 A3 或者更小的纸上而且还能让人能清楚阅读？这些疑惑，的确会造成设计者的困扰！这些问题如果在开始绘图之前不加以理清，不但会造成绘图、打印的困扰，更可能导致重新安排打印方式（例如：分割打印）或重新绘制部分文件而浪费时间，让我们一起来解决这些难题。

　　由于工程、建筑、机械等行业的文件经常需要重复引用，为避免造成引用上单位不一致所造成的困扰，建议前后要采用相同的单位，如果所绘制的图形必须要非常精确，建议使用毫米为单位，如果是建筑图，则可使用厘米为单位，但不论是何种单位，图形大小最好采用实际长度，例如：一个高度为 3m 的架子，在以厘米为单位的图形上，就绘制一个高度为 300 单位代表它的高。至于打印的问题，视可采用的打印机大小，以及能输出的最大图纸而定，通常打印时，我们必须将实际图形大小以缩图的方式来打印，调整好缩小比例规格，让实际图形能容纳在图纸上，这部分并不困难，让我们以实际的三种不同尺寸的块，以不同比例打印到 A4 图纸上，比较它们关系，就能了解实际尺寸与打印的关系。

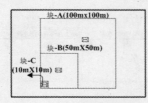 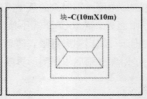

（1）实际尺寸缩小比例 1/60（以 A4 打印）可以看到 A、B、C 块（图形最小）　（2）实际尺寸缩小比例 1/30（以 A4 打印）仅可以看到 B、C 块（图形第二大）　（3）实际尺寸缩小比例 1/8（以 A4 打印）仅可以看到 C 块（但图形最大）

　　由上图可知，不论实际图形有多大，也不论打印的图纸有多小，都可以让计算机帮助计算最好的缩小比例值，因此都可以将文件打印出来，但问题是：是否满意打印后图形的大小？图形是否够大并具备可读性？这一点就要自行判断了。

提示

　　详细的图形与打印关系的设置方法，临时在此保留，若有兴趣先行了解，请参考 9.3 节。

设置图形界限

　　设置图形界限，顾名思义，就是设置图形的有效范围，用户可以依不同特性的图稿，指定不同的图形界限，在打印时能将图形依照所设置的比例打印。

　　假如所处理的图形相当简单，例如：简单的管线示意图，而且不需要太仔细的图形，因此可以不采用实际的尺寸，可以以缩小尺寸来绘图，例如：需要绘制水管管线示意图，其中最长的部分是 30m，而想要完全显现在一张 A4（297×210 cm）图纸上，如果图形单位采用 cm，那么绘制该管线时，输入的尺寸不能是 3000 单位，必须是 100 单位（缩小比例采用 1/30 情况下），如此才可完全不超打印纸范围绘图。

范　例　　设置绘图范围为 A4 大小的图形

　　Step 01 选择"格式"→"图形界限"命令，接下来指定图形的左下角坐标，可以在命令行中输入该坐标值，若要采用系统默认原点（0,0），可以直接按 Enter 键。

　　Step 02 接下来输入图形右上角坐标（例如：297,210），按 Enter 键，完成图形界限设置。

新手一学就会 ▼ AutoCAD 辅助绘图

Step 03 打开图形界限：在命令窗口中输入 LIMITS 命令，按 Enter 键，再输入 ON 参数，便将上述设置的图形界限功能打开，相反地，如果输入 OFF 命令，就会将该功能关闭。

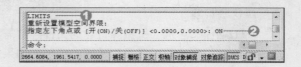

提示

图形界限如果是打开（ON），则在绘图窗口中所绘制对象的某一点若在图形界限之外，AutoCAD 就不接受这点并会提示"超出图形界限"信息，代表所有的对象必须局限在图形界限内。

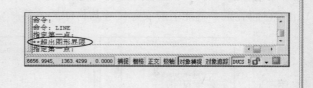

2.6.2 环境设置（OPTIONS）

AutoCAD 2008 提供的操作环境界面，可以视自己的绘图习惯设置为文件打开保存、绘图显示、打印与发布等操作环境，只要执行"工具"→"选项"命令，打开"选项"对话框，即可一一设置。注意所做的设置会应用到 AutoCAD 版面和绘图环境。

● "文件"标签：指定 AutoCAD 针对特定项目，搜索指定的文件夹、路径、文件位置或文件名。

● "显示"标签：指定窗口元素，包括是否显示滚动条、屏幕菜单、命令行窗口中的文字行数、绘图区的背景颜色和命令行窗口的字体。此外，也可以设置分辨率及十字光标的大小等。

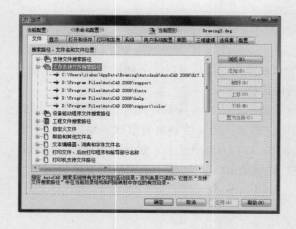

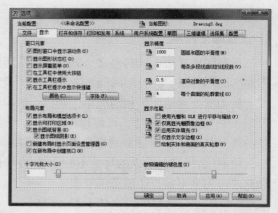

范 例 更改二维模型空间背景颜色

Step 01 在"选项"对话框的"显示"标签中，单击 颜色(C)... 按钮，系统打开"图形窗口颜色"对话框，选择"背景"→"二维模型空间"项目。

Step 02 选择"界面元素"→"统一背景"
项目，选择"颜色"下拉列表中的颜色，单
击 应用并关闭(A) 按钮。

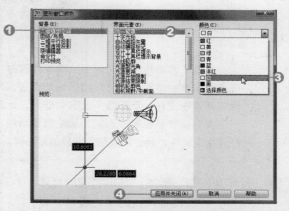

- "打开与保存"标签：设置文件保存的
  格式，文件安全防护的相关设置等。可
  以设置计算机间隔时间即自动保存文
  件，若突然死机或断电，可以将暂存文
  件的扩展名 .ac$ 改为 .dwg，再重新进入
  AutoCAD 即可返回原文件。
- 安全保护机制的设置：AutoCAD 2008 提
  供了文件安全保护的机制，可以针对文
  件进行加密或加入数字签名。

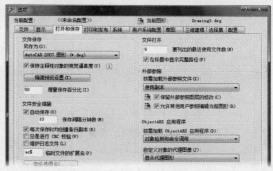

| 范 例 | 设置 AutoCAD 文件的加密 |

Step 01 在"选项"对话框的"打开与保存"标签中，单击
安全选项(0)... 按钮。

Step 02 出现"安全选项"对话框，在"用于打开此图形
的密码或短语"中，输入密码，选择"加密图形特性"复选框，
单击 高级选项(A)... 按钮。

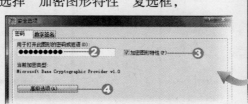

Step 03 打开"高级选项"对话
框，选择加密方式与密码长度；单击两次
确定 按钮。

Step 04 系统要求确认密码，再输
入一次，单击 确定 按钮。

Step 05 单击 确定 按钮，完成
当前绘制文件的加密操作。

提示

　　设置了密码将图形文件传给同事修改时，必须确定您同事知道密码并使用相同的加密法，才能正确打开该图文件，至于数字签名的部分，计算机上一定要有该签名机制，否则无法使用该功能，一旦打开加密文件，就会出现输入密码的对话框。

● "打印和发布"标签：显示当前的打印机型号，可以设置默认的输出设备，以及添加或配置绘图仪等。

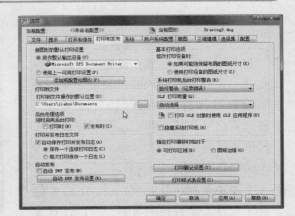

提示

　　有关"打印戳记设置"与"打印样式表设置"的说明，请参考9.3节。

● "系统"标签：设置三维性能、系统定点设备、布局重生成等功能，单击　性能设置(P)　按钮，会出现"自适应降级和性能调节"对话框，可以设置系统性能不足时降级的项目。

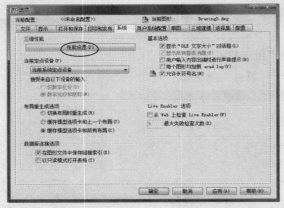

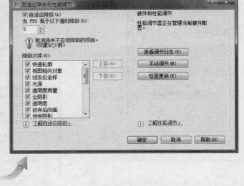

● "用户系统配置"标签：进行用户绘图习惯的设置，包括：鼠标右键、坐标数据输入优先级、插入比例、线宽设置等。

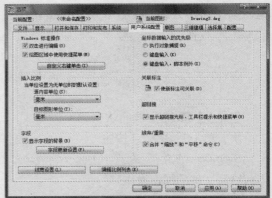

范 例 设置用户界面操作程序

Step 01 在"选项"对话框的"用户系统配置"标签中，单击 自定义右键单击(I)... 按钮；打开"自定义右键单击"对话框，设置相关属性，单击 应用并关闭 按钮。

Step 02 单击 线宽设置(L)... 按钮，可以设置系统对线宽的默认状态以及是否显示线宽等功能，完成后单击 应用并关闭 按钮。

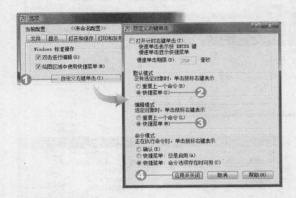

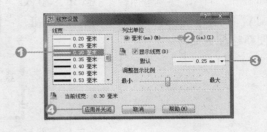

○ "草图"标签：设置自动捕捉的特性、标记颜色、标记大小、自动追踪的特性及靶框大小等功能。

○ "三维建模"标签：设置三维十字光标的显示方式、显示 UCS 图标、建立三维对象的视觉样式、漫游和飞行设置、动画设置等功能。有关三维绘图界面会在第 13 章中说明。

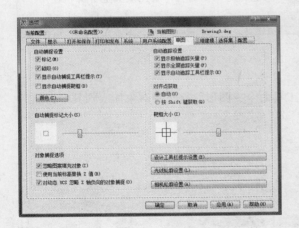

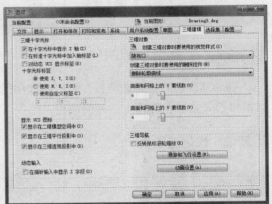

○ "选择集"标签：设置选择集模式，以及是否显示夹点及设置夹点颜色等。

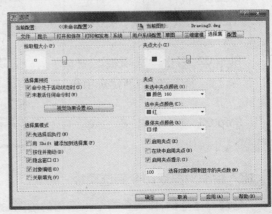

○ "配置"标签：可以将"选项"对话框中其他 8 个标签所设置的内容保存，建立个性化用户界面配置文件。

范 例 新建配置文件

Step 01 在"选项"对话框的"配置"标签中，单击 添加到列表(L)... 按钮，输入配置名称与说明，单击 应用并关闭 按钮，便新建配置文件。

Step 02 选择该设置文件，单击 置为当前(C) 按钮，可以更改系统的默认文件。

提示

若单击 输入(I)... 或 输出(E)... 按钮，可将配置文件导出供其他计算机使用；也可以导入外部配置文件来加以使用。

2.6.3 工具选项板制作

AutoCAD 的"工具选项板"可以将常用的工具命令、图形、材质等对象加入到其中，然后以窗口形式常驻在屏幕上，方便使用。

▌新增个性化选项板

范 例 建立个人选项板

Step 01 执行"工具"→"自定义"→"工具选项板"命令，打开"自定义"对话框。

Step 02 右击"选项板"窗口上空白位置，接着选择"新建选项板"项目。

Step 03 输入名称，单击 关闭(C) 按钮。

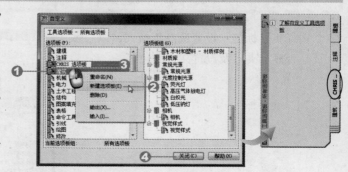

▌加入绘图对象或命令到选项板

延续上述范例，接着要将个人常用的绘图命令或对象，加入到刚刚自定义的"工具选项板"中。

范例 加入绘图对象或命令到选项板

Step 01 请将要添加的绘图对象或块的文件打开，例如：CH02-6-3.dwg。

Step 02 加入块：选择图形事先建立好的块，以右键拖动到上述新增的选项板标签中。

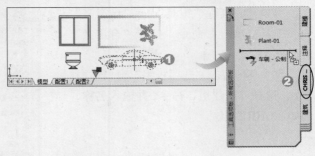

Step 03 加入绘图命令：在选项板空白处右击，执行"自定义命令"命令。

Step 04 打开"自定义用户界面"对话框，选择绘图命令后，以右键拖动到选项板选项卡中，便新增绘图命令。

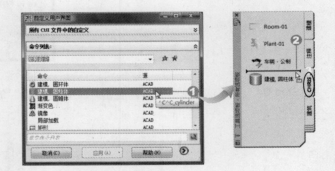

提示

- 右击"工具选项板"中的对象，可以执行重命名、指定图像、删除等编辑命令。

- 若将绘图命令（例如：矩形）加到"工具选项板"中，会发现系统是将它所属对象的组加入；当展开该组，即可找到相关的绘图命令。

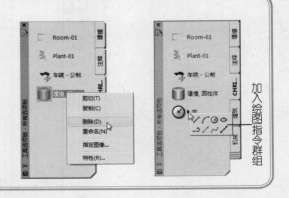

加入绘图指令群组

新建选项板组

新建选项板组的目的，就是要将系统默认或自定义的选项板结合在一起，放置在选项板组文件夹中，方便在不同绘图项目中启用不同绘图工具按钮的选项板组，提升绘图效率。

新手一学就会 ▼ AutoCAD 辅助绘图

范 例 建立选项板组

Step 01 执行"工具"→"自定义"
→"工具选项板"命令，打开"自定义"
对话框。

Step 02 右击"选项板组"窗口空白
位置，选择"新建组"命令，并输入名称，
例如：CHRIS 组。

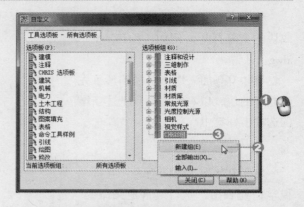

Step 03 依序将左侧窗口的选项板拖
动到上述新建的组中，即可完成新建操
作，单击 关闭(C) 按钮。

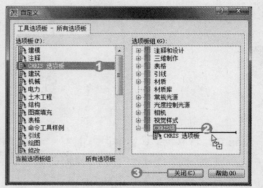

Step 04 启用工具选项板组：右击"工具选项板"的标题栏，执行"CHRIS 组"命令，即
会打开该组。

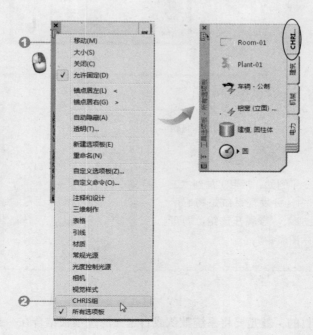

开始绘制图形

所有复杂的图形都是由简单的基本图形对象所构成，在本章中将介绍 AutoCAD 所提供的基本绘图命令，用来绘制各式线条对象、正多边形对象、曲线对象和点等对象。

⊛ 学习重点

3.1 直线与线段

在本节中将介绍绘制"直线"(LINE)、构造线(XLINE)、射线(RAY)、多线(MLINE)、多段线(PLINE)及徒手画(SKETCH)的方法与技巧,虽然过程非常简单,但内容却是相当的重要,请耐心地跟着范例来操作,以快速提高绘图能力。

3.1.1 直线(LINE)

"直线"命令,是由任意两点决定一条直线,它可以绘制多条直线,而每一条直线都是一个独立的对象,请参考 1-1 节,先打开"绘图"工具栏或面板。

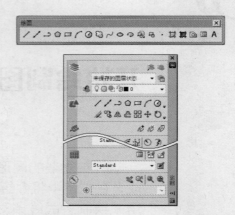

范例 以传统绘图模式绘制线段

Step 01 请参考 2.2 节,暂时关闭"动态输入"绘图模式;单击"绘图"工具栏或"面板"中"二维绘图"控制台的"直线" / 工具按钮。

Step 02 在绘图区中指定直线的起点,然后依次指定其他端点,最后键入 C 命令,会将线段起点与终点连接成一封闭区域,再按 Enter 键完成。

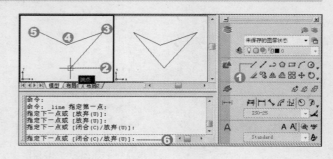

提示

- 在绘制线段的过程中,如在提示"指定下一点或 [放弃(U)]:"时,输入 U 命令,即表示要取消上一个线段所输入的 U 命令。
- 由于在 AutoCAD 中,以"直线"(LINE)命令来画线时,每条直线都是独立的对象,如此会使得该图文件占用较多的内存,所以建议采用"多段线"(PLINE)命令来画线。
- 完成一个线段组并结束线的绘制后,如果要画其他直线,可以直接按 Enter 键,系统会重新执行上一个命令(直线命令),让用户绘制其他直线,不需要再单击"直线"工具按钮。

3.1.2　构造线（XLINE）与射线（RAY）

构造线（XLINE）

"构造线"是无限延伸的直线，最常被用于作构图时的参考线。用户可以建立水平构造线、垂直构造线、倾斜某个角度的构造线、定数等分线、偏移某一对象或通过两点的构造线。

范　例　以动态绘图绘制水平与 60 度角、定数等分角与定距等分离偏移构造线

Step 01 水平构造线：打开"动态输入"绘图模式，单击面板上的"构造线" ✐ 工具按钮，按 ⬇ 键，单击"水平（H）"参数选项，按 Enter 键；接着，在绘图区单击一点，即可绘制水平构造线，按 Enter 键。

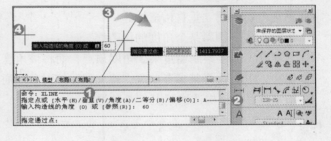

Step 02 角度构造线：重新按 ⬆ 键，出现动态光标的 XLINE 命令，按 Enter 键，再按 ⬇ 键；单击"角度（A）"参数选项，按 Enter 键。

Step 03 在动态字段中输入角度 60，按 Enter 键；单击该构造线要通过的点，按 Enter 键。

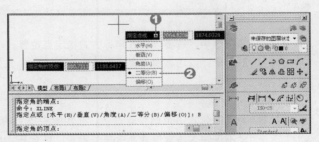

Step 04 二等分构造线：参考步骤 2，执行 XLINE 命令后，按 ⬇ 键；单击"二等分（B）"参数选项，按 Enter 键。

Step 05 指定"角度起点"与"角度端点"，完成后按 Enter 键。

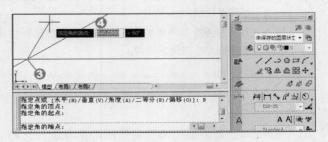

新手一学就会 ▼　AutoCAD 辅助绘图

Step 06 偏移构造线：单击"构造线" ✐ 工具按钮，按 ⬇ 键；执行"偏移（O）"命令，按 Enter 键，输入偏移距离 50。

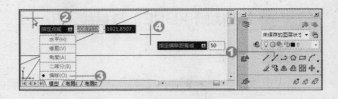

Step 07 选择一个线对象，单击指定要偏移的那一侧，即会复制一偏移构造线；重复此步骤，可以绘制多条偏移构造线，按 Enter 键。

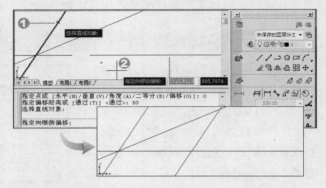

执行"构造线"命令时，"命令"窗口中会显示构造线的参数选项，提供不同的绘图功能。

[水平（H）/垂直（V）/角度（A）/二等分（B）/偏移（O）]

● 水平（H）：建立水平构造线。
● 垂直（V）：建立垂直构造线。
● 角度（A）：倾斜某个角度的构造线。
● 二等分（B）：绘制通过某个角度顶点，而将该角度二等分的构造线。
● 偏移（O）：选择某参考对象，建立偏移该对象或通过特定点的构造线。
● 指定点：指定构造线起点或通过的点。

提示

> ✐ 步骤 3 中，若要以输入坐标方式指定点位置，可以参照 2-2 节，以动态输入模式来执行。
>
>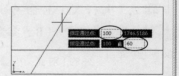
>
> ✐ 为了简化本书范例步骤说明，在步骤中提到的"输入……"（例如：输入 60），所代表的是不仅输入该数值或命令符号而已，还代表之后必须按 Enter 键。以后的章节也会按照此方法来说明。
>
> ✐ 为了方便绘图程序的说明，本章后续的范例会采用传统绘图法，至于动态输入绘图方法，请参照上述范例来练习。

▌射线（RAY）

"射线"也是常被用来作为绘图的参考线，它和"构造线"一样可以画出无限延伸的线；两者之间的差异是："射线"只有一个方向作延伸，而"构造线"可由两个方向延伸。

范　例　　绘制射线

Step 01 执行"绘图"→"射线"（R）命令。

Step 02 指定起点，并可复数指定射线通过的点，便建立若干射线，按 Enter 键结束。

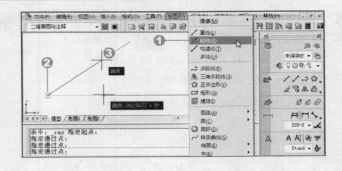

3.1.3　多线（MLINE）

"多线"最适合用来绘制多线段对象，例如：车道线。多线中可包括 1 到 16 条的平行线，这些平行线又称为元素，系统默认为两个元素，也就是含有两线的多线。为了适应不同的需求，用户可以指定多线中各元素的线型、颜色，并将它们存成多线样式，以便以后选择所要的形式。

范　例　　绘制多线

Step 01 执行"绘图"→"多线"（U）命令，在"命令"窗口中输入"[对正（J）]"参数，再输入 T 参数，代表要执行"对正（J）→上（T）"的多线样式。

Step 02 在"命令"窗口中输入 S 参数，并指定多线比例（例如：8）。

Step 03 连续指定多线的起点以及下一点，直到完成再按 Enter 键。

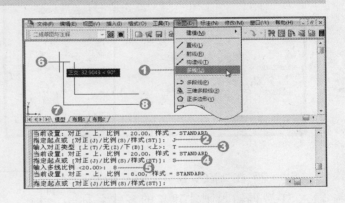

提示

多线的 [对正（J）] 方式分别有上（T）、无（Z）、下（B）3 种参数，上（T）指的是光标对到多线上方边界线，另一边界线会画在下方。无（Z）是光标对到多线中心（两边界线的中间），下（B）则是光标对到下方边界线。

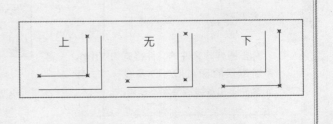

▌ 自定义多线样式（MLSTYLE）

多线样式主要包括"元素特性"和"多线特性"，在"元素特性"中必须指定多线要内含多少元素，以及每个元素的偏移、颜色与所采用的线型；而"多线特性"则是指定多线的端点封口、是否显示连接线、是否填充等特性，在此以范例说明建立自定义多线样式的程序。

范 例　自定义一个含中心线的多线样式，并显示连接线与封口

Step 01 在命令窗口中输入 MLSTYLE，出现"多线样式"对话框，单击　新建(N)...　按钮。

Step 02 打开"创建新的多线样式"对话框，输入名称（例如：ML01），单击　继续　按钮。

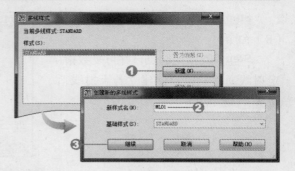

Step 03 打开"新建多线样式:ML01"对话框，输入说明、封口样式、显示连接等设置，单击　添加(A)　按钮。

Step 04 设置偏移、颜色与线型,完成后按两次　Enter　键,即可完成新建自定义多线样式操作。

Step 05 在"命令"窗口中输入 MLINE；输入 ST 后再输入刚才建立的多线名称：ML01，重复前一个范例的步骤，便可绘制出自定义的多线图形。

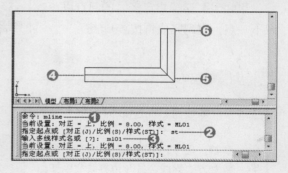

提示

多线样式文件的文件格式为 *.mln，系统默认的 STANDARD 多线样式，其元素性质和多线特性均不能修改。

在多线特性设置方面，AutoCAD 提供许多功能让用户可以来设置不同的多线样式，请参考右图图示。

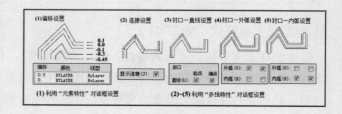

3.1.4　多段线（PLINE）

　　"多段线"是所有线对象中变化最多的。多段线可以指定每段线段有不同的宽度，甚至起点和终点的宽度都可以不相同。另外，也可以将直线转成弧线，或由弧线再转成直线。要特别注意，这些多段线或弧被视为单一对象，所以选择对象时会被全部选择。

范　例　　绘制不同宽度与样式的多段线

　　Step 01 单击"多段线" 工具按钮，指定多段线的起点。

　　Step 02 输入 W 参数，设置线段宽度，然后依次输入起点宽度、端点宽度；接着，指定下一点。

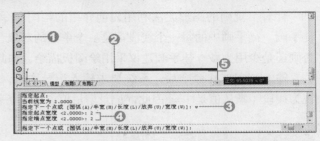

　　Step 03 绘制弧线：在"命令"窗口中输入 A，然后指定弧的端点，即输入第二点的相对坐标（例如：@40<90）。

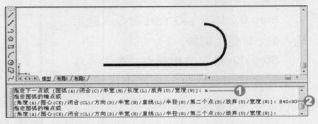

　　Step 04 输入 W 参数，重新设置线段宽度，输入起点宽度 10、端点宽度 0，然后输入相对坐标 @-50<0，按 Enter 键。

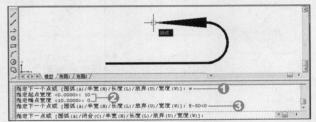

　　执行"多段线"命令时，命令窗口中会显示多段线的参数选项，提供不同的绘图功能，各功能分别说明如下。

> 圆弧（A）/闭合（C）/半宽（H）/长度（L）/放弃（U）/宽度（W）

● 圆弧（A）：由画线段切换为画弧线功能。选择此项命令后其子参数如下。

> 角度（A）/圆心（CE）/方向（D）/半宽（H）/直线（L）/半径（R）/第二个点（S）/放弃（U）/宽度（W）

● 闭合（C）：设置连接到起点。
● 半宽（H）：设置多段线半宽的宽度，但在绘图时是以全宽绘图。
● 长度（L）：指定下一段多段线的长度，它的方向是沿着上一段的方向绘制。
● 放弃（U）：取消前一段多段线段。
● 宽度（W）：设置多段线的宽度，必须分别设置线段起点宽度和终点宽度。

3.1.5 徒手画（SKETCH）

针对不规则的图形无法利用先前介绍的绘图命令绘制的情况，可以利用 SKETCH 命令作徒手画。徒手画中的每一个线段都是一个单独的对象，所以会占用大量内存，因此除非有必要否则还是少用为妙。徒手画建议采用绘图板描绘，如此效果较佳。

输入 SKETCH 命令后，系统要求输入记录增量，所谓记录增量就是指每增加多少单位就视为线段（默认值是 1）。因此，记录增量值愈小线条就愈平顺，相对的占用内存也愈大。

范　例	建立徒手画图形

Step 01 输入 SKETCH 命令，然后输入记录增量（例如：2）。

Step 02 指定图形起点，单击并移动鼠标光标所到之处就会产生描绘线，完成后输入 X 即结束图形绘制。

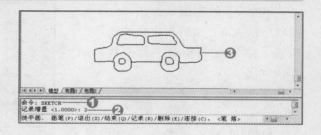

 ## 3.2 正多边形对象

一个图形，除了使用点或线来建构外，也可以使用一些矩形或正多边形来处理，本节将介绍如何建立矩形与正多边形的方法。

3.2.1 矩形（RECTANG）

在 AutoCAD 中提供了许多矩形绘制的方法，可以画有倒角的矩形、圆角矩形，不同线宽的矩形，也可以指定矩形的高程（即矩形的放置在空间中 Z 轴的高度）和绘制有厚度的矩形（即绘制一立体矩形），有关高程和厚度，会在 11.2 节再作介绍。

范 例　绘制一具有圆角样式的矩形

Step 01 单击"矩形" ▭ 工具按钮，接着输入 F 参数，选择圆角样式，然后输入圆角半径 5。

Step 02 在绘图区指定第一角点，再指定另一角点，按 Enter 键。

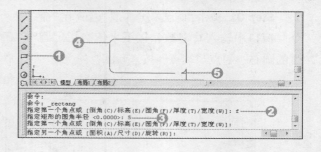

3.2.2　正多边形（POLYGON）

"正多边形"命令是用来绘制三边以上的正多边形（也包括三边形），它可以使用"边"来定义正多边形；或是指定正多边形的中心点后，通过"内接于圆"或"外切于圆"的方式绘制正多边形（必须要指定圆半径）。

范 例　通过"外切于圆"的方式绘制五边形

Step 01 单击"正多边形" ⬠ 工具按钮。

Step 02 输入正多边形的边数（例如：5），然后指定中心点，接下来输入 C 参数（以"外切于圆"的方式绘图），接着输入圆的半径（例如：20），最后按 Enter 键结束。

除了外切绘制正多边形外，系统还有内接及边正多边形绘图方式，其中内接的方式与外切类似，都必须指定圆的半径，而边（E）方式，是以指定两点（例如：A、B）作为正多边形边长的依据。

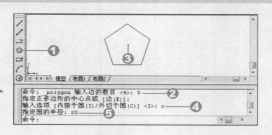

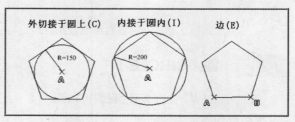

3.3　曲线对象

"曲线"的处理在绘图时非常重要，接下来要介绍绘制曲线的方法，包含：圆弧、椭圆、圆环和样条曲线等。

3.3.1　圆弧（ARC）

AutoCAD 提供很多方法画圆弧，可以指定起点开始画"过三点的弧"或在输入起点端点后，再继续设置角度、方向、半径或圆心而得到所要的圆弧；还可以决定起点和圆心后，再设置角度、弧长或终点画出所要的圆弧。至于要采用哪一种方法画圆弧，用户可依不同的情况决定所要使用的方法。

范 例　绘制圆心、起点、终点的圆弧

Step 01 单击"圆弧" ⌒ 工具按钮,在"命令"窗口中输入 C 参数,接下来依次指定圆弧的圆心、起点与端点,按 Enter 键。

Step 02 重复步骤 1,执行"圆弧"命令后,在窗口中输入 C 参数,指定圆弧的圆心与起点,并输入 A 参数(使用角度绘制),再输入角度值(例如:–120),按 Enter 键。

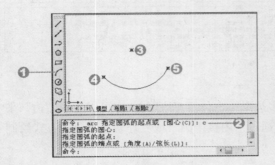

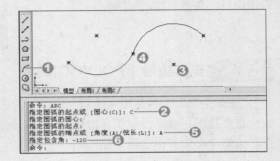

提示

ℹ 上述范例步骤 2 中,也可以输入 L 参数(使用弦长)来指定绘制圆弧。除此之外,圆弧的画法其角度方向是采用逆时针方向,请您留意。

ℹ 除了上述方法绘制圆弧图形外,展开"绘图"→"圆弧"菜单,即可查看到系统提供的其他方法。

3.3.2　**圆(CIRCLE)**

圆的画法同样有很多种,我们可以画"过三点的圆"、"过两点的圆"(这两点的距离是直径)、"过两切点和指定半径的圆",或是选定圆心后,再决定圆的半径或直径。

范 例　绘制与两对象相切的圆(相切、相切、半径的圆)

Step 01 三点绘圆:单击"圆" ⊙ 工具按钮,输入 3P,依次单击 A、B、C 三点。

Step 02 两点直径绘圆:重复上步骤,输入 2P,依序单击 D、E 点作为圆的直径。

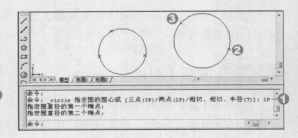

Step 03 相切、相切、半径绘圆：重复上述步骤，输入 T 参数，接下来指定第一个及第二个圆的切点,然后输入半径（例如：5），最后按 Enter 键结束。

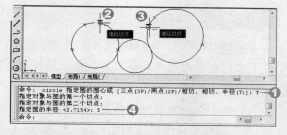

除了上述方法外，展开"绘图→圆"菜单，就会呈现出不同的圆绘图命令，功能说明如下。

- 圆心、半径（R）：此为预设的画法，先确定圆心，再输入半径画圆。
- 圆心、直径（D）：先确定圆心，再输入直径画圆。
- 两点（2P）：输入两点绘制一圆，且此圆通过这两点。两点的距离为圆的直径。
- 三点（3P）：输入三点绘制一圆，且此圆通过这三点。
- 相切、相切、半径（T）：选择与圆相切的两个对象，再输入圆的半径画圆。
- 相切、相切、相切（A）：选择与圆相切的三个对象绘制一圆。

3.3.3　椭圆（ELLIPSE）

椭圆的画法有很多种，可以快速画出许多不同方向及形状的椭圆形。我们可以指定圆心后，再指定轴端点和另一轴距；或是绕长轴旋转某一角度；也可以指定两个轴端点和另一轴距画出所要的椭圆。

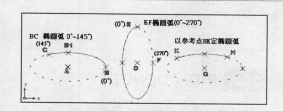

范　例　以指定圆心、轴端与轴距的方式绘制椭圆

Step 01 单击"椭圆" ⬭ 工具按钮，输入 C 参数。

Step 02 指定圆心、指定轴端点，再指定到另一轴的距离，最后按 Enter 键结束。

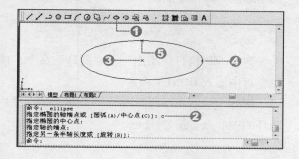

▌椭圆弧

椭圆弧本身是某一个椭圆的局部曲线，它和利用"圆弧（ARC）"命令所画出来的弧是不一样的，一般弧是某一个圆的局部曲线，椭圆弧的画法，同样是 ELLIPSE 命令，所不同的是需要再输入一些弧的参数。另外，用户也可以利用"绘图"→"椭圆"→"弧"命令来画椭圆弧。因此，椭圆弧的画法事实上是先画出所要的椭圆，再由该椭圆决定椭圆弧的弧长。

范 例 以指定角度方式、以参考点方式绘制椭圆弧

Step 01 单击"椭圆弧"工具按钮,输入 C 参数,接下来指定中心点、端点、另一条半轴长度,过程与绘椭圆方式相同。

Step 02 指定椭圆弧角度:输入起始角度值(例如:0)与终止角度值(例如:145),按 Enter 键结束。

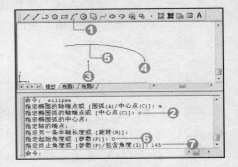

提示

- 当以输入角度值的方式绘制椭圆弧时,角度会以长轴为 0 度起点,逆时针方向角度为正。
- 上述步骤 2 中,若是采用"参数(P)"方式,必须单击椭圆上的两个参考点,或是输入两个角度的参考数值,才能完成绘制。

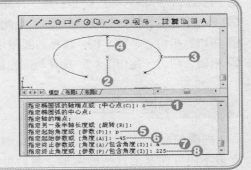

3.3.4 圆环(DONUT)

我们可以指定不同的内径和外径,而得到不同的实心圆或空心圆环。直径的大小除了输入数值外,也可以指定两点,系统会以两点间的距离为直径。绘制时系统会重复提示我们指定环的中心点,以便绘制多个相同大小的环。

范 例 绘制圆环(DONUT)图形

Step 01 执行"绘图"→"圆环"命令,或是在命令行中输入 DONUT 命令。

Step 02 输入圆环的内径 20、外径 22,然后指定圆环的中心点,按 Enter 键。

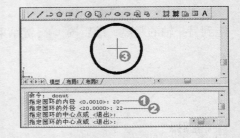

提示

若圆环的内侧直径为 0,则可得到一实心圆,这部分请自行尝试。

3.3.5 样条曲线(SPLINE)

"样条曲线"主要是用于绘制不规则的曲线,AutoCAD 采用一种特别的样条曲线,称为非均匀比例的 B-Spline 曲线(Nonuniform Rational B-Spline, NURBS),一个 NURBS 曲线就是在所给的控制点之间,建立平滑的曲线。

范 例 绘制一样条曲线（SPLINE）图形

Step 01 执行"绘图"→"样条曲线"命令，或是在命令行中输入 SPLINE 命令。

Step 02 指定第个一点（A），接下来依次指定其他点（B~E），按 Enter 键。

Step 03 设置起点切向，单击一点（F）做为起点切线方向，然后单击另一点（G）做为端点切线方向，按 Enter 键。

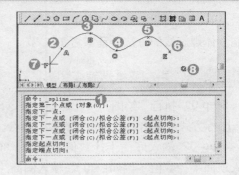

提示

利用 PEDIT 命令编辑现有的二维或三维多段线，也可以产生近似的样条曲线。另外，利用 SPLINE 命令选择已有的二维或三维样条曲线拟合的多段线，也可以将它们转成样条曲线。

3.3.6 修订云线（REVCLOUD）

"修订云线"是 AutoCAD 2004 之后的版本才有的功能，它与样条曲线没有任何关系，必须以徒手方式使用它，所绘制的图形像是天上云朵造型，其主要的功能不是用于制图，而是用来标示图形上需要特别注意的区域，让阅读者能一目暸然，并注意到它所框出的图形。

范 例 绘制一修订云线

Step 01 单击"修订云线"🔾 工具按钮。

Step 02 在命令窗口中输入 A 参数，并输入最小弧长（例如：50）、最大弧长（例如：100）。

Step 03 开始徒手绘制需要的修订云线图，按 Enter 键。

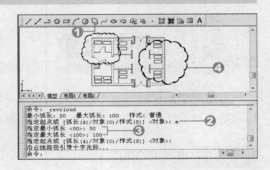

提示

若是缩小上述最小与最大弧长数值，所绘制出来的图形弧度会比较小。

执行修订云线命令时，会出现以下的子参数，用途说明如下。

指定起点或［弧长（A）/对象（O）/样式（S）］＜对象＞

● 弧长（A）：设置每个云形弧的长度。

● 对象（O）：选择对象作修订云线的转换，请参考 4-3 节。

● 样式（S）：有手绘与普通两种不同的修订云线图案。

3.3.7 螺旋（Helix）

AutoCAD 提供"螺旋（Helix）"命令，可以让你绘制出二维或三维螺旋线图形；有关如何绘制立体螺旋线的方法，请参考 11.2 节。

| 范　例 | 绘制二维螺旋线图形 |

Step 01 执行"绘图"→"螺旋"命令，以输入坐标方式或单击一点作为螺旋线中心点。

Step 02 输入底面半径数值（例如：80）、输入顶面半径数值（例如：30）、输入圈高（例如：0），再按 Enter 键。

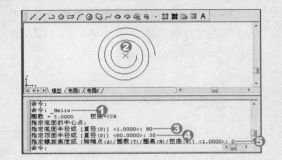

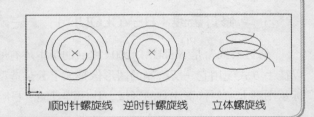

提示

上述范例采用底面半径大于顶面半径的样式绘图，该螺旋线会以"顺时针"方向旋转，反之则会以"逆时针"方向旋转；除此之外，若是圈高的数值不为 0，所绘制的就是立体螺旋线对象。

顺时针螺旋线　逆时针螺旋线　立体螺旋线

3.4　画点对象

点是一个比较特殊的图形，它的用途一般作为标示图形之用，例如：标示圆、圆弧的圆心、标示基准点、插入点等功能，方便制图工程师绘制图形，详细的步骤与方法介绍如下。

3.4.1 点（POINT）

当需要一些参考点以辅助绘图时，我们可以执行"点"命令在图形上的任何地方连续画点。除此之外，AutoCAD 提供 20 种点样式供选用，用户还可以相对于屏幕设置大小或是以绝对单位设置大小。

| 范　例 | 设置点样式并绘制点图形 |

Step 01 执行"格式"→"点"样式命令。

Step 02 打开"点样式"对话框，单击所要的点样式，选中后会以反白显示；设置点大小，并指定采用相对或绝对大小，单击 确定 按钮。

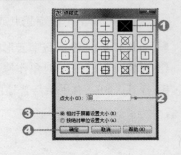

Step 03 单击"点" ▪ 工具按钮，会以刚选定的点样式开始标示点图形（例如：A 组点），完成后按 Esc 键。

Step 04 快速更改点的样式、大小：在命令窗口中输入 PDMODE 命令、输入点样式数值（例如：35），键入 PDSIZE 命令、输入点大小值（例如：20），参照上述步骤，执行绘点命令来绘图（如 B 组点），按 Esc 键。

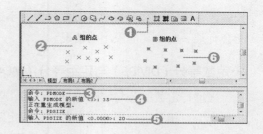

除了以上述的方式来指定点样式或绘制点的操作外，也可以命令输入的方式来执行。

● 设置点样式：执行"格式"→"点样式"命令，或在"命令"窗口中输入 DDPTYPE。

● 绘制点图形：选择"绘图"→"点"菜单中的"单点"或"多点"命令，或是在"命令"窗口或动态模式下输入 POINT 或 PO。

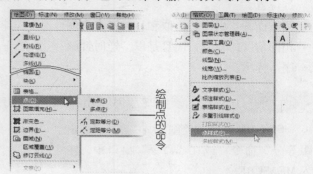

3.4.2　定数等分（DIVIDE）

我们可以将图形中的对象定数等分成数段，并且在这些定数等分点上插入"点"对象或是插入任何块，所插入的点是依照目前的点样式标示。当绘制其他对象时，可以利用对象锁点到单点的方式，来锁定到这些定数等分点（有关块的介绍，请参考第 8 章）。

| 范　例 | 绘制圆的 5 个定数等分点 |

Step 01 执行"绘图"→"点"→"定数等分"命令，或在"命令"窗口中输入 DIVIDE 命令。

Step 02 选择要定数等分的对象（此时圆会呈虚线显示），然后指定分段数目为 5，最后按 Enter 键结束。

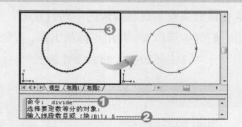

提示

定数等分只是在对象上标示分隔点，并没有将对象实际截断。除此之外，也可以在命令窗口或动态模式下输入 DIVIDE 或 DIV 命令，同样可以执行上述的程序。

3.4.3　定距等分（MEASURE）

定距等分和定数等分一样，都是在所选择的对象上标示分隔点，定数等分（DIVIDE）是将指定对象均分成几定数等分；而定距等分（MEASURE）是选择要分段的对象后，指定分段

新手一学就会 ▼ AutoCAD 辅助绘图

长度，系统依照这个长度将对象分段。不过，这样的分段长度可能没办法将对象均分，所以可能会有某一段比其他段小的情况。

定数等分（DIVIDE）与定距等分（MEASURE）的重要概念

当进行定数等分与定距等分操作时，会依照选择对象形式的不同，而有不同的"分隔起点"状态产生，相对也会影响到定数等分或定距等分点的位置，对象与分隔起点关系说明如下。

- 线、弧、多段线：靠近选择点这边的端点为分隔起点位置。
- 闭合的多段线：多段线的起点为分隔起点位置。
- 圆或椭圆：由圆心量取和目前锁点角度相同角度的地方，而且是以"逆时针顺序"标示。

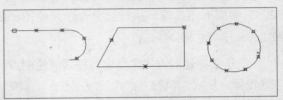

开放多段线选择点　封闭多段线分隔起点　逆时针进行分隔

范　例　绘制分段长度为 10 单位的定距等分点

Step 01 执行"绘图"→"点"→"定距等分"命令，或在"命令"窗口中，输入 MEASURE。

Step 02 选择要测量的对象（此时线段会呈虚线显示），然后指定分段长度为10，最后按 Enter 键。

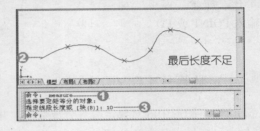

最后长度不足

3.4.4　选择两点的中点

当要绘制在圆弧或不规则形状上两点的中点时，许多读者会期望所绘制两点的中点会是坐落在该圆弧或不规则图形的中间位置上，这是不正确的，因为系统只能以此两点直线方式计算出它们的中点位置，并用点标示出来，若要绘制图形两点的真正长度的中点，必须使用上述"定距等分"（MEASURE）的命令才能做到。

范　例　绘制两点之间的中点

Step 01 执行"绘图"→"点"→"单点"命令，或在"命令"窗口中输入 POINT 命令。

Step 02 出现"指定一点"提示，输入 MTP 或 M2P 命令。

Step 03 依次指定中点的第一点与中点第二点，即绘出弧线的中点。

Step 04 重复上述步骤，绘制线段的中点。

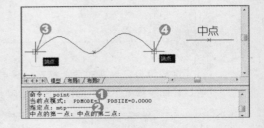

中点

完成上述范例后，就会发现绘制弧线上两点的中点与直线上两点中点的差异，这也是 POINT/MTP 命令与 MEASURE/DIVIDE 命令的相异之处。

3.5　图案填充

图案填充在一般工程制图时经常需要用到，它常被用来代表立体图的各部分，或是某组件的组成材质。本节中我们将介绍建立关联和非关联图案填充，以及边界样式和删除孤岛，还有边界和面域的建立。

3.5.1　建立关联图案填充（BHATCH）

建立图案填充事实上是在所要的区域中以某种图案填充，以便在图形中代表立体图的各部分，或是某组件的组成材质。常见的图案填充图案有：断面符号、金属网、纹面板、砖墙等。

用户可以选择图形中现有的对象建立图案填充，或是指定一个封闭区域（孤岛）建立图案填充，也可以先定义一个边界集再绘制图案填充。至于关联图案填充是将图案填充本身和其边界保持关联，一旦边界有所变动时图案填充也会随之调整。反之非关联图案填充则图案填充本身和其边界彼此无关。

▍以拾取点方式绘制图案填充

系统的"拾取点"方式，是利用鼠标光标选择任意一个封闭的区域，便可将该孤岛已指定的填充图案来绘制，请打开 CH03-5-1.DWG 文件来练习。

范 例　以拾取点方式在封闭区域内建立图案填充

Step 01 执行"绘图"→"图案填充"命令，打开"图案填充和渐变色"对话框。

Step 02 展开"图案填充"选项卡，单击"图案"字段旁选择按钮，选择需要建立图案填充的图案，单击 确定 按钮。

Step 03 输入图案填充角度、比例、选择是否建立填充关联与绘图次序。

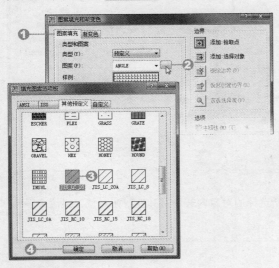

Step 04 单击"添加：拾取点" <kbd>國</kbd> 按钮，回到绘图区，选择封闭区域，该封闭区域会以虚线显示，按 <kbd>Enter</kbd> 键与 <kbd>确定</kbd> 按钮完成图案填充的绘制。

Step 05 重复上述步骤，单击封闭区域B，结果如下。

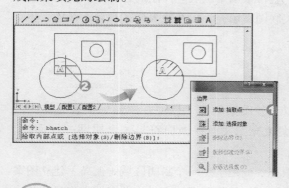

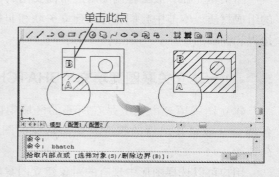

单击此点

> **提示**
>
> 请留意封闭区域 B 的图案填充的结果，当一个封闭区域内仍有其他封闭区域时，系统会以默认方式处理；也就是将由外往内计算的1、3、5…奇数层封闭区域内绘制图案填充，因此原先在 A 区域的图案填充会被删除。

▌以选择对象方式绘制图案填充

系统的"选择对象"方式，是利用用鼠标选择任意一个封闭对象，便可将该对象区域内用指定的图案填充来绘制。由 BHATCH 命令所建立的图案填充，系统的默认值是具有"关联"的。

范 例	以选择对象方式在封闭区域内建立图案填充

Step 01 请重复上述范例的步骤1~3。

Step 02 单击"添加：选择对象" <kbd>國</kbd> 按钮，回到绘图页面，可复选对象边框，显示虚线后，按 <kbd>Enter</kbd> 键与 <kbd>确定</kbd> 按钮便完成绘制。

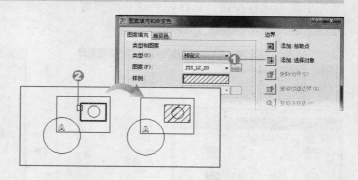

> **提示**
>
> 若是以选择对象方式来绘制图案填充，所选择的对象内若是有其他封闭对象，系统会一并绘制上图案填充。

设置边界样式

AutoCAD 在绘制图案填充时，提供 3 种边界样式，分别是"普通"、"外部"、"忽略"，默认是"普通"样式。边界样式设置，必须在"图案填充和渐变色"对话框中，单击 ⊙ 按钮展开"孤岛"选项组进行设置。

- ⬤ 普通：当封闭区域内有其他的封闭区域时，则封闭区域内不填入图案填充。如果封闭区域内还有封闭区域，则第 3 层的封闭区域会填入图案填充。以此类推，由最外层往内算，奇数层填入图案填充；而偶数层则不填入。
- ⬤ 外部：不管该区域有多少层封闭区域，只针对最外层填入图案填充。
- ⬤ 忽略：忽略所有内部的孤岛，整个区域直接填入图案填充。

提示

AutoCAD 在图案填充时，如果填充线与某个对象（例如文字、属性或实体填充对象）相交，并且该对象被选定为边界集的一部分，则图案将围绕该对象来填充。

删除边界

"孤岛"就是图案填充区域中的封闭区域。若是选择"拾取点"的方式建立图案填充，系统会自动帮我们分析内部的孤岛，以便正确地进行图案填充；如果是以"选择对象"的方式所建立的图案填充，系统是不会侦测内部孤岛，也无法删除孤岛。

范　例　以删除边界方式来删除孤岛

Step 01 请参考"以拾取点方式在封闭区域内建立图案填充"范例的步骤 1~3。

Step 02 在"图案填充和渐变色"对话框，单击"添加：拾取点" 按钮，选择封闭区域 A，该封闭区域会以虚线显示，按 Enter 键。

Step 03 单击"删除边界" 按钮，单击要删除的边界（例如：B），按 Enter 键与 确定 按钮，便完成图案填充绘制。

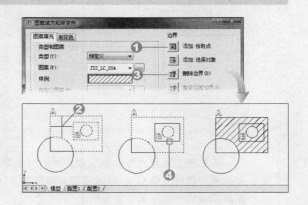

设置渐变色

使用 AutoCAD 2008 渐变色的功能，可以选择颜色与渐变色来替代图案填充，绘制的方法与上述方式类似，不同点在于需要在"图案填充和渐变色"对话框中，展开"渐变色"选项卡，选择需要的颜色与渐变方式、角度（例如：0）、放置方式（例如：居中），接着，单击 ▤ 或 ▤ 按钮，单击要绘制填充的区域或对象，完成后单击 ▭ 确定 ▭ 按钮，图案填充就会以渐变色方式来显示。

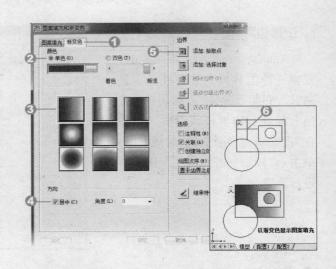

以边界集方式绘制图案填充

AutoCAD 2008 提供一个比上述绘制图案填充更简单的方法，就是利用建立多段线边界集的方式，来指定要绘制图案填充的区域。

范 例	以边界集方式建立图案填充区域

Step 01 请按前一个范例的说明，先建立一个图案填充。

Step 02 执行"绘图"→"图案填充"命令，打开"图案填充和渐变色"对话框，单击 ⊙ 按钮，展开全部画面。

Step 03 选择"保留边界"复选框，单击"新建" ▤ 按钮，选择要建立的数个边界对象（例如：A、B、C、D）。

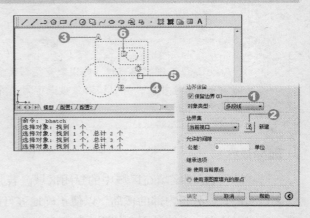

Step 04 单击"添加：拾取点" ▤ 按钮，单击要绘制图案填充的数个块，按 Enter 键与 ▭ 确定 ▭ 按钮。

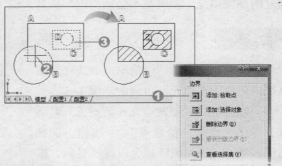

提示

若要将上述建立好的多段线边界的图案填充块移出，只要用鼠标进行框选（窗交），以右键拖动即可将某一图案填充块移出，而原本该块的图案填充便会取消。

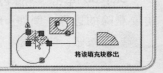

将该填充块移出

3.5.2　建立多段线边界（BOUNDARY）

在绘制图案填充时，系统事实上是先决定边界，最后才在其中进行图案填充。如果用户选择保留边界，则可以得到另一个边界对象。利用"边界"命令，即可将某一封闭区域的边界建立成多段线，并可以移动或复制该多段边界线。

范　例　将边界建立成多段线并移出

Step 01 执行"绘图"→"边界"命令。

Step 02 打开"边界创建"对话框，指定对象类型为"多段线"，然后单击"边界集"的 按钮，选择对象边框（例如：A、B、C），按 Enter 键。

Step 03 单击"拾取点" 按钮，选择区域 D，形成多段边界线（以虚线显示），按 Enter 键完成边界创建。

Step 04 框选该多段线，鼠标右键拖动夹点到需要的位置上。

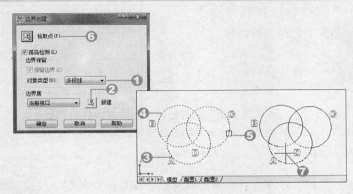

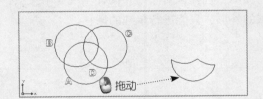

提示

所建立的边界对象可以是一条多段线或是一个面域。假如所选的区域无法建立多段线边界，系统会询问是否要建立面域。

3.5.3　建立面域（REGION）

面域是由称为环的封闭形状所建立的二维封闭区域。环可以是一个曲线，或是一连串端点相接曲线所定义的具有边界非自相交的平面区域。建立好的面域，所有的对象即成为一体的对象，我们可以在其中画图案填充；或是分析面域的面积及重心；也可以执行"联集"、"差集"、"交集"等命令。

新手一学就会 ▼ AutoCAD 辅助绘图

范 例 建立面域

Step 01 先绘制好一个封闭图形。

Step 02 执行"绘图"→"面域"命令，选择要建立面域的对象（必须是封闭或非自相交），然后右击结束选择对象，接着系统会提示提取出多少个环，有多少个面域被创建。

提示

面域通常用于三维绘图中，将所设置的面域贴上材质，因此在此范例中右边是一个由左边的图形所挤压而成的三维对象，请参考第 12 章。

建立好面域后，该面域对象会保留原对象层、线型和颜色等属性，系统会在对象转换成面域后将原有对象删除。面域对象和原有对象仍然有些不同，例如：一个矩形对象被建立成面域。当在"命令："提示下选择该对象时，同样出现 4 个夹点，但是选择其中一个夹点拉伸时，无法再改变该面域的外形，只能进行单纯的搬移。

延伸阅读

- 面域的执行也可以在建立边界对象时，指定对象类型为面域，此方式所建立的面域，系统不会删除原有的对象。
- 开放的曲线在内部相交，或是自相交的曲线，均无法建立面域，例如：两个相交的弧、自相交的多段线、样条曲线等。

3.5.4 区域覆盖（WIPEOUT）

AutoCAD 提供区域覆盖功能，其目的与"修订云线"的功能类似，作为图形的标识与说明用途，它与前者的差别在于，它是一个点阵式图像，可以设置为任意形状的区域覆盖与边框，一旦完成，便会形成一个不透明的对象贴附在所指定的位置上，而且也可以在该对象上输入文字说明。

范 例 建立一区域覆盖对象

Step 01 设置是否要有区域覆盖边框：执行"绘图"→"区域覆盖"命令，在命令行中输入 F 参数，再输入 ON，便打开区域覆盖对象边框。

Step 02 重新执行"绘图"→"区域覆盖"命令，开始绘制任意形状的封闭多段线（例如：矩形），按 Enter 键。

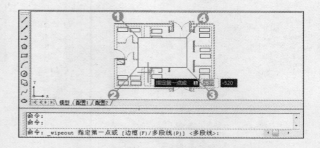

Step 03 单击"文字"工具栏上的 Ａ 工具按钮，在上面加入说明文字，完成后单击 确定 按钮，详细的操作可参考 5.1 节。

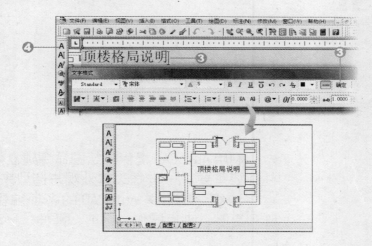

提示

设置好区域覆盖对象后，可以复制，也可以移动，仍能达到区域覆盖的效果，使得对于图形上的说明操作简单许多。

图形编辑操作

利用 AutoCAD 提供的绘图命令建立好二维图形后，往往还需要进一步修改其外观与造型来符合需求。本章将详细介绍有关 AutoCAD 的各项编辑命令，包含：阵列复制、夹点操作、修剪、延伸、移动和旋转等。

学习重点

4.1　基本编辑

对于图形的基本编辑来说，"剪切"、"复制"、"粘贴"与"删除"是必定会用到的功能，而针对对象执行"偏移"、"旋转"、"镜像"等操作，也是不可或缺的。进行本章的各项操作之前，请先打开"修改"工具栏，以方便接下来的练习。

4.1.1　删除（ERASE）

"删除"命令是所有编辑命令中使用最频繁的，可以将图形中画错或不需要的对象删除。系统允许先选中所要的对象后，直接按 Del 键或"修改"工具栏上的 ✐ 按钮来执行。

范　例　一般对象的删除操作

Step 01 执行"修改"→"删除"命令，或单击"修改"工具栏上的"删除" ✐ 工具按钮；也可以在动态模式下输入 ERASE 命令。

Step 02 选中要删除的单一或多个对象（呈现虚线状态），按 Enter 键。

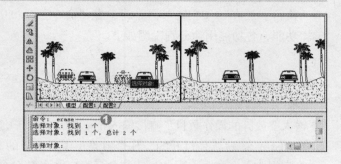

提示

🖐 也可以选中要删除的对象后，直接按键盘上的 Del 键。

🖐 不小心将重要的对象删除时，可以按 U 键或单击"放弃" ⤺ 按钮，放弃前一个操作。

4.1.2　放弃（UNDO）/重做（REDO）

如果删除了不该删除的对象，或是后悔刚刚执行过的命令，可以执行"放弃"（UNDO）命令，取消先前命令所产生的操作；若是确定之前执行的命令正确，则可以在执行放弃命令后，再执行"重做"（REDO）命令。"放弃"命令可以重复执行，以便连续数次地放弃，直到回到最初的屏幕画面。

范　例　执行放弃、重做命令

Step 01 单击"删除" ✐ 工具按钮，选择要删除的对象，按 Enter 键。

Step 02 单击"放弃" ⤺ 工具按钮或在"命令"窗口中输入 U，会返回被删除对象。

Step 03 单击"重做"工具按钮，则重新执行上一个被放弃的动作。

提示

按下"放弃"或"重做"工具按钮旁的下拉箭头，它会显示过去的命令历程，可以用鼠标选择要放弃或重做的某些命令，如此可以快速达到放弃与重做的目的。

执行"放弃"（UNDO）命令时，在"命令"窗口中会显示放弃的参数选项，提供不同的编辑功能，各功能用途分别说明如下。

● 输入要放弃的操作数目：直接输入正整数（例如：3），按 Enter 键，就会放弃 3 个操作前的状态。

● 自动（A）：默认是打开的，凡是由菜单中所选择的命令，不管操作多复杂，AutoCAD 都会将它视为单一命令，因此只要在命令窗口输入 U 命令，就可以将该命令取消。

● 控制（C）：控制 UNDO 的功能，当输入 C 并按 Enter 键后，系统接着提示：[全部（A）/ 无（N）/ 一个（O）/ 合并（C）]< 全部 >。

 ⌀ 全部（A）：所有 UNDO 功能都可使用。

 ⌀ 无（N）：停止 U 和 UNDO 命令的功能，先前编辑时所保存的 UNDO 数据也会一并清除。

 ⌀ 一个（O）：限定 U 和 UNDO 命令，都只能执行一次放弃操作。

 ⌀ 合并（C）：可以设置是否合并"缩放"与"平移"操作，若是采用合并，就会将先前"缩放"与"平移"操作加以取消。

● 开始（BE）与结束（E）：通过开始（Begin）和结束（End）设置，可以将一连串介于 UNDO\BE 和 UNDO\E 中间的命令视为单一命令，以便利用 U 命令一次放弃。

● 标记（M））与后退（B）：在绘制图形的过程中，在适当的地方添加"标记"（Mark），以后可以利用"后退"（Back）副命令，放弃到最近一次输入"标记"（Mark）副命令的地方。

提示

"开始"与"结束"以及"标记"与"放弃"，这两项 UNDO 组的功能，都必须先将 UNDO\ 自动（A）命令功能关闭才有效。另外，UNDO\ 控制（C）命令若是在无或一个模式下，UNDO 组的功能也将无效。

4.1.3　复制（COPY）

可在目前的图形上，针对所选择的对象，做单一复制或多重复制。

范　例　单一与多重复制操作

Step 01 单击"复制" 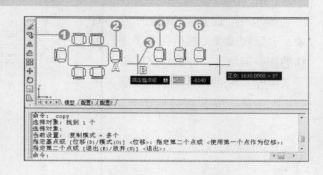 工具按钮，选择要复制的单一或多个对象（例如：A 对象），被选择对象会呈现虚线，按 Enter 键。

Step 02 接着指定基点（例如：B 点），然后可连续在所要复制的位置指定多个位移第二点，系统则以基点为中心，进行多重复制，最后按 Enter 键结束。

> **提示**
>
> 在上述步骤 2 指定位移第二点时，可以输入绝对或相对坐标的方式（例如：@100<0、@200<0）来代替鼠标的单击，如此可精确复制到所要的位置上。

4.1.4　镜像（MIRROR）

"镜像"也是复制的一种，它是在一个指定的镜像线对称的地方，产生对象的镜像图像，执行镜像命令时可以设置是否要删除或保留原有的对象。对于具有对称性的图形，可以先绘制一半的对象，另外一半对象再以镜像来完成。

范　例　以镜像方式来复制对称对象

Step 01 执行"修改"→"镜像"命令或单击"镜像" 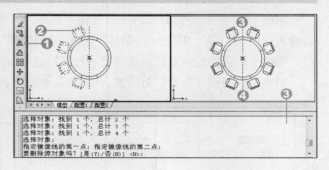 工具按钮，选择要镜像的对象，按 Enter 键。

Step 02 指定镜像线第一点与第二点（需位于对称中心上），接着系统提示：要删除源对象吗？<N>，按 Enter 键，保留原有的对象并结束。

4.1.5　偏移复制（OFFSET）

"偏移"也算是复制的一种，它是选择单一对象后，指定以偏移距离或通过某一点的方式，连续进行多次的偏移。在偏移时，系统会按照所选择对象的外型，进行某一比例的放大或缩小来完成偏移。偏移最适用于绘制等间隔的同心圆，或是并行线等。

新手一学就会　AutoCAD 辅助绘图

范 例　偏移操作

Step 01 执行"修改"→"偏移"命令或单击"偏移"⚏工具按钮，输入偏移距离 30(或指定二点决定距离)。

Step 02 选择要偏移的单一对象，会呈现虚线，然后指定要进行偏移的那一侧单击，即偏移该对象。

Step 03 可以重复上一步骤，进行多次偏移，按下 Enter 键结束。

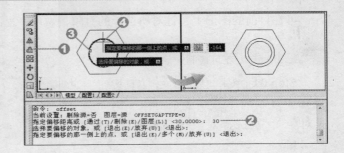

提示

在单击"偏移"工具按钮后，若输入 T 选择通过，同样可以选择要偏移的对象和通过指定的点进行偏移。

4.1.6　阵列（ARRAY）

一般要进行对象的多重复制时，可以利用"阵列"（ARRAY）命令，将所选对象以矩形或环形排列的方式一次复制多个。

矩形阵列

要建立矩形阵列必须输入列数、行数，以及单位格子或是个别指定列间距和行间距，系统依照这些数据将所选择的对象依序进行多重复制。

范 例　建立矩形阵列

Step 01 单击"阵列"⊞工具按钮，打开"阵列"对话框，单击"矩形阵列"选项，然后输入"行"、"列"，输入"行偏移"距离、"列偏移"距离，最后单击"选择对象"◨按钮。

Step 02 返回绘图窗口，选择要进行阵列复制的对象，并按 Enter 键。

Step 03 回到"阵列"对话框，单击 确定 按钮完成矩形阵列复制。

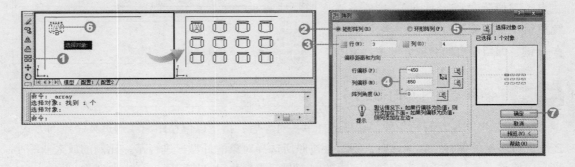

新手一学就会▼

AutoCAD 辅助绘图

提示

- 若列偏移的值为正值，对象往正 X 方向复制；若行偏移值为正值，对象往正 Y 方向复制，反之往相反方向复制。
- 有关偏移距离和阵列角度的设置，也可以通过按下这些项目对应的选择钮，利用鼠标单击两点位置来设置。

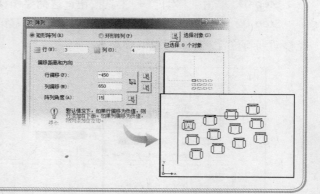

▌环形阵列

环形阵列设置对象以某一点为中心点，并以对象到中心点的距离当成环形阵列的半径，依指定的项目个数和要布满的角度，进行顺时针或逆时针排列的多重复制。

| 范 例 | 建立一环形阵列图形 |

Step 01 单击"阵列" 🔡 工具按钮，打开"阵列"对话框，单击"环形阵列"选项，然后"项目总数"输入 8、"填充角度"为 360，最后单击"选择对象" 🔲 按钮。

Step 02 返回绘图窗口，选择要进行阵列复制的对象，并按 [Enter] 键；切换到"阵列"对话框，单击"中心点" 🔲 按钮。

Step 03 返回绘图窗口，指定中心点，并按 [Enter] 键。

Step 04 切换到"阵列"对话框，单击 [确定] 按钮。

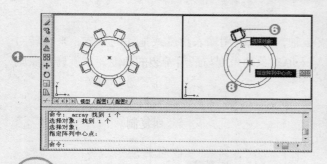 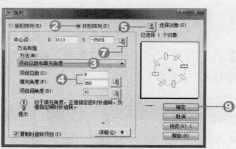

提示

填充角度为正值是逆时针方向，负值是顺时针方向作排列。

移动（MOVE）/ 旋转（ROTATE）

▌移动

"移动"是将所选的对象，以原图形的大小，移动到指定的位置。

范 例　移动对象

Step 01 单击"移动" 🛨 工具按钮，选择要作移动的对象，并按 Enter 键。

Step 02 指定基点，接着用鼠标单击指定位移第二点（例如：B 点），此时所选的对象已经移动到新位置，完成对象的移动。

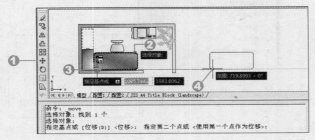
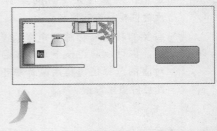

旋转（ROTATE）

"旋转"是将所选择的对象，以所指定的基点为中心点，旋转某个角度来改变对象的方向。系统默认其正角度是逆时针方向旋转，而负角度则是顺时针方向旋转。

范 例　使用输入角度的方式旋转对象

Step 01 单击"旋转" 🔃 工具按钮。

Step 02 选择要旋转的对象，并按 Enter 键。

Step 03 指定基点，直接输入角度值 45（或是直接拖动某一角度），最后按 Enter 键完成。

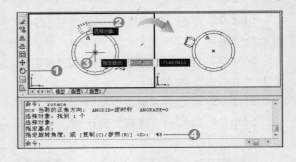

如果原对象的角度不是平行于 X 轴或 Y 轴，那么利用输入角度或拖动的方式，来旋转对象并不方便。可以利用"参照"的方式，输入原对象的角度与最后希望的角度，来旋转对象则会比较方便。

范 例　使用参照的方式旋转对象

Step 01 单击"旋转" 🔃 工具按钮。

Step 02 选择要旋转的对象，并按 Enter 键，然后指定基点。

Step 03 输入 R 参数，再依次输入参照角度（例如：22.5）和新角度（例如：67.5），再按 Enter 键完成。

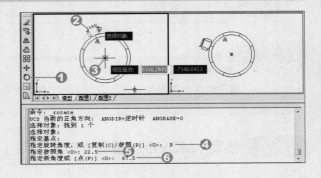

4.1.8　剪切、粘贴与复制

一般来说，在 Windows 操作环境下，剪切、复制、粘贴是经常使用到的功能，而这 3 个功能，都需要使用 Windows 剪贴板来完成。同样的，在 AutoCAD 中，使用"剪切"（CUTCLIP）命令可以将对象剪切，存放在 Windows 的剪贴板中，并且原来的对象会被删除。而在编辑中的文件，使用"粘贴"（PASTECLIP）命令可以将剪贴板中的对象贴到绘图区中。

复制到剪贴板（COPYCLIP）命令与之前介绍的复制（COPY）命令几乎相同，其差别在于复制到剪贴板（COPYCLIP）命令是将对象复制后，存放在 Windows 的剪贴板中；其他文件可视需要使用"粘贴"（PASTECLIP）命令，将对象贴到其图形文件中。

范　例	剪切与粘贴的操作程序

Step 01 请打开"标准"工具栏，单击"剪切" ✂ 工具按钮。

Step 02 选择要剪切的对象（呈现虚线），并按 Enter 键。

Step 03 单击"粘贴" 📋 工具按钮，指定基点，此时所选的对象已经粘贴到新位置。

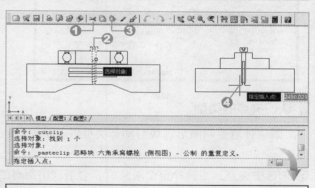

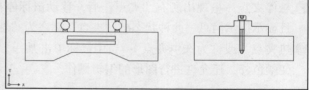

提示

上述命令有对应的快捷键，分别为：Ctrl + X（剪切）、Ctrl + V（粘贴）、Ctrl + C（复制）。

4.2　夹点模式编辑操作

自从 AutoCAD 2006 版本以后，系统便添加了夹点模式的编辑功能，让设计师可以在对象的夹点模式下，进行该对象的多重复制、偏移、移动、镜像、旋转、缩放与拉伸等的功能，结合多种基本绘图命令于一身，因此功能相当得好用。

4.2.1　夹点概念介绍

"夹点"是单色填满的小方框，在使用鼠标选择对象（包含块）后，对象策略点上将会显示"夹点"，拖动这些夹点来快速拉伸、移动、旋转、缩放或镜像对象等编辑操作；但前提是必须先启用"夹点"功能，才能使用。

启用夹点功能

执行"工具"→"选项"命令，打开"选项"对话框，在"选择集"选项卡，选择"启用夹点"与"启用夹点提示"复选框，并且设置"未选中夹点"、"选中夹点"与"悬停夹点"的颜色，如下图所示。

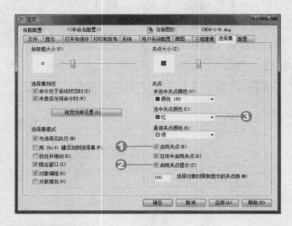
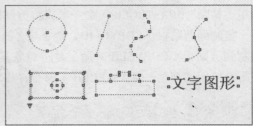

认识夹点的类型

系统针对绘制图形、块与动态块提供若干种类的夹点，首先让我们来了解他们的类型与功能。

⬤ 未选中夹点：当选择整个对象后，会呈现出所有的"夹点"属于此种类型。

⬤ 悬停夹点：呈现出所有"夹点"后，移动鼠标停在某个"夹点"上，不仅改变其颜色，而且显示提示信息，此种状态的"夹点"称之为"悬停夹点"。

⬤ 热夹点（或称为选中夹点）：当用鼠标单击某一"夹点"时，称之为"热夹点"，除了会改变颜色外，还允许进行图形的编辑操作。

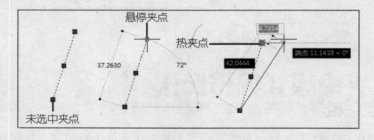

⬤ 动态块相关夹点：在建立"动态块"时，可以添加需要的相关参数与操作，不同的参数就会展现出不同的"夹点"样式，仅将常见的"动态块夹点"类型说明如下。

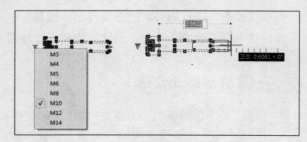

参数类型	夹点类型	可与参数相关联的操作
点	□	移动、拉伸
线性	▷	移动、缩放、拉伸、调整阵列
极轴	□	移动、缩放、拉伸、极轴拉伸、调整阵列
XY	□	移动、缩放、拉伸、调整阵列
旋转	◉	旋转
翻转	⇨	翻转
对齐	▷	无（操作内附并包含在参数内）
可见性	▽	无（操作内附于可见性状态并由可见性状态控制）
查找	▽	查找
基准	□	无

提示

"动态块"的制作程序，请参考 8.3 节。

4.2.2　夹点编辑模式

您一定会相当的疑惑，何谓夹点编辑模式？当我们选择对象时，默认状态会显出该对象夹点（蓝色方块），难道这不是夹点编辑模式？答案是：否，除了选择对象外，还必须再单击某个夹点，该夹点会改变颜色（红色方块），并且可以任意被拉伸，此时才真正处于夹点编辑模式。

在利用"夹点"模式进行编辑时，若是要进行缩放、复制、镜像等编辑操作，可以单击某个"夹点"后，右击，执行相关的编辑命令。

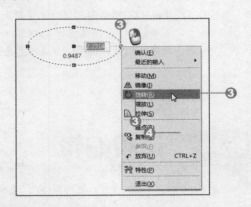

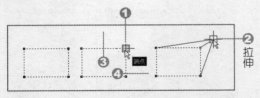

范例　以夹点模式执行相关编辑操作

Step 01 先绘制好一对象，选择该对象，出现夹点，再以鼠标左键选择中心的夹点。

Step 02 移动：右击，执行"移动"命令，拖动鼠标到要移动的位置上，按下 Enter 键。

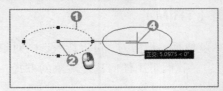

Step 03 多重复制：右击，执行"复制"命令，连续单击要复制的点，按 `Enter` 键。

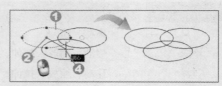 

Step 04 旋转：右击，执行"旋转"命令，进行对象的旋转，再按 `Enter` 键。

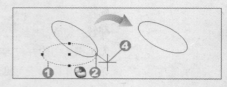 

Step 05 多重复制与拉伸：右击，执行"拉伸"和"复制"命令，连续单击要复制与拉伸的点，按 `Enter` 键。

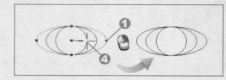 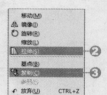

提示

上述的编辑操作中，若是单击不同位置的夹点，执行的结果也不同。

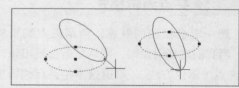

不同夹点旋转结果

上述的编辑命令都可以和"复制"命令双重结合，也就是一面编辑一面复制（例如：多重拉伸、多重镜像等），这是一个相当好用的功能；至于其他的多重旋转复制、镜像、缩放、拉伸等功能，方法与上述范例类似。

4.3 进阶编辑

在编辑图形对象时，除了可以使用上述各种常用的编辑功能外，还有"修剪"、"延伸"、"打断"、"圆角"等进一步的工作要处理，本节的内容将分别针对这些编辑功能加以说明。

4.3.1 修剪（TRIM）

"修剪"命令就像是一把剪刀，可以让所选的对象精确地将多出的对象消除（例如：线段），终止在指定修剪边。我们可用任何选择对象的方式，来定义修剪边绿；至于修剪对象的选择，必须用鼠标直接选择单一对象。

范　例　对象的修剪操作

Step 01　单击"修剪" ⊢ 工具按钮。

Step 02　选择剪切边（可以是多个对象），按 Enter 键。

Step 03　选择要修剪的对象（单一对象，例如：二对角线），可再重复选择其他要修剪的对象，按 Enter 键。

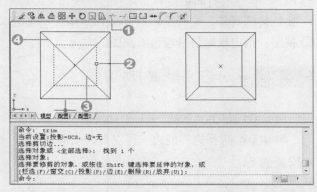

执行修剪命令时，命令窗口中会显示修剪的参数选项，提供不同的编辑功能，各功能用途分别说明如下。

栏选（F）/ 窗交（C）/ 投影（P）/ 边（E）/→ 删除（R）/ 放弃（U）

- 栏选（F）/ 窗交（C）：设置要被修剪对象为"栏选"或"窗交"方法。
- 投影（P）：在三维绘图的应用中，修剪边与被修剪对象必须是平行于用户坐标系统的 X–Y 平面，所以需要设置投影的方式。AutoCAD 提供 3 种投影模式，以作为修剪时的依据，这 3 种模式分别是：无、UCS 和视图，而系统默认的投影模式是 UCS。
- 边（E）：如果边模式设置为延伸，则两个没有实际相交的对象，可以通过延伸修剪边和另一对象有延伸交点，同样可以进行修剪的操作。

范　例　修剪两个没有实际相交的对象

Step 01　单击"修剪" ⊢ 工具按钮。

Step 02　选择修剪边（例如：A），按 Enter 键；输入 E（边），再输入 E（选择边延伸模式为延伸），选择要修剪对象，按 Enter 键。

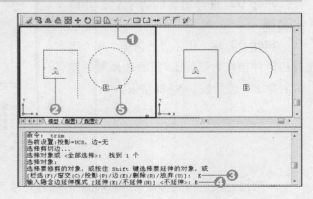

4.3.2　延伸（EXTEND）

"延伸"命令是将对象延伸到我们所指定的边界线。在边模式下可以设置延伸或不延伸，如果边模式设置为延伸，则两个没有实际相交的对象，可以通过延伸边界线和另一对象有延伸交点，同样可以进行延伸的操作。

▌延伸模式探讨

与修剪命令一样，AutoCAD 提供了 3 种延伸的投影模式，以作为延伸时的依据，这 3 种模式分别是：无、UCS 和视图，而系统默认的投影模式是 UCS，功能说明如下。

● 无：在此模式下，只有三维空间中对象和边界线实际相交时，才能执行延伸操作。

● UCS：在三维空间中没有实际和边界线相交的对象，也能作延伸。系统会先将边界线和实际要延伸的对象，先行投影到目前 UCS 坐标系统的 XY 平面上再作延伸。

● 视图：指定投影是沿着目前视图的方向。

范 例 矩形对角线的延伸操作

Step 01 单击"延伸" ⊣ 工具按钮。

Step 02 选择边界的边（可以是多个对象），并按 Enter 键。

Step 03 重复选择要延伸的对象（二对角线），完成后按 Enter 键结束。

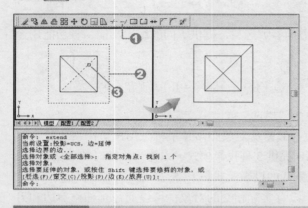

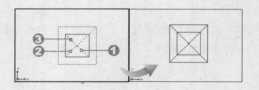

范 例 延伸两个没有实际相交的对象

Step 01 单击"延伸" ⊣ 工具按钮。

Step 02 选择边界的边（A），并按 Enter 键。

Step 03 输入 E（边），再输入 E（选择边延伸模式为延伸），接着选择要延伸的对象 B，最后按 Enter 键结束。

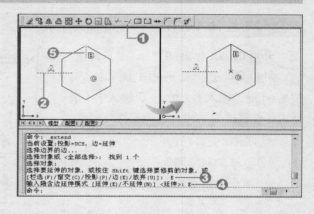

　　一般以直线进行延伸时，选择对象的地方要尽量靠近所要延伸的那一端。如果所选的对象在延伸后，可能会和两个以上边界相交，此时可以重复选择该对象两次，以使对象能延伸到下一个相交点。对于不闭合的多段线，只有第一段和最后一段可以延伸。至于有宽度的二维多段线，系统是以其中心线作延伸。

提示

闭合的多段线、多线、二维实面等对象就无法做延伸。

4.3.3　缩放（SCALE）

"缩放"命令能将对象依所输入的比例因子，在 X 和 Y 方向进行同比例的放大或缩小。在缩放的调整中，可以直接输入比例因子（比例因子介于 0 和 1 是缩小；大于 1 则是放大）或是利用参照的技巧来处理。

范　例　对象比例的缩放操作

Step 01 单击"缩放" 工具按钮。

Step 02 选择所要的对象，按 Enter 键，然后指定基点；接着，输入比例因子，按 Enter 键。

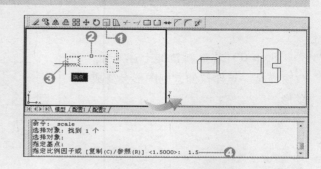

提示

- 设置比例因子时，也可以使用鼠标来做动态调整。
- 如果 X 和 Y 方向要以不同比例调整，必须先将原对象建立成块，再利用插入命令来分别设置 X 和 Y 的比例（块的相关操作与说明，请参考第 8 章）。

4.3.4　拉伸（STRETCH）

"拉伸"命令是将对象的某一部分移动以拉长角度，被移动对象若和其他的对象有连接关系时，移动后的连接关系仍会保留。作"拉伸"时，通常以窗交方式来选择对象，而无法选择单一对象作拉伸，一旦选择完毕，系统会将在选择框中的端点作"拉伸"操作；而选择框以外的对象则保持不动，如右图所示。

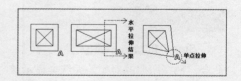

针对不同的对象作拉伸，执行结果也会有所不同，针对其中几种对象说明如下。

- 线、多线、多段线、等宽线、样条曲线、矩形：只有位于选择框内的点可以移动，框外的端点不动。
- 射线：选择框若包括射线顶点，则可以调整顶点位置；若没有窗交到顶点，就只能调整射线的方向。
- 圆弧和椭圆弧：位于框外的端点不动，而位于框内的端点移到新位置后，对应弦的中心到圆弧的距离不变，但弧心到两端点的角度会作适当调整。
- 其他对象：可能整个对象移动或是保持不动，它们的外型不会被"拉伸"命令所改变。这些对象是否被移动，要看它们的定义点是否位于选择框之中。

范 例 对象的水平与单点拉伸操作

Step 01 单击"拉伸" 工具按钮，以窗交的方式选择要拉伸的对象，按 Enter 键。

Step 02 搭配对象锁点，指定基点，平行移动并指定位移第二点。

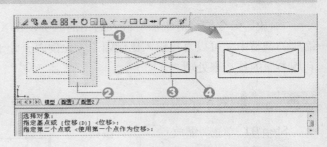

Step 03 若重新拉伸上述对象，仅窗交某一点作拉伸，则图形会变成菱形。

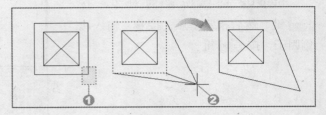

提示

如果用鼠标直接选择单一对象作拉伸，系统会告知：必须以交叉窗口或交叉多边形来拉伸。

4.3.5 拉长（LENGTHEN）

利用"拉长"（LENGTHEN）命令，可以改变更弧的角度或是调整线、弧、开放多段线、椭圆弧等对象长度，但是针对于闭合的对象而言，该命令就没有作用。

范 例 调整对象长度

Step 01 执行"修改"→"拉长"命令，选择所要的对象，系统会显示该对象的长度，然后输入 DE（选择增量）。

Step 02 接着输入长度增量（例如：380），再次选择要变更的对象，系统即依长度增量自动调整对象长度，按 Enter 键。

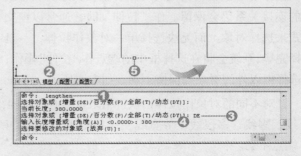

Step 03 选择圆弧，重复步骤1，接着输入 A 参数（角度），再输入角度增量（例如：60），再选择一次圆弧，按 Enter 键。

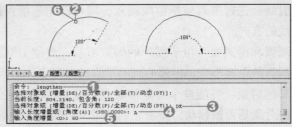

提示

长度增量 若输入正值表示要增加，负值表示要减少。

执行"拉长"命令时，命令窗口中会显示拉长的参数选项，提供不同的编辑功能，请参考下列说明，多方尝试其他参数的设置方式。

增量（DE）/ 百分数（P）/ 全部（T）/ 动态（DY）

● 增量（DE）：可以设置要增加或减少的长度，正值表示加长，负值表示缩短。选择对象时，靠近单击点的一端会被加长或缩短。

● 百分数（P）：按总长度的百分比调整长度。

● 总长度（T）：可以设置变更后的总长度。

● 动态（DY）：按动态的方式调整长度。在选择对象后，移动鼠标指针使对象延长或缩短到适当的位置，单击结束操作。

4.3.6　打断于点与打断（BREAK）

AutoCAD 有"打断"与"打断于点"两个功能来进行对象打断的工作，其中"打断于点"的主要功能在于：将一个完整的对象切成两部分，除非将打断后的某一部分移开，否则它们仍维持原来的图形，但性质上已属两个不同对象。至于"打断"的功能：必须将所选的对象在其指定位置上，打断其中一部分，但该对象的性质上仍是一个完整的对象，这是与前者的不同之处。不论要利用哪一种模式，它的命令仍延用 BREAK，只是程序有所不同。"打断"命令和"修剪"命令一样，无法将一对象全部删除。

提示

在之前所介绍的"定数等分"和"定距等分"命令，是将对象标示成几个部分，基本上对象还是单一对象，并没有被分割，与"打断于点"功能不同。

范　例　将对象打断于指定的点上

Step 01 单击"打断于点" □ 工具按钮。

Step 02 选择所要的对象，指定第一打断点，并按 Enter 键。

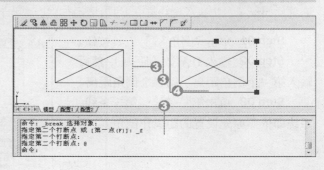

新手一学就会▼ AutoCAD 辅助绘图

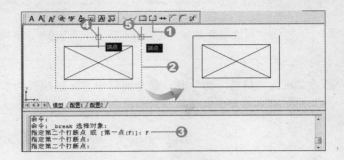

范　例 将对象打断一小段长度

Step 01 单击"打断" 工具
按钮。

Step 02 选择所要的对象，输
入 F 参数，指定第一打断点，再指
定第二打断点，系统即自动删除两
点间的线段。

> **提示**
>
> 在单击"打断" 工具按钮后，可以将对象选择点当成第一打断点，接着选择第二打断点，
> 系统便删除两点间图形。或者是在选择对象之后，直接输入 @ 符号，系统就以对象选择点为
> 分割点，将对象截断成两个对象，如同打断于点的功能。

针对不同的对象作打断，会有不同的状况要处理，针对其中几种对象说明如下。

⬤ 圆和椭圆：打断后会变成圆弧和椭圆弧。输入第一点后，系统以逆时针方向截断到第二点，
而且系统不允许第一点和第二点为同一点。

⬤ 线、圆弧或椭圆弧：如果所选的两点位于两端点之内，则两点间的部分被删除，成为两个
对象。第二点若位于端点或超过该端点，则对象的一端被删除。如果所选的两点，分别是
对象的两个端点，则这线、弧或椭圆弧被整个删除。

⬤ 多段线或等宽：其操作模式和线一样。如果这些对象设有宽度，在被截断之处，系统会将
它们修成直角。如果是将闭合的多段线作打断时，系统是由多段线的起始点开始搜索，然
后将所设置的两个点之间的线段删除，使其成为开放的多段线。

4.3.7 倒角（CHAMFER）/圆角（FILLET）

▌▌倒角（CHAMFER）

"倒角"命令是将两个非平行且不一定要相交的对象，以一条斜线连接两对象；或是以延伸、
或是以修剪的方式，连接到两者的交点（指定倒角距离为 0）。一般在作倒角时，系统默认值
是将多出的线段作修剪。

范　例 以输入指定距离的方法进行倒角编辑操作

Step 01 单击"倒角" 工具按钮。

Step 02 输入 D 参数（距离），然后
输入第一个倒角距离、第二个倒角距离。

Step 03 单击第一条线、第二条线，
系统即依照原先设置的距离作倒角。

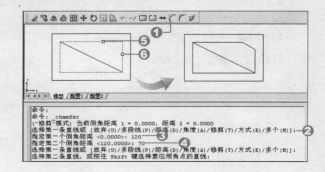

执行"倒角" 命令时，命令窗口中会显示倒角的参数选项，提供不同的编辑功能，各功能用途分别说明如下。

　放弃（U）/多段线（P）/距离（D）/角度（A）/修剪（T）/方式（E）/多个 <M>

● 多段线（P）：可以将多段线所有的交点处均作倒角。
● 距离（D）：指定第一个倒角距离和第二个倒角距离。
● 角度（A）：指定第一条线的倒角长度，以及和第一条线形成的角度。
● 修剪（T）：可以设置执行倒角命令后，决定原图形是否做修剪。
● 方式（E）：切换以距离或角度的方法作倒角。
● 多重（M）：可重复指定第一条线、第二条线方式建立多个相同规格的倒角。

提示

多段线中的倒角线段，仍然是多段线的线段。

范　例	以倒角命令中的多段线参数执行倒角编辑操作

Step 01 单击"倒角" 工具按钮。

Step 02 输入 P 参数（多段线），并按 Enter 键，然后选择所要的二维多段线，系统即依照原先设置的距离针对多段线所有的交点处均作倒角。

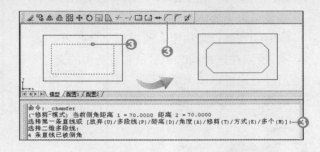

提示

倒角编辑命令中的"角度"（A）参数选项，必须指定第一条线段的长度（例如：100）、第一条线段的倒角角度（例如：60），再依序选择第一、二条线段，如此便可以形成一个指定的角度倒角。

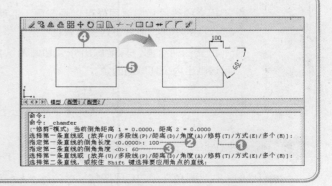

圆角（FILLET）

"圆角"命令能以预先指定的圆角半径，将两个被选择的对象，以平滑的圆弧将这两个对象连接起来。在绘制圆角时，可以设置修剪或是不修剪。如果设置为不修剪，即使已经加入了圆角，原有图形还是被保留。

针对所选对象的不同，圆角的效果也略有不同。经常见到的圆角种类有下列五种。

● 两线段的圆角：两线段可以都是直线（LINE），或是一条为直线另一条是多段线。圆角的位置是依照选择线段时的选择点而决定，系统默认值是对线段作修剪。如果要在不相交的两线段绘制圆角，系统会自动延伸此两线段。

● 并行线的圆角：线、构造线、射线所画的并行线，可以在两并行线之间画圆角，圆角直径等于两线之间的距离，此时默认的圆角半径会被忽略。

提示

对并行线画圆角有一个限制：第一个选择的对象必须是一条线或射线；而第二个对象则可以是线、射线或构造线。

● 多段线的圆角：须在执行"圆角"（FILLET）命令后接着输入 P 参数，才能在整条二维多段线的交点处作圆角。另外，它与作倒角相同的地方是，如果多段线中有些线段太短，同样无法作圆角。

● 线与弧的圆角：线段和弧相交，或是线段和圆或椭圆相交，均可以作圆角；要在 4 个角的那一侧画圆角，则须依选择对象时的选择点来决定。

● 两圆的圆角：相交的两个圆，可以画出 4 个圆角，至于要画出哪一个圆角，则是由选择圆时的选择点来决定。两圆相交会有两个交点，所以在选择圆时要尽量靠近所要的交点。另外，也可以画出两椭圆、圆和椭圆、圆和圆弧，或是椭圆和圆弧的圆角。

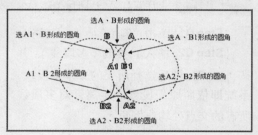

提示

ℹ 不相交的线段和圆弧同样可以画圆角，但是依选择点的不同，最后得到的结果也不同。

ℹ 不相交的两个圆，只能画出外公切圆的圆角，无法画出内公切圆的圆角。

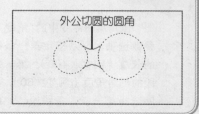

范 例 以圆角命令的半径值来绘制圆角

Step 01 单击"圆角" ▱ 工具按钮。

Step 02 输入 R 参数（半径），然后输入圆角半径值（例如：80）。

Step 03 依次单击第一条线、第二条线，系统即依照设置的半径值绘制圆角。

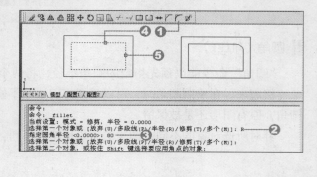

提示

绘制圆角时，只有圆和椭圆不修剪；但是圆弧和椭圆弧则会被修剪。

4.3.8 分解（EXPLODE）

"分解"命令可以针对整体性对象、多段线、图案填充的线条,分解成为各自独立的对象（整体性对象是指矩形、多边形、块等对象）。

范 例 分解—多段线的操作

Step 01 单击"分解" 工具按钮。

Step 02 选择所要的对象，按 Enter 键。

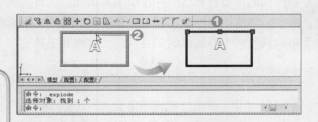

提示

被分解的多段线，仍然会维持原有的线宽与样式。

4.3.9 合并（JOIN）

这是 AutoCAD 2008 所强化的绘图命令，它可以将打断的线、相同圆心与半径的圆弧与椭圆弧、多段线、样条曲线等几何图形加以合并起来，是一个相当好用的绘图编辑命令。但是，在合并两个对象时，它会以来源对象为开端，以顺时针的方式来合并另一个对象，因此不同选择顺序，会有不同的结果。

范 例 将两个相同圆心与半径的圆弧合并起来

Step 01 单击"合并" 按钮，选择源对象（A）。

Step 02 选择要合并到源的圆弧（B），按 Enter 键结束合并操作。

Step 03 先放弃成原始状态，更改选择对象的顺序，结合的方式就会与前者不同。

椭圆、直线、样条曲线与多段线的合并方式，其做法与上面范例相似。

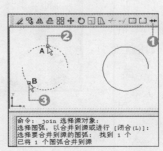

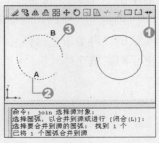

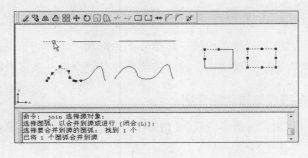

这个命令最主要的功能，就是要让先前被截断成数个对象的几何图形，能够再合并成原来的对象，因此若不是相同圆心与半径的圆弧、椭圆弧就无法合并，若不是彼此相连接的多段线或样条曲线就无法合并为单一图形。

4.4 特殊编辑

4.4.1 编辑图案填充（HATCHEDIT）

我们可以针对已经存在的图案填充，执行"编辑图案填充"命令，修改图案填充的样式、角度或缩放等。编辑图案填充时，可以利用它本身提供的工具按钮（修改Ⅱ工具栏中）。

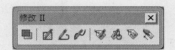

范例 修改图案填充的样式

Step 01 单击"编辑图案填充" ☑ 工具按钮，选择关联的图案填充对象（图案填充成虚线状态）。

Step 02 打开"图案填充编辑"对话框，单击"图案展开"按钮。

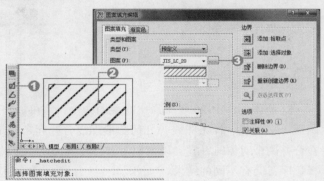

Step 03 打开"填充图案选项板"对话框，选择所要的样式，然后单击 确定 按钮。

Step 04 回到"图案填充编辑"对话框，再单击 确定 按钮就变更了图案填充样式。

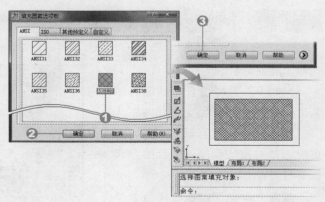

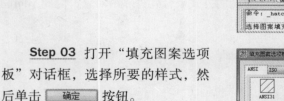

4.4.2 编辑多段线（PEDIT）

二维和三维多段线、矩形、多边形和三维多边形网面都是属于多段线，都可利用"编辑多段线"命令加以编辑，或将连续的线条结合成一条多段线。

▌多段线编辑功能介绍

利用"编辑多段线"（PEDIT）命令，可以针对多段线作以下的处理。

● 闭合开放的多段线或打开闭合的多段线。

● 将不等宽的多段线，改为同宽度。

● 改变某段多段线的起点和终点宽度。

● 结合任何数量的连续直线、圆弧或其他多段线，成为单一多段线。

● 将多段线分成两条独立的多段线。

● 消除聚合在线的某一顶点，或添加新顶点。

● 画出多段线的拟合曲线或样条曲线。

● 消除两顶点间的圆弧，使其变成直线式的多段线。

提示

执行"编辑多段线"命令之后，如果选择的对象不是多段线，也可以将这些对象转成多段线作编辑。

编辑多段线命令参数介绍

执行"编辑多段线"命令时，在"命令"窗口中会显示出相关的参数。

> 闭合（C）/ 合并（J）/ 宽度（W）/ 编辑顶点（E）/ 拟合（F）
> / 样条曲线（S）/ 非曲线化（D）/ 线型生成（L）/ 放弃（U）

● 闭合（C）或打开（O）：如果选到的多段线不是闭合，可以输入 C 参数，将该多段线闭合；反之选到的多段线已经闭合了，则闭合（C）参数会被打开（O）所取代，若输入 O 参数则会将闭合的多段线打开。

● 合并（J）：将线、弧或其他多段线的端点和非闭合多段线的端点相连。

● 宽度（W）：针对宽度不一的多段线，可以利用此参数变成等宽。

● 编辑顶点（E）：进入编辑顶点模式后，再输入 W 参数（宽度），就可以设置该段多段线的起点宽度和终点宽度。

● 拟合（F）：将多段线变更为平滑曲线，该曲线会通过原来的顶点。系统处理方式是，在任意两顶点间以弧取代，并且可设置弧的切线方向。

● 样条曲线（S）：会以每个顶点作为控制点，建立近似样条曲线的曲线，该曲线会通过原始起点与终点。至于中间的点，样条曲线会尽量靠近，但不一定通过，可按需要建立两次或三次拟合的样条曲线（此功能与拟合（F）参数不同！）。

● 非曲线化（D）：将经由拟合或样条曲线化的多段线，还原成原来的形状。

● 线型生成（L）：多段线线型若是为点和虚线混合的线型，线型生成打开时，多段线中每一段的起点和终点，都会以线型中的点标示；如果关闭则各段顶点是以虚线画出。

● 放弃（U）：取消最近一次的多段线编辑。

提示

在执行编辑多段线命令,将线或弧转成多段线后,将无法由"编辑多段线"命令所提供的"放弃"参数转换回来,必须回到"命令："提示下输入 UNDO（放弃）命令来恢复。

范 例 将连续的线段结合成一条多段线，并重新指定多段线宽度

Step 01 单击"编辑多段线" ◢ 工具按钮，选择要编辑的线段，输入 Y，系统会换成多段线。

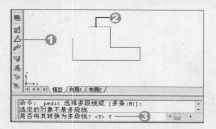

Step 02 输入 J 参数（合并），接着窗交要合并的线段，最后按 Enter 键完成。

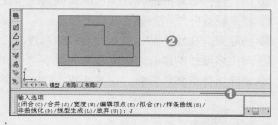

Step 03 输入 W 参数重新指定宽度，输入新宽度为 5，按 Enter 键。

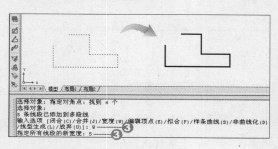

Step 04 输入 C 参数，按 Enter 键将线段加以闭合。

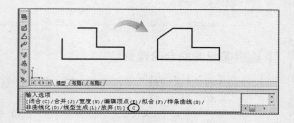

编辑顶点模式的参数介绍

在执行上述命令时，若是输入 E 参数（编辑顶点 O），便进入"编辑顶点"模式，重要功能说明如下。

```
输入选项 [闭合(C)/合并(J)/宽度(W)/编辑顶点(E)/拟合(F)/样条曲线(S)/非曲线化(D)/线型生成(L)/放弃(U)]: E
输入顶点编辑选项
[下一个(N)/上一个(P)/打断(B)/插入(I)/移动(M)/重生成(R)/拉直(S)/切向(T)/宽度(W)/退出(X)] <N>: N
输入顶点编辑选项
```

● 下一点（N）：将 X 记号移到下一个顶点，以便针对该顶点作其他处理。

● 上一点（P）：将目前 X 记号移到上一个顶点。

● 打断（B）：于 X 记号所在顶点，将线打断成两个独立对象或截去一部分。

● 插入（I）：在两顶点之间添加新顶点，或在终点之后添加新的多段线。

● 移动（M）：移动目前 X 记号的顶点到新位置。

● 重生成（R）：重新绘制该多段线，并更新该多段线在绘图数据库中的相关数据。

● 拉直（S）：将指定的两个顶点之间所有顶点删除，并以一条直线取代。

● 切向（T）：指定 X 记号顶点切线方向，作为后续执行多段线拟合的切线方向。

● 宽度（W）：设置目前 X 记号到下个顶点间宽度，必须分别输入起点和终点宽度。

● 退出（X）：结束编辑顶点回到 PEDIT 编辑模式。

若是按照上述的步骤，却没有办法结合成多段线时，请放大比例看看是否有线段没有连接或超出连接如右图所示的状况。

4.4.3　编辑样条曲线（SPLINEDIT）

图形中已有的样条曲线，通过编辑它的拟合数据可以改变其形状。另外也可以执行闭合、打开、移动样条曲线顶点等程序，来精细化样条曲线，甚至是将样条曲线反转。

执行"编辑样条曲线"命令时，命令窗口中会显示选择样条曲线的参数选项，提供不同的编辑功能，各功能用途分别说明如下。

● 拟合数据（F）：进入拟合数据编辑模式，系统会提供进一步的参数。

　⊘ 添加（A）：可以添加新的拟合点，以提高样条曲线的精确度。

　⊘ 闭合（C）：将起点和终点连接在一起，并使端点的切线方向是连续且平滑的。如果原先已是闭合的样条曲线，则闭合参数只将端点的切线设成连续。

　⊘ 删除（D）：删除样条曲线的拟合点。

　⊘ 移动（M）：移动拟合点来改变样条曲线的形状。

　⊘ 清理（P）：会将样条曲线的拟合数据从绘图数据库中删除。

　⊘ 相切（T）：可以编辑起点和终点的切线方向。

　⊘ 公差（（L）：修改公差，以重新定义样条曲线的曲线。

> 如果所选择的样条曲线曾经执行了一些特殊的编辑，拟合数据这一项参数可能不会显示。

● 闭合（C）：将一个打开的样条曲线闭合，并使端点的切线方向是连续且平滑的。

● 移动顶点（M）：输入 M 参数后，系统显示样条曲线的所有拟合点和控制点，通过调整这些点，可以改变样条曲线的形状。

● 精度（R）：可以添加更多的控制点，提升样条曲线的阶数，或改变各点的权值，权值愈高，愈能将样条曲线拉近该点。

● 反转（E）：将样条曲线反转，即起点变成了终点，而终点成了起点。

● 放弃（U）：取消最近一次的样条曲线编辑。

范 例　移动样条曲线顶点

Step 01 单击"编辑样条曲线"⊘ 工具按钮，选择要编辑的样条曲线，即显示此样条曲线的所有拟合点和控制点。

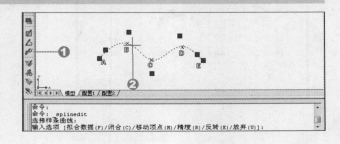

Step 02 输入 M 参数（移动顶点），然后输入 S 参数（选择点），选择所要的点到指定新位置。

Step 03 输入 N 参数（下一点），直接指定新的位置。

Step 04 输入 X 参数，结束移动顶点，按 [Enter] 键。

零公差结果　　　　　　正公差结果

4.4.4 编辑多线（MLEDIT）

针对画好的多线，利用"编辑多线"命令可以编辑两多线相交时,其交叉口的处理方式。另外，也可以处理合并点和顶点，或是对多线作打断和合并。此工具按钮并不位于任何工具栏中，请参照 1.1 节，先将它放置在"修改Ⅱ"工具栏中，方便接下来的操作。

范　例 将多线的交叉口改成十字开放样式

Step 01 在"命令"窗口中输入 MLEDIT 命令，打开"多线编辑工具"对话框，选择"十字合并"样式，单击 关闭(C) 按钮。

Step 02 回到绘图窗口，选择第一条多线、第二条多线，系统即将两多线的交叉口改成十字合并，按 [Enter] 键。

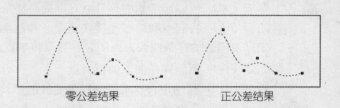

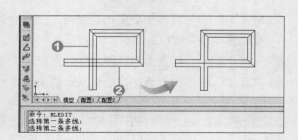

> **提示**
>
> "多线编辑工具"对话框中共分成 4 栏：第一栏是处理交叉口，第二栏是处理 T 型相交，第三栏是处理合并点与顶点，第四栏则是处理打断与合并。

4.4.5　更改对象显示顺序

AutoCAD 提供一个贴心的绘图编辑命令，就是更改对象的显示顺序，当图形上有交错重叠的对象时，就可以使用它来变更对象的重叠顺序，方便查看与绘图。

范　例　更改绘图显示顺序，将遮蔽对象提升到最上面

Step 01 打开 CH4-4-5.DWG 范例，它的绘图顺序如下图所示（A~C），因为圆形对象与它的渐变填充位于最上方，因此下方的屏蔽对象显露不出来。

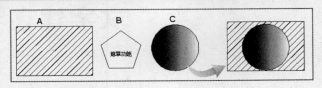

Step 02 单击"显示顺序" 按钮，选择圆形对象与渐变图案填充对象，按 Enter 键。

Step 03 输入 B 参数，按 Enter 键，就会发现屏蔽对象显露出来，绘图顺序就变成 C、A、B。

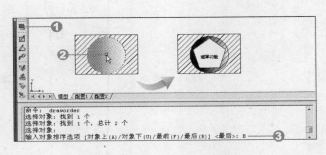

Step 04 若要将顺序变成 C、B、A，请单击 按钮，选择屏蔽对象，按 Enter 键。

Step 05 输入 U 参数，按下 Enter 键，出现"选择参照对象"提示，选择参照对象（例如：矩形与图案填充），按 Enter 键，遮蔽对象就会在参照对象下方。

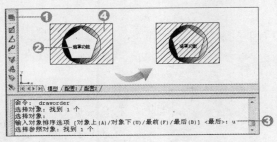

文字建立与编辑

在 AutoCAD 图形中，我们经常会加人标题、图形的注释、图形的标示等文字，这些文字可以是单行或多行的段落文字；可以是中文字、英文字或是特殊符号，甚至是堆叠文字。

学习重点

5.1　建立文字

本节将介绍单行文字、多行文字、堆叠文字、特殊符号等操作程序。有关文字建立与编辑的工具按钮，都集中在"文字"工具栏中，请先将其展开。

5.1.1　单行文字（DTEXT）

在 AutoCAD 中输入单行文字，是执行 DTEXT 命令。每当输入一个字符，会立即显示在绘图窗口中；若按 Enter 键则会自动切换到下一行来输入文字，而所建立的文字，每一行都是独立的对象。

范　例　建立单行文字对象

Step 01 单击"单行文字" Ａ 按钮或输入 DTEXT 命令。

Step 02 指定文字的起点，设置文字的高度（例如：30），并设置文字旋转角度 15。

Step 03 开始输入文字（例如：AUTOCAD），然后按 Enter 键切换到下一行，继续输入文字（例如：数字学习系统），最后按两下 Enter 键完成。

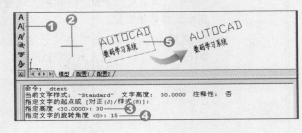

提示

- 文字高度可以输入一个数值，或是由起点拖动到另一点，系统以此两点距离当做文字高度。
- 文字换行或结束，都必须按 Enter 键执行，无法以鼠标右键代替。

单行文字命令参数介绍

执行"单行文字"命令时，"命令"窗口中会显示选择单行文字的参数选项，提供不同的编辑功能，各功能用途说明如下。

```
命令: dtext
当前文字样式: "Standard"  文字高度: 30.0000 注释性: 否
指定文字的起点或 [对正(J)/样式(S)]: J
输入选项
[对齐(A)/调整(F)/中心(C)/中间(M)/右(R)/左上(TL)/中上(TC)/右上(TR)/左中(ML)/正中(MC)/右中(MR)/左下(BL)/中
下(BC)/右下(BR)]:
```

● 样式（S）：系统默认的字体是 STANDARD，可以正常显示中英文字母和数字。

● 对正(J)：设置单行文字的对正方式。输入 J 参数后，系统会提供进一步的参数，功能说明如下。

　对齐（A）：输入 A 参数，接着指定文字行的起点和终点，并输入文字内容，最后按两次 Enter 键结束，所输入的文字会填充两点之间，并自动调整间距和字高。

新手一学就会 ▼ AutoCAD 辅助绘图

调整（F）：输入 F 参数，接着指定文字行的起点和终点，然后设置文字高度，再输入文字内容，最后按两下 Enter 键结束，所输入的文字会填充两点之间，并自动调整间距，但字高是固定的。

其他：依选择的字符对正方式，指定文字行的位置点，然后设置文字高度、旋转角度，再输入文字内容，最后按两下 Enter 键结束，请参阅下图显示不同文字对齐的结果。

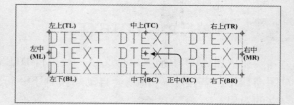

提示

如果文字要加入到指定的几何构图中，利用"对齐"（A）或"调整"（F）的方式是很有用的，请多加尝试。

如果要启用"动态"模式，直接键入 DTEXT，按 ⬇ 键，会出现参数列表。

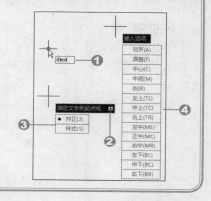

5.1.2 多行文字（MTEXT）

如果要输入的文字内容很多，例如是多行文字甚至是整篇文章时，那么利用"多行文字"命令来输入多行文字会很方便。当我们输入段落文字时，系统会自动将这些文字放入事先在绘图窗口中所指定的方框中，而且可以进一步对其中的局部文字进行字体样式、大小的修订。

范 例 建立多行文字

Step 01 单击"多行文字" A 工具按钮，然后在绘图区指定第一角点，输入 R 参数与角度值（例如：15），再设置对角点，便拉出一斜角文字方框。

Step 02 出现"文字标尺"编辑模式与"文字格式"工具栏，可进行文字样式、字体、大小、颜色、对齐与角度等设置。

Step 03 开始输入多行文字内容，再单击"文字格式"工具栏的 确定 按钮。

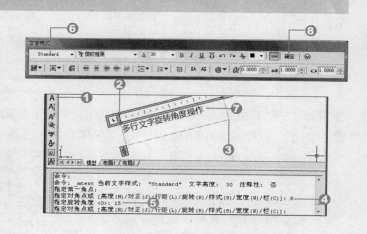

提示

如果所输入的文字超过原先所定义的矩形边界，AutoCAD 自动将文字拆分到下一行。输入文字过程中如果按 Enter 键，系统会结束当前的段落，切换到新的段落。

多行文字命令参数介绍

当按下"多行文字" A 工具按钮或是在命令窗中执行 MTEXT 时，系统会提供不同的编辑功能，各功能用途说明如下。

● 高度（H）：用来设置文字的高度。
● 对正（J）：与单行文字的"对正"（J）功能完全相同，请参考 5.1.1 节说明。
● 行距（L）：设置每一行文字的距离，系统会提供进一步的参数。
● 旋转（R）：设置文字方框的旋转角度，设置方式与单行文字相同。
● 样式（S）：系统默认的字体是 STANDARD，通过它可以指定其他的文字样式。
● 宽度（W）：设置文字边界的宽度。
● 栏（C）：指定多行文字对象的栏选项。

提示

如果要设置多行文字的对正、行距、栏等内容，除了可以在命令窗口中设置对应的参数，最方便的方式是通过"文字格式"工具栏来设置。

```
命令：
命令：_mtext 当前文字样式："Standard" 文字高度：30 注释性：否
指定第一角点：
指定对角点或 [高度(H)/对正(J)/行距(L)/旋转(R)/样式(S)/宽度(W)/栏(C)]
```

文字格式工具栏

文字格式工具栏是一个好用的工具，只有针对多行文字的建立与编辑操作才会出现。因此所有文字格式的设置，都可以单击适当的按钮与列表来完成，重要的功能说明如下。

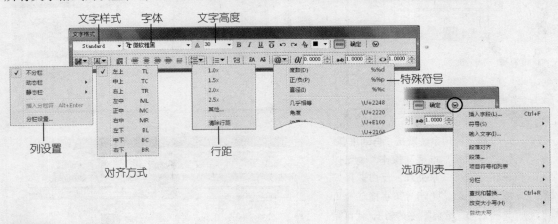

5.1.3　堆叠文字

"堆叠文字"指的是在已经输入的多行文字中，选择其中所要的文字，建立成分数或上下垂直排列的形式。当我们在文字间插入＾符号时，可以控制前后文字作上下的垂直排列；而在数字间插入斜线（/）符号，则可以将前后数值以分子与分母的关系，做分数的垂直排列，其中的斜线会自动转成水平线。

范 例 堆叠文字的建立程序

Step 01 参考上一个范例步骤，在多行文字编辑窗口中，输入要堆叠的文字（例如：1/30）执行空格键或 Enter 键，就会出现"自动堆叠特性"对话框。

Step 02 选择"启用自动堆叠"复选框，指定 X/Y 堆叠格式设置为"转换为水平分数形式"选项，单击 确定 按钮。

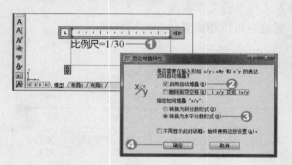

Step 03 继续输入要堆叠的文字（例如：+0.5＾－0.5），执行空格键或 Enter 键，就会出现"自动堆叠特性"对话框。

Step 04 选择"启用自动堆叠"复选框，单击 确定 按钮，就会完成另一种堆叠形式。

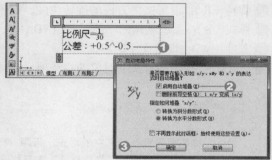

Step 05 高级设置堆叠：反白选择上述堆叠文字，单击"文字格式"工具栏的"选项"按钮选择"堆叠特性"项目。

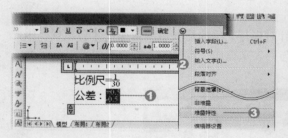

Step 06 打开"堆叠特性"对话框，可以设置堆叠的"样式"（包含：分数（水平）、分数（斜）、公差与小数等样式）、位置（包含：上、中、下等样式），单击 确定 按钮。

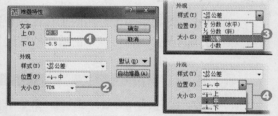

提示

除了使用系统默认"自动堆叠"功能来执行"堆叠"操作，也可以采用手动方式来处理，反白选择好堆叠文字后，单击"文字格式"工具栏上的"堆叠"按钮，就可完成手动堆叠的操作，若是要取消堆叠，只要再单击一次按钮即可。

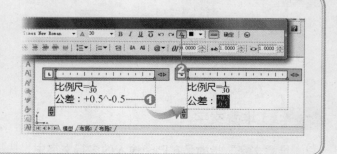

5.1.4 特殊符号

在 AutoCAD 中的文字对象也可以加入特殊字符，例如：度数（°）、直径（φ）等符号。如果是利用"单行文字"（DTEXT）命令，在所建立的单行文字中加入特殊符号，必须先输入句柄（两个百分比符号 %%），再输入特别字母。

输入字符	特殊符号	说明	范例	显示
%%o	¯	上划线模式	%%o315	315
%%u	¯	底线模式	%%u315	315
%%d	°	角度符号	30%%d	30°
%%c	φ	直径符号	%%c20	φ20
%%p	±	正、负误差符号	30%%p5	30±5

提示

上述功能只适用于单行文字功能，对于多行文字功能，只能从鼠标右键的快捷菜单中"符号"项目中选择需要的符号。

多行文字特殊符号操作

利用"多行文字功能"加入特殊符号会较为方便，只要单击"文字格式"工具栏上的"符号" @▼ 按钮，就可以插入特殊符号，操作相当轻松。

范 例 在多行文字中加入特殊符号

Step 01 按照上面范例，打开"多行文字编辑"窗口，单击"文字格式"工具栏的"符号" @▼ 按钮，单击要插入的符号（例如：直径），并输入尺寸数值。

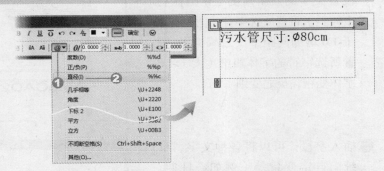

Step 02 重复上面程序，如果符号不在列表中，可以按照上一步骤，单击"符号"→"其他"项目。

Step 03 打开"字符映射表"对话框，设置好字体类别，选择要插入的符号，单击 选择(S) 按钮与 复制(C) 按钮，将符号复制到"剪贴板"中，最后单击 x 按钮。

Step 04 回到多行文字编辑窗口，右击，在菜单中选择"粘贴"命令，便将该符号粘贴上，最后单击"文字格式"工具栏的 确定 按钮结束。

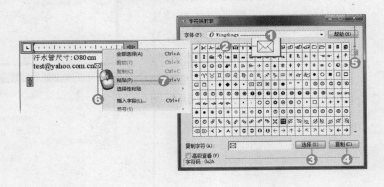

5.1.5 文字格式工具栏介绍

　　AutoCAD 2008 针对多行文字的建立，提供一个全新的文字格式工具栏来辅助我们进行文字的编辑，包含文字样式、对齐、编号等功能，功能强大，彷佛就像在使用 Microsoft Office Word 软件，是 AutoCAD 全新窗口界面化的另一突破，常用的功能说明如下。

◎ 调整文字框大小：只要拖动 🔼 与 🔼 按钮，即可轻松设置文字框的宽度与高度。

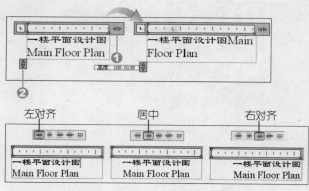

◎ 文字对齐：可以设置文字左对齐、居中、右对齐、对正与分布对齐方式。

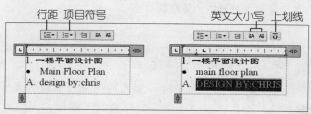

◎ 行距/编号/英文大小写/上划线设置：设置项目符号、更改英文大小写与上划线。

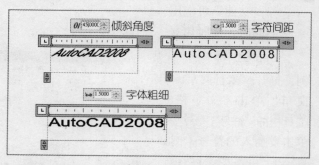

◎ 倾斜角度/追踪/宽度因子：可以设置文字的倾斜角度（正值往右下倾斜）、设置所选字符的间距（大于 1.0 增加间距，反之减少）、设置所选字符的字体粗细（大于 1.0 字体变粗，反之变细）。

◎ 插入字段：可以将各种文字、系统、自定变量等（例如：日期、作者）插入到文字方框中，系统便会将该字段内容插入到多行文字对象中，但前提是要选择"文件"→"图形特性"命令，在打开的对话框中设置好对应的字段，否则会以空白加以显示，至于如何设置系统的功能变量，请参阅9.1.3 节。

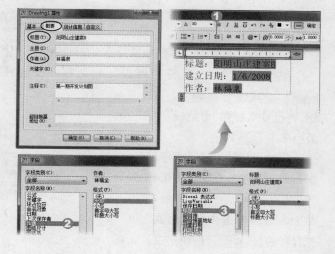

提示

　　若是在系统中更改上述字段，只要选择"视图"→"重生成"命令，上述多行文字内的字段值就会自动更换。

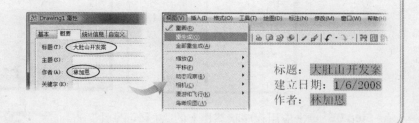

5.1.6　透明编辑新功能

　　为了让用户在建立文字的过程中能够查看到底图的样式，以方便决定文字的大小与文字对象摆放的位置，AutoCAD 2008 加入了全新"透明编辑"功能，让整个文字方框呈现透明样式，以方便操作。

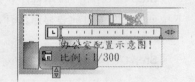

5.1.7　建立注释性文字对象

　　在旧版 AutoCAD 中，图形若有文字或标注对象，当执行出图时，会发生上述对象太大或太小问题，而必须重新调整其大小，过程繁琐不便。为改进此缺点，AutoCAD2008 新增"注释性对象"功能，可应用在文字、多行文字、标注、多重引线、块等对象上，只要在建立上述对象的同时，同时建立多个"注释性对象"的比例项目，当进行出图时，直接指定"注释性对象"的应用比例，就可轻松完成出图操作，本文会说明建立注释性文字对象的操作程序。

范　例　建立多个不同比例大小的注释性文字对象

Step 01　依照先前范例打开"文字编辑"窗口，单击"文字格式"工具栏的"注释性"按钮，将此对象设成"注释性对象"特性。

Step 02　输入文字内容，完成后单击 确定 按钮结束。

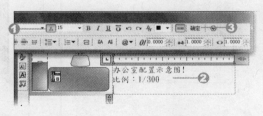

Step 03　建立多重比例：选择上述的文字对象，右击选择"注释性对象比例"→"加入 / 删除比例"命令。

Step 04　打开"注释对象比例"对话框，单击 添加(A)... 按钮，打开"将比例添加到对象"对话框，单击要加入的比例，按两次 确定 按钮。

新手一学就会 ▼ AutoCAD 辅助绘图

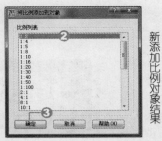

新添加比例对象结果

Step 05 单击应用程序状态栏上的"注释可见性"

按钮，将"注释可见性功能"打开，可以显示出
多重的比例对象。

Step 06 单击"应用程序状态栏"上的"注释比例"
下拉列表，设置目前要显示的注释性对象比例（例如：
1:2），查看该对象样式。

Step 07 单击注释性文字对象，移动夹点到要摆放的位置，就可以清楚地看见多重比例对象。

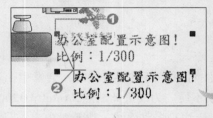

Step 08 切换到"布局1"或"布局2"图纸空间，就可以看见不同比例的"注释性对象"
与图形一同按比例缩放，方便选择适当出图比例打印文件。

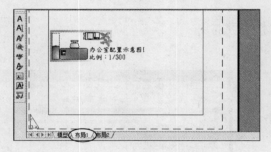
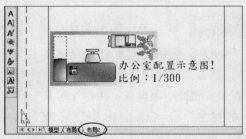

提示

- 如果建立两个以上的注释性比例，一旦选择该
  对象，会出现多重比例注释对象的光标图标。
- 如果要删除某个比例项目，依照上面步骤，打开
  "注释性对象比例"对话框，单击要删除的比例
  项目，单击 删除(D) 按钮。

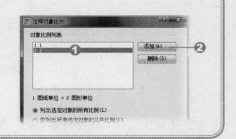

5.2 文字编辑

针对所加入的文字，可以指定不同的字体，或是作适当的格式化，另外也可以编辑文字内容，或是修改文字颜色、所属图层、原点、高度、旋转、上下颠倒或是左右反向等特性。

5.2.1 设置文字样式（STYLE）

AutoCAD 2008 提供 Annotative（注释性）与 Standard（默认状态）两种文字样式供使用，前者让所建立的文字对象可以加上多重比例项目，后者则是一般的文字样式。不论设置哪种样式，都可以指定不同的字体、高度、上下颠倒、左右反向、宽度因子、倾斜角度和是否垂直等效果。除此之外，系统允许建立个人化文字样式。

范 例 建立自己的的文字样式

Step 01 选择"格式"→"文字样式"命令或单击"文字"工具栏上"文字样式" 按钮，打开"文字样式"对话框，单击 新建(N)... 按钮。

Step 02 打开 新文字样式 对话框，输入名称，单击 确定 按钮。

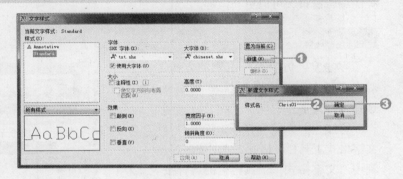

Step 03 设置 SHX 字体、宽度因子、倾斜角度、注释性等属性，然后单击 应用(A) 按钮，保相关设置，最后单击 按钮结束。

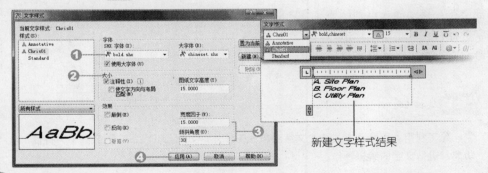

新建文字样式结果

提示

- 不同的文字样式中可以采用相同的字体，而字体中的高度通常设置为 0，以便在利用 DTEXT 命令输入文字时，系统会再询问高度，此时可以自由设置字高。
- 宽度因子若设置大于 1，会得到扁平字；反之小于 1，则是较细长的字。
- 文字倾斜角度是文字本身倾斜某个角度成为斜体字，这和整个文字对象旋转某一个角度是不同的。
- 为避免输入中文会出现乱码或错误的文字，建议将大字体指定为 chineset.shx 样式。

5.2.2 修改文字内容

旧版的 AutoCAD 必须通过"编辑文字"工具按钮来修改文字内容，但是 AutoCAD 2006 除了保留上述编辑模式外，并更新为全窗口编辑的模式，只要双击文字对象，就可以打开编辑窗口，修改文字内容。

范 例 修改单行文字内容

Step 01 单击 📝 按钮，并选择单行文字对象（例如：下图第 1 行文字），出现编辑窗口，便可以直接修改文字内容。

Step 02 或是双击单行文字对象（如下图第 2 行文字），出现与上述同样的编辑窗口，可以更新内容。

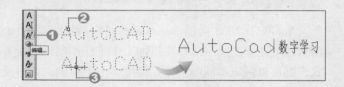

范 例 修改多行文字内容与样式

Step 01 仿效上一范例的方法，双击多行文字对象或单击 📝 按钮来选择多行文字。

Step 02 系统会打开编辑窗口与文字格式工具栏，请参考 5.1 节内容，利用"文字格式"工具栏上的各种按钮修改文字内容与样式。

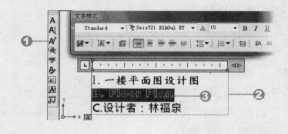

如果想要局部调整字体方式、插入或修改文字，可以在打开的文字编辑窗口中，使用以下的方式选择文字，再进行字体的调整。局部文字的选择方法如下。

- 局部字符：移动插入点到所要文字之前，按下左键并拖动选择所要的字符。
- 单字选择：在该单字上单击。
- 整段文字：单击 3 次选择整段文字。

提示

除了利用上面两种方式修改文字对象的工作外，AutoCAD 2008 还提供了"特性"选项板功能，进行文字的编辑操作。

5.2.3 调整文字比例与对正

如果不想修改文字的内容或字体样式，只想缩放文字与对齐方式，以让图形的字体与图形比例恰到好处时，可以使用"调整文字比例"（SCALETEXT）与对正文字（JUSTIFYTEXT）命令，直接针对整体文字对象的大小进行缩放与对齐方式的调整。

范 例　进行单行文字的缩放操作

Step 01 在"命令"窗口中输入 SCALETEXT，或单击"调整文字比例"工具按钮，选择单行文字对象后按 Enter 键。

Step 02 输入缩放的基点（例如：正中（MC）），输入指定新高度，按 Enter 键。

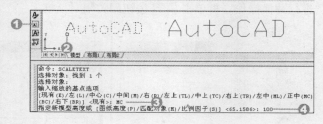

范 例　进行多行文字的对正操作

Step 01 在"命令"窗口中输入 JUSTIFYTEXT，或单击 工具按钮，按 Enter 键，并选择文字对象。

Step 02 输入对齐方式（例如：右（R）），按 Enter 键。

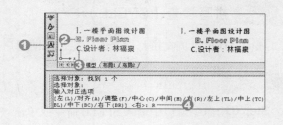

提示

其实多行文字对象的对齐方式，可以利用"文字格式"工具栏上的工具按钮完成上述操作。

5.3　其他处理

5.3.1　查找和替换（FIND）

为了协助用户查找所要的文字作编辑，AutoCAD 提供了查找和替换的功能，可以快速进行查找的操作，而且还可将所查找到的文字替换为其他文字。

范 例　文字的查找和替换操作

Step 01 单击"文字"工具栏上的"查找与替换" 按钮。

Step 02 打开"查找和替换"对话框，在"查找字符串"中输入要查找的文字，在"改为"中输入要替换的文字，然后设置查找范围为"整个图形"。

Step 03 单击 选项(O)... 按钮，出现"查找与替换选项"对话框，设置要查找的对象种类（例如：块、注释文字、表格、区分大小写等项目），单击 确定 按钮。

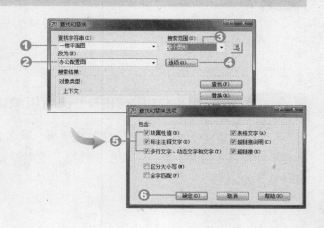

Step 04 接着单击 `查找(F)` 按钮，进行查找操作，找到后单击 `替换(R)` 按钮，便进行替换操作，再单击 `X` 按钮即关闭对话框。

5.3.2 拼写检查（SPELL）

AutoCAD 提供英文拼写检查的功能，协助用户找出图形中可能拼错的英文词汇。

范 例　拼写检查操作

Step 01 命令窗口中输入 SPELL 命令或单击 `ABC` 按钮。

Step 02 打开"拼写检查"对话框，单击 `开始(S)` 按钮若是有错误，系统会自动显示替换文字，此时可以单击 `修改(C)` 来更正错误的英文字，最后单击 `关闭` 按钮。

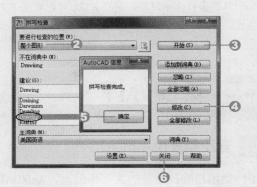

提示

"拼写检查"对话框中的其他按钮，可以忽略拼写检查的结果，将搜索的字加入到字典或是设置拼写字典样式。

5.3.3 特性（PROPERTIES）选项板编辑文字

AutoCAD 2008 还提供了"特性"选项板，顾名思义，在该选项板中会列出被选择对象的所有属性项目（包含：颜色、图层、线型、线宽等），直接改变属性项目参数，就可以达到编辑对象目的。

范 例 利用特性选项板来修改文字对象的内容

Step 01 执行"工具"→"选项板"→"特性"命令,打开"特性"选项板,选择要编辑的文字对象。

Step 02 单击"特性"选项板"文字"选项卡中的"内容"字段,单击 按钮;出现编辑窗口,可以修改文字内容,完成后单击 确定 按钮。

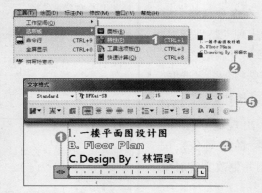

Step 03 回到"特性"选项板,针对文字的"注释性"、"对正"、"文字高度"等属性加以修正,就会更改文字的样式。

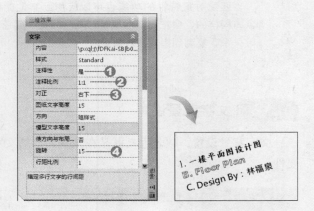

提示

使用"特性"选项板来编辑多行文字对象时,其中的每一个属性项目都可用来设置多行文字的整体属性,但无法针对其中局部文字修改不同的特性。

5.3.4 复制对象特性（MATCHPROP）

执行"修改"→"特性匹配"命令,可以将对象的颜色、图层、线型、线宽等特性,复制与应用到指定的对象上。

范 例　复制对象特性命令来更改文字对象的样式

Step 01 单击标准工具栏 ✎ 按钮，或执行"修改"→"匹配特性"命令，选择要匹配特性的来源对象。

Step 02 在命令窗格中输入 S 参数，会出现"特性设置"对话框，选择要复制的"基本特性"与"特殊特性"复选框，单击 确定 按钮。

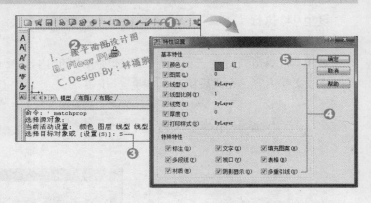

Step 03 出现刷子图标，单击要匹配特性的对象，按 Enter 键便复制并更改文字对象的样式。

提示

匹配对象特性的功能也可以应用到其他的图形对象，同样的，会把图形的线条形式、线宽、颜色、图层等关系，复制到指定的对象上。

复制来源　复制目的地　复制结果

5.3.5　文字背景设置

文字背景设置，顾名思义就是在某些局部的文字背后，加上背景颜色，来凸显该文字的重要性。

范 例　设置文字背景操作

Step 01 针对文字对象双击，打开"文字编辑"窗口。

Step 02 选择"文字格式"工具栏上的"选项"→"背景遮罩"命令。

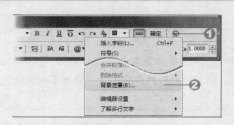

Step 03 打开"背景遮罩"对话框，选择"使用背景遮罩"复选框、设置边界偏移因子、设置颜色，单击 确定 按钮。

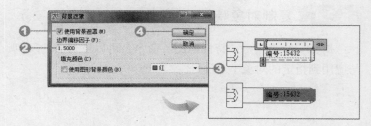

尺寸标注与多重引线编辑操作

当我们在绘制一些设计图或施工图时，尺寸标注变得非常重要，通过标注来告诉阅读者如何明了图形的真正规格，以方便工程的施工或模具的制作。本章将详细介绍多种尺寸标注、全新的可调整比例标注与多重引线的编辑操作。

● 学习重点

6.1　基本标注对象
6.2　特殊标注对象
6.3　设置标注样式（DIMSTYLE）
6.4　编辑标注对象
6.5　多重引线编辑操作

6.1 基本标注对象

一个尺寸标注基本上是由"标注文字"、"尺寸线"、"尺寸界线"、"箭头"、"引线"、"圆心标记"等组件所构成。系统默认的标注对象是"关系型标注"（由 DIMASO 系统变量所控制），也就是标注所含的文字、线或箭头等组件，都视为一个整体对象；相反，如果关闭关联性则标注的各个部分都视为各自独立的对象。

在介绍如何绘制各种不同样式的标注之前，请先参考右图，建立整体的概念，达到快速学习标注的目的。

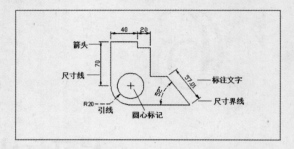

与标注有关的工具按钮，位于"标注"工具栏中，请预先将其打开，以方便后续的操作。

6.1.1 线性标注（DIMLINEAR）

线性标注包括了"水平式"、"垂直式"、"倾斜式"、"基线式"与"连续式标注"对象，用户可以利用选择对象，或是指定第一条和第二条尺寸界线原点的方式来建立标注，AutoCAD 会依尺寸界线原点的位置或所选对象的位置，自动建立水平或垂直标注对象。

范 例 配合对象捕捉来建立水平、垂直的线性标注对象

Step 01 单击"线性标注" ┤├ 工具按钮，并打开对象捕捉。

Step 02 选择要标注线段的第一条、第二条尺寸界线原点，然后移动指针到适当的位置，单击，完成水平式标注的建立。

Step 03 重复上述步骤，以对象的斜边为标注线段，选择第一条、第二条尺寸界线原点，然后移动指针到适当的位置，单击完成垂直线性标注。

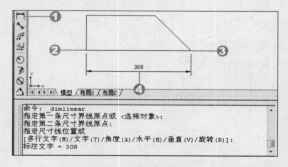

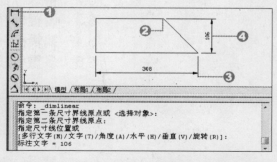

也可以在指定尺寸线位置之前，指定进行水平、垂直或旋转式标注。所谓旋转式标注是尺寸线和尺寸界线两个原点的联机夹某一个角度，若尺寸线角度是 0 度，则和水平标注相同；若尺寸线角度是 90 度，则相当于垂直标注。

范　例　利用选择对象的方式建立线性旋转标注

Step 01 单击"线性标注" 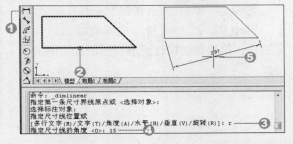 工具按钮，然后按 Enter 键，选择要标注的对象。

Step 02 输入 R 参数（旋转），再输入角度值，接着移动指针到适当的位置，单击完成。

执行"线性标注"命令时，"命令"窗口中会显示选择对象的参数选项，提供不同的参数来设置，重要的参数说明如下。

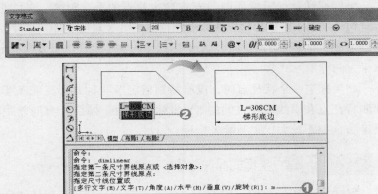

● 多行文字（M）：如果要加入的标注文字较多时，可以输入 M 参数，打开"多行文字编辑器"，直接在标注单位的前后输入文字。

● 文字（T）：一般的标注文字是系统所测量的数值数据，用户可以输入 T 参数，重新输入标注文字来代替测量值。

● 角度（A）：标注文字默认是水平方向，可以选择输入 A 参数，设置标注文字的旋转角度。

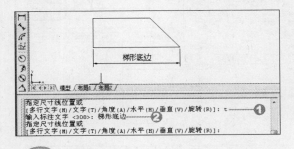

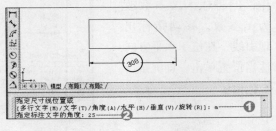

提示

为了将标注对象和其他对象区分，通常我们会另外新建一个图层来加入标注。有关如何建立图层的操作说明，请参考第 7 章。

6.1.2　对齐式标注（DIMALIGNED）

如果要标注的线段或对象，本身并非水平或垂直，而是倾斜某一个角度，可以使用对齐标注沿着倾斜的方向标注，其尺寸线是平行于两个尺寸界线原点所连成的直线。

范 例 建立对齐式标注对象

Step 01 单击"对齐标注"🔧工具按钮。

Step 02 按 Enter 键，选择要标注的对象边线，接着移动指针到适当的位置，单击完成。

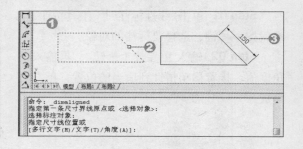

6.1.3 坐标标注（DIMORDINATE）

坐标标注是标示特征点到当前 UCS 原点的垂直距离，它可能标示的是 X 坐标或 Y 坐标，并且包含一条引线。X 坐标是原点和特征点沿 X 轴方向距离的绝对值；Y 坐标则是原点和特征点沿 Y 轴方向距离的绝对值。X 坐标标注的文字是往垂直方向标示；Y 坐标标注的文字则是往水平方向标示。

如果选定一个特征点时，没有特别指定 X 坐标式标注或 Y 坐标式标注的话，系统会自动侦测特征点和引线端点之间的 XY 坐标值差距。如果 X 方向差距较大，则会测量 Y 坐标；如果 Y 方向差距较大，则测量 X 坐标。

范 例 建立坐标式标注对象

Step 01 单击"坐标式标注"🔳工具按钮，选择要标注的坐标点。

Step 02 输入 X 参数，在位于垂直方向的适当位置，移动指针出现引线，单击，即完成 X 坐标标示。

Step 03 重复上述动作，但将输入 X 参数改为 Y 参数，移动指标出现引线，在位于水平方向适当位置单击，即完成 Y 坐标标示。

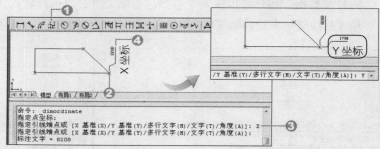

提示

一般在选择特征时，可以搭配对象捕捉，找到所要的特征点。另外在指定引线端点时，通常会打开正交模式来执行。

6.1.4 半径／直径／圆心标记

用户可以针对圆或弧进行"半径标注"（DIMRADIUS）或"直径标注"（DIMDIAMETER），另外也可以对其圆心进行"圆心标记"（DIMCENTER）。

范例 练习半径标注与圆心标记

Step 01 单击"半径标注" ⊘ 工具按钮，
选择要标注的圆，再指定尺寸线位置。

Step 02 单击"圆心标记" ⊙ 工具按钮，
选择要标注的圆，便可绘制圆心标记。

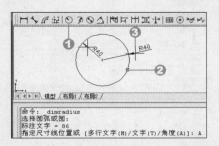

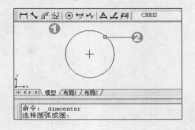

Step 03 单击"直径标注" ⊘ 工具按钮，选择要
标注的圆，再指定尺寸线位置。

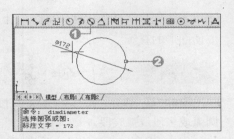

提示

如果在进行半径或直径标注时，标注弧线的
位置是在所选择的圆或弧的外部时，圆心标记会自
动标出。半径标注是以 R 为记号，直径则以 Φ 为
记号。

6.1.5 角度标注（DIMANGULAR）

用户可以选择现有的线、弧、圆等对象，或是指定三点的方式进行角度标注。两线相交会
有四个角，系统会依标注弧线位置决定是对哪一个角标注。弧和圆的角度标注都是以圆心当作
角度顶点；至于以指定三点的方式进行角度标注，则需要指定角度顶点、第一个角度端点、第
二个角度端点来建立。

范例 建立交叉线的角度标注对象

Step 01 单击"角度标注" △ 工具按钮。

Step 02 选择第一条线、第二条线，最后指定
标注弧线位置。

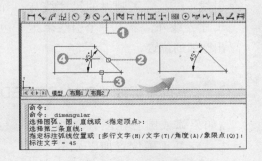

提示

指定三点的角度标注，可以在输入 DIMANGULAR 命令后，不选择对象而是直接按
Enter 键，依次指定角度顶点、第一个角度端点、第二个角度端点，最后标注弧线位置完成标注。

范 例 建立圆的角度标注

Step 01 单击"角度标注" △ 工具按钮。

Step 02 选择圆，然后指定第二个角度端点，再指定标注弧线位置（C）。

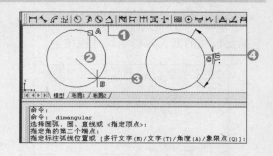

6.1.6 弧长标注（DIMARC）

系统提供"弧长标注"命令，让设计师可以精确地将一段圆弧或椭圆弧的长度标注出来，方便图形的查看。

范 例 建立一个弧长标注

Step 01 单击"弧长标注" 按钮，选择圆弧或多段线弧线段。

Step 02 拖动"弧长标注"线到需要的位置，单击完成"弧长标注"操作。

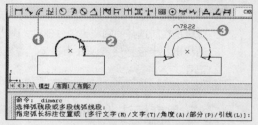

当我们执行"弧长标注"命令，并选择好要标注的圆弧对象后，有以下参数可以设置，功能说明如下。

⬤ 多行文字（M）/文字（T）：用来进行标注文字的设置。

⬤ 角度（A）：设置标注文字的旋转角度。

⬤ 部分（P）：用来标注选择对象的部分圆弧。

⬤ 引线（L）：除了圆弧的尺寸线与尺寸界线外，多了一个引线来指出圆弧的位置。

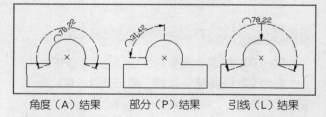

角度（A）结果　　部分（P）结果　　引线（L）结果

6.1.7 折弯标注（DIMJOGGED）

如果弧或圆心在配置之外，并且无法在其正确位置加以显示，可以使用此命令建立折弯半径标注，也称为"缩短的半径标注"，同时可以将标注原点指定在需要的位置上（称为中心位置），详细标注样式如右图所示。

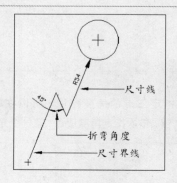

范　例　　在圆弧对象上建立一个折弯标注对象

Step 01 单击"折弯标注" 🔃 按钮，选择圆弧或多段线弧线段。

Step 02 指定中心位置、指定尺寸线位置、指定折弯位置。

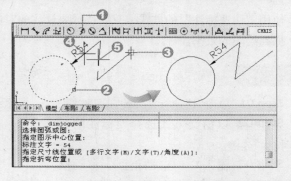

Step 03 更改替代中心与折弯位置：双击标注对象，出现"特性"选项板，可针对中心位置替代 X（Y）、折弯位置 X（Y）的字段值加以修改。

Step 04 设置折弯线角度：在折弯角度中输入需要的折弯角度（例如：75），按 Enter 键完成设置。

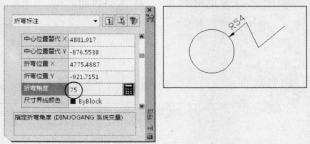

提示

系统默认的折弯线角度为 45°，必须以上述方法才能修正角度值。至于标注过程中出现的 [多行文字（M）/文字（T）/角度（A）] 的参数，是设置标注文字样式与角度，与折弯线角度设置无关。

6.1.8　翻转箭头（AIDIMFLIPARROW）

AutoCAD 2008 提供"翻转箭头"的功能，让我们能很快地更改标注箭头的方向。只要先选择标注对象，右击，执行"翻转箭头"命令，就能自动更改。

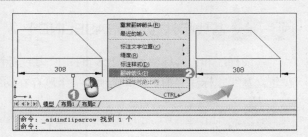

6.2　特殊标注对象

系统提供若干特殊的标注命令（包含快速、基线、连续、标注检验、标注折断等），供设计者选择与应用。

6.2.1 快速标注（QDIM）

使用"快速标注"的方式，只要选择要标注的对象，并指定尺寸线位置，就会自动产生标注，提高绘图的效率。

范　例　以快速标注命令来建立一标注对象

Step 01 单击"快速标注" 工具按钮。

Step 02 以窗交方式选择要标注的对象，按 Enter 键。

Step 03 输入 C（连续标注），移动鼠标到需要设置尺寸线的位置上（例如：水平），单击完成标注。

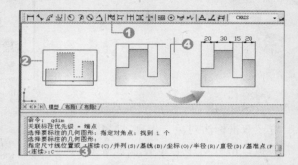

执行"快速标注"命令时，命令窗口中会显示选择对象的参数选项，提供不同的标注功能。

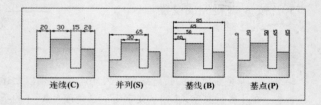

用右图简单说明不同参数所绘制的标注结果，它们的操作步骤与上述范例相似，只是输入的参数值不同而已。

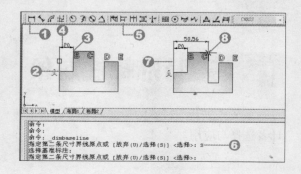

连续(C)　　并列(S)　　基线(B)　　基点(P)

提示

　　如果图形并非对称，而且欲标示的线段并非奇数的话，建议勿采用并列的参数来标注，因为会标注不完全。

6.2.2 基线标注（DIMBASELINE）

基线标注和连续标注都属于多重标注，基线标注是以相同的起始基准线来量测的多重标注。在建立基线式标注之前，至少必须有一个已存在的线性、坐标式或角度式标注才能执行此功能。

范　例　以基线式标注命令来建立标注对象

Step 01 单击"线性标注" 工具按钮。

Step 02 分别单击第一、第二尺寸界线原点，移动鼠标到适当位置，单击完成线性标注。

Step 03 单击"基线标注" 工具按钮，输入 S 参数，选择基准标注。

Step 04 搭配对象捕捉，指定第二条尺寸界线原点，然后重复指定其他尺寸界线原点，最后连按两下 Enter 键结束。

6.2.3　连续标注（DIMCONTINUE）

连续标注是以端点相接方式所作的多重标注。同样的，要建立连续式标注之前，至少必须有一个已存在的线性、坐标式或角度式标注。

范　例　以连续式标注命令建立标注对象

Step 01 参考前面范例步骤，完成第一个线性标注对象。

Step 02 单击"连续式标注" [⊞] 工具按钮，输入 S 参数，选择线性标注。

Step 03 搭配对象捕捉，指定第二条尺寸界线原点，然后重复指定其他尺寸界线原点，最后连按两下 Enter 键结束。

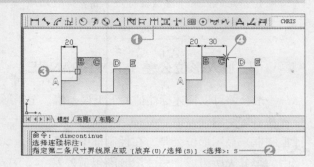

6.2.4　快速引线标注（QLEADER）

引线是将某些注释连接到图形中特定点的直线（可由多线段组成），它和注释是互相关联的，一旦更改其中一项，另一项也会随之变动。由于"快速引线标注"工具按钮与命令没有放置在"标注"工具栏或菜单中，因此，必须在"命令"窗口中输入 QLEADER 命令来执行。

范　例　建立快速引线标注

Step 01 在"命令"窗口中输入 QLEADER 命令。

Step 02 指定引线的起点（即要显示含箭头这端），并指定下一点，再指定下一点；然后输入文字宽度为 60，按 Enter 键。

Step 03 在"命令"窗口中输入第一行文字，按 Enter 键可输入另一行文字，若要结束，再按一次 Enter 键即可。

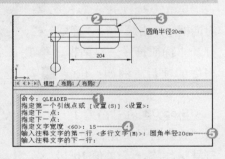

完成上述的范例后，如果对字体、大小、箭头形状等样式不满意，可以输入 S 参数，会打开"引线设置"对话框，设置引线的样式。

- ● "注释"选项卡：可以设置"注释类型"（例如：指定多行文字）、"多行文字选项"与"重复使用注释"等参数选项。

- ● "引线和箭头"选项卡：可以设置引线样式、箭头样式、引线点数与角度约束等参数。

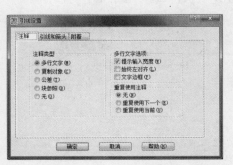

⬤ "附着"选项卡：设置左、右侧文字的附着方式。

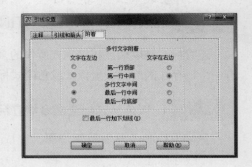

提示

此处的引线标注和一般建立标注时，因所指定的位置不够放置标注文字，而自动产生的引线不同。

6.2.5 加入形位公差（TOLERANCE）

一般公差可以描述标注值的上下误差值，至于形位公差可以显示特征在形状、轮廓、方位、位置和可接受的偏差值。AutoCAD 以一个特征控制框来显示形位公差，在控制框中至少要由两个分隔所组成，第一个分隔包括公差的几何特性符号，第二个分隔则包括公差值。形位公差如右图所示。

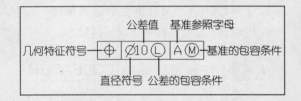

范 例　加入形位公差标注对象

Step 01 单击"公差" ▦ 工具按钮。

Step 02 打开"形位公差"对话框，单击第一行"符号"栏，打开"特征符号"对话框，单击当中的项目（例如：位置 ⊕ 符号）。

Step 03 在"公差 1"区，单击"直径符号"栏，显示"直径符号"；再输入公差值 10。

Step 04 单击"包容条件符号"栏，打开"附加符号"对话框，单击 Ⓛ 符号。

Step 05 在"基准 1"区，输入基准参照字母 A，然后单击"包容条件符号"栏，打开"附加符号"对话框，单击 Ⓜ 符号，最后单击 确定 按钮。

Step 06 回到绘图窗口，指定公差位置，并加入引线，完成形位公差的加入。

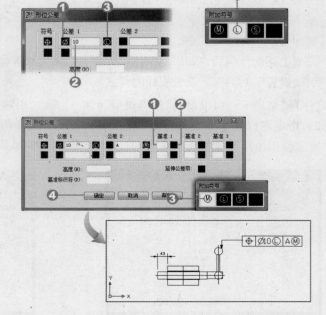

6.3 设置标注样式（DIMSTYLE）

标注的外观是由标注样式决定，这个外观包括各个标注组件的几何位置、形状、文字位置、注释等。

6.3.1 新建标注样式

当我们建立各种标注时，都是采用系统所默认的标注样式。用户可以修改默认标注样式，或是建立新的标注样式供项目使用。

范 例 建立新的标注样式

Step 01 单击"标注样式" 工具按钮。

Step 02 打开"标注样式管理器"对话框，单击 新建(N)... 按钮。

Step 03 打开"创建新标注样式"对话框，输入新标注样式名称（例如：NEW），然后单击 继续 按钮。

Step 04 打开"新建标注样式：NEW"对话框，然后依用户的需求，选择设置选项卡，并设置格式内容，完成后单击 确定 按钮。

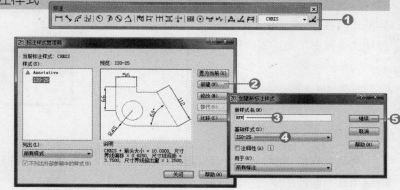

Step 05 返回"标注样式管理器"对话框，在"样式"列表中会出现 NEW 样式，最后单击 × 按钮。

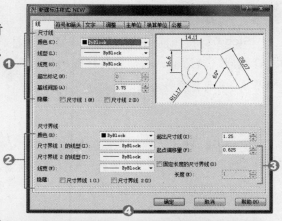

提示

新建立的标注样式，可以从"标注"工具栏的"标注样式控制"列表内选择使用。

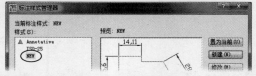

新手一学就会 ▼ AutoCAD 辅助绘图

133

6.3.2 修改标注样式

用户可以依照需要，选择已建立的标注样式，修改其格式内容。

范 例　修改标注样式

Step 01 按照前面范例步骤，打开"标注样式管理器"对话框，在"样式"列表中选择要修改的样式，单击 修改(M)... 按钮。

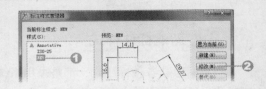

Step 02 打开"修改标注样式：NEW"对话框，然后按用户的需求，选择设置选项卡，并设置格式内容，完成后单击 确定 按钮，返回"标注样式管理器"对话框，再单击 ✕ 按钮结束。

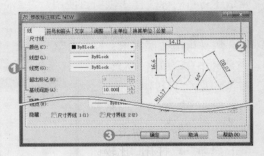

6.3.3 替代标注样式

利用替代的功能，可以保留原来的标注样式，并新增一个置换样式。而样式替代的功能只能应用在当前使用中的标注样式。

范 例　替代当前使用中的标注样式

Step 01 按照前面范例步骤，打开"标注样式管理器"对话框，选择要替代的项目（例如：NEW），单击 替代(O)... 按钮。

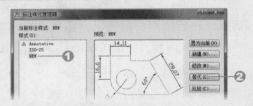

Step 02 打开"替代当前的样式：NEW"对话框，然后依用户的需求，选择所要设置的标签，并设置格式内容，单击 ✕ 按钮。

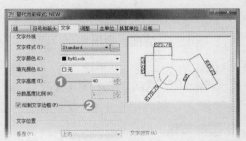

Step 03 返回"标注样式管理器"对话框，单击 ✕ 按钮。往后所执行的标注，就会应用上述替代标注样式的设置。

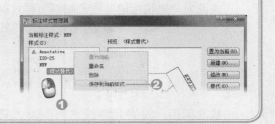

提示

　　若要把替代后的标注样式置换成原来标注样式中的设置，打开"标注样式管理器"对话框后，在 NEW 样式下的 < 样式替代 > 项目上右击，在菜单中选择"保存到当前样式"命令，即可完成置换。

新手一学就会 ▼ AutoCAD 辅助绘图

6.3.4　比较标注样式

　　用户可以按照需求，在多种标注样式中，比较任意两个标注样式之间的差异。

范　例　比较两个标注样式之间的差异性

　　Step 01　按照前面范例步骤，打开"标注样式管理器"对话框，单击 比较(C)... 按钮。

　　Step 02　打开"比较标注样式"对话框，然后设置"比较"和"与"字段的标注样式，下面窗口中即列出两者的差异性参数，单击 关闭 按钮结束。

　　Step 03　返回"标注样式管理器"对话框，单击 关闭 按钮结束。

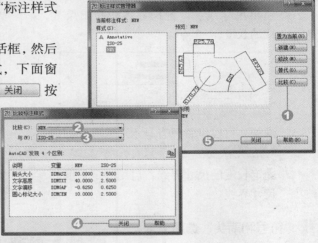

6.3.5　认识标注样式参数的功能

　　建立好新的标注样式（NEW）后，下面介绍该如何来设置标注的样式，首先打开"修改标注样式"对话框，会出现 7 种选项卡，各选项卡参数的功能说明如下。

▍ **"线"选项卡**

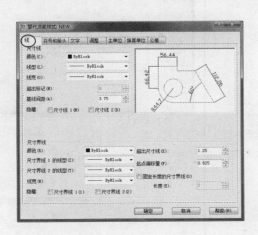

● "尺寸线"设置区：设置尺寸线的颜色、线宽等样式。

✎ 超出标记：设置尺寸线超出尺寸界线的长度（只有在"符号和箭头"选项卡中将箭头样式设为"建筑标记"或"倾斜"样式时才能使用此功能）。

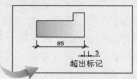

✎ 基准间距：设置尺寸线之间距离，只有对基线标注时才有作用。

✎ 隐藏：可设置只显示尺寸线的第一边或第二边，或是只有标注尺寸。

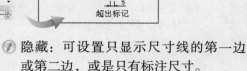

● "尺寸界线"设置区：设置尺寸界线的样式。

✎ 超出尺寸线：设置尺寸界线超出尺寸线的长度。

✎ 起点偏移量：设置尺寸界线起点与标注对象的偏移量。

✎ 隐藏：可以设置只有显示尺寸界线的第一边或第二边，或是只有标注尺寸。

✎ 固定长度的尺寸界线：启用固定长度的尺寸界线。

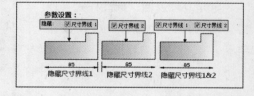

▍ "符号和箭头"选项卡

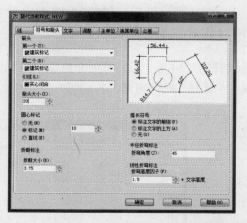

● "箭头"设置区：设置尺寸线的第一边、第二边及引线的箭头样式与箭头的尺寸。

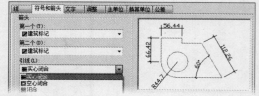

● "圆心标记"设置区：设置圆心标记的样式及圆心标记的尺寸，默认是以小十字记号显示（只有对于标注圆的圆心标记时才有用）。

　　🖉 弧长符号：设置弧长符号（Ω）与标注文字的关系。

　　🖉 半径折弯标注：用来设置折弯线的角度。

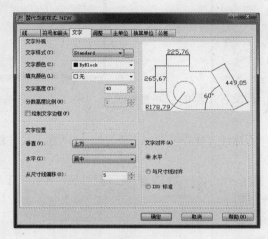

"文字"选项卡

● "文字外观"设置区：可以设置标注文字的字体、颜色、高度，以及是否使标注文字加上边框。

● "文字位置"设置区：设置标注文字放置的位置。

　　🖉 垂直位置：可以设置标注文字居中放置于尺寸线、尺寸线上方、尺寸线外部。

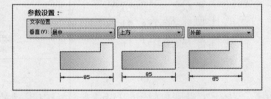

　　🖉 水平位置：可以设置标注文字放置于尺寸界线中央、第一条尺寸界线或第二条尺寸界线、第一条尺寸界线上方或第二条尺寸界线上方。

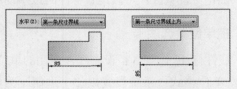

　　🖉 从尺寸线偏移：设置标注文字与尺寸线之间的距离。

● "文字对齐"设置区：设置标注文字对齐的方式。

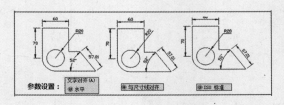

▌ "调整"选项卡

可以设置调整选项、设置文字位置、设置整体标注比例与设置优化等功能，说明如下。

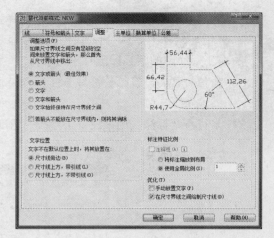

⬤ "调整选项"设置区：若没有足够的空间容纳文字与箭头于尺寸界线内，选择第一个移到尺寸界线外侧的项目。

⬤ "文字位置"设置区：若标注文字不在默认位置时，可以置于尺寸线旁、尺寸线上方（带引线或不带引线）。

⬤ "标注特征比例"设置区：设置标注是否可注释，以及文字与箭头的比例。如果选择"注释性"复选框，其他项目就无法选用，并且标注样式大小会随着设置的比例来显示，有关注释性标注的操作程序，请参考 6.4 节。

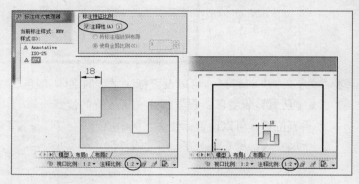

⬤ "优化"设置区：可以设置标注时以手动放置文字，或一律将尺寸线绘于尺寸界线之间。

▌ "主单位"选项卡

⬤ "线性标注"设置区：设置线性标注的单位。

    📝 单位格式：系统设置以"十进制"为单位格式。

    📝 精度：设置线性标注的小数点精确位数。

⬤ "角度标注"设置区：设置角度标注的单位。

"换算单位"选项卡

　　如果要显示英制与公制单位在标注对象上，必须选择"显示换算单位"复选框，并设置相关参数。

●　"换算单位"设置区：如果选择"显示换算单位"，可以使用另外一个单位标注尺寸，一般是以中括号 [ ] 表示。

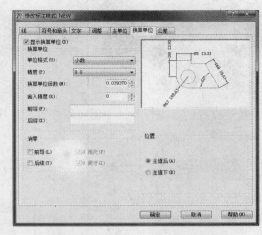

　　🖉　换算单位倍数：一般在 AutoCAD 绘图时的单位设置是毫米（mm），若要使换算单位设置为英寸（in），可以在栏内输入 0.03937，就会同时以毫米及英寸两种单位标注尺寸。

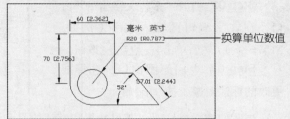

换算单位数值

●　"位置"设置区：可以设置换算单位值放置于主要值的后方或下方。

"公差"选项卡

　　可以用来设置公差格式、换算单位公差、消零等功能，说明如下。

●　"公差格式"设置区：可以设置公差的标注方式、精度、公差范围及比例等。

　　🖉　方式：有对称、极限偏差、极限尺寸及基本尺寸等 4 种标注方式。

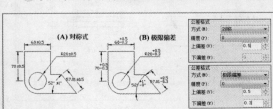

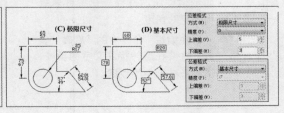

　　🖉　上偏差：设置公差的上偏差。

　　🖉　下偏差：设置公差的下偏差。

●　"换算单位公差"设置区：设置换算单位公差的小数点精确位数。

新手一学就会 ▼ AutoCAD 辅助绘图

6.4 编辑标注对象

6.4.1 标注编辑（DIMEDIT）

已经建立好的各式标注，不但可以修改标注样式得到不同的标注外观，也可以编辑标注文字、旋转和倾斜标注等项目。

范 例 更改标注文字内容

Step 01 单击"编辑标注" 工具按钮，输入 N 参数。

Step 02 打开"多行文字编辑"窗口，在文字编辑区输入文字（例如：NEW=<>），然后单击 确定 按钮。

Step 03 返回绘图窗口，选择要更改的标注对象，按 Enter 键。

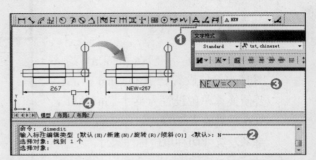

当我们建立标注时，其尺寸界线默认的是和尺寸线垂直，而在某些情况下可以设置标注尺寸界线倾斜某个角度。

范 例 将标注对象的尺寸界线更改为倾斜样式

Step 01 执行"标注"→"倾斜"命令，或是单击"编辑标注" 工具按钮。

Step 02 输入 O 参数（不是数字零），然后选择要倾斜的标注对象，并且输入倾斜角度，最后按 Enter 键结束。

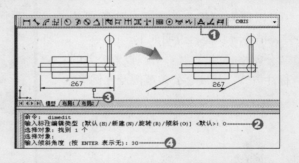

提示

- 倾斜标注的倾斜角度并不是指标注尺寸界线与尺寸线之间的夹角，而是指标注尺寸界线在坐标系统中的绝对角度。
- "标注编辑"命令中的"旋转"参数，主要在旋转标注文字的角度，请参考范例中的数据。

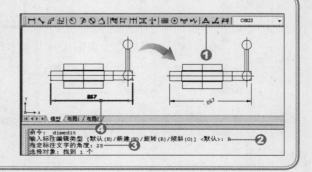

6.4.2 标注文字编辑（DIMTEDIT）

有关标注文字位置的修改，可以利用 DIMTEDIT 命令，系统默认的对齐方式为置中，用户可以在选择所要编辑的标注对象后，更改标注文字的对齐方式，或是将标注文字旋转某一个角度。

范 例 将标注文字靠左对正并移动摆放的位置

Step 01 单击"编辑标注文字"
工具按钮。

Step 02 选择要编辑的标注文字，通过鼠标移动标注文字到需要的位置上。

Step 03 重复步骤1，选择标注文字对象，输入 L 参数（靠左），按 Enter 键。

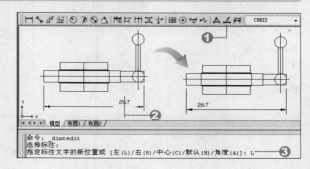

提示

执行"编辑标注文字"命令时，命令窗口中会显示选择对象的参数选项，提供不同的编辑功能『[左（L）/右（R）/中心（C）/默认（H）/角度（A）]』，来设置文字的对正与旋转样式。

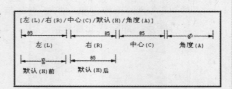

6.4.3 标注更新

标注更新的目的是让我们可以由原先设置的标注样式更改为另外一种默认的状态，包含尺寸线、箭头、文字大小、对齐样式等功能的调整，而不需要重新加以设置，例如：由样式 ISO-25 样式转换为自定的样式 NEW。

范 例 更新标注文字的样式

Step 01 选择"标注样式控制"列表中的标注样式（例如：NEW）。

Step 02 单击"标注更新" 工具按钮。

Step 03 选择要更新样式的标注文字，按 Enter 键结束。

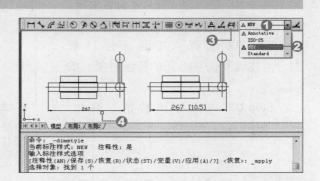

6.4.4 打断标注（DIMBREAK）

"打断标注"可以将尺寸线或引线进行手动或自动的打断操作，或是将尺寸线、引线与图形线段有相交之处加以打断，让用户可以轻易地分辨出图形与尺寸线对象。为了能轻易查看打断标注后的情况，请打开"修改标注样式"对话框，在"符号的箭头"选项卡中，将"打断标注/打断大小"的参数值加以放大。

新手一学就会 ▼ AutoCAD 辅助绘图

范 例	将尺寸线折断

Step 01 事先建立一个标注对象，单击"打断标注" ┬ 工具按钮。

Step 02 选择"标注对象"，依次选择多个标注打断的图形边线，完成之后按 Enter 键。

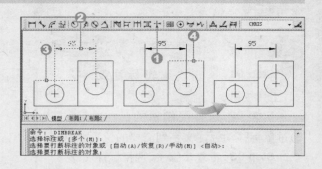

提示

如果要手动打断尺寸线或引线，执行"打断标注"命令，单击"标注对象"后，输入 M 参数（手动），按 Enter 键，再指定第一打断点与第二打断点，即完成此操作。

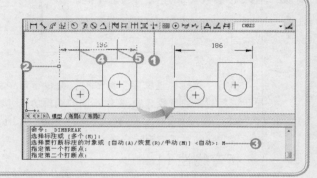

6.4.5 标注间距（DIMSPACE）

当建立好若干标注对象后，如果标注对象距离太近，造成阅读上的困难时，可以通过"标注间距"命令调整标注对象彼此之间的距离。

范 例	调整标注对象之间的间距

Step 01 事先建立好若干标注对象，单击"标注间距" ☲ 工具按钮。

Step 02 选择"基准标注"对象，再连续复选要隔开的标注对象，按 Enter 键。

Step 03 输入距离数值（例如：40），再按 Enter 键完成。

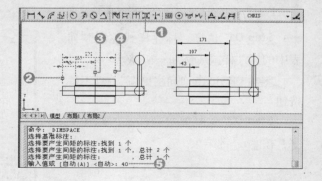

6.4.6 标注检验（DIMINSPECT）

将所选的标注对象加入"检验标注"，可以加上检验完毕的标签（例如：加上核对的编号、文字）并输入检验率，以方便图形尺寸标注的核对操作。

范 例	将标注对象加上标注检验图标

Step 01 可复选要加入"标注检验"的标注对象，再单击"标注检验" ⊠ 工具按钮。

Step 02 打开"检验标注"对话框，设置"检验标注"外观样式（例如：圆形），选择"标签"复选框，输入要标示的文字，设置检验率数值，单击 ▢确定▢ 按钮完成。

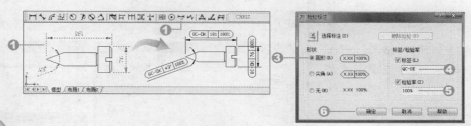

提示

　　不同的外观设置会有不同的效果，如右图所示。如果要删除检验对象，重复上述步骤，单击 ▢删除检验(E)▢ 按钮即可。

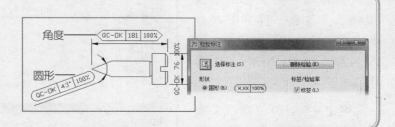

6.4.7　折弯线性（DIMJOGLINE）

　　可以加入或删除"线性标注"或"对齐标注"对象上的折弯线，单击"折弯线性" ⥮ 按钮，单击要设置的"线性标注"对象并指定折弯位置便完成此操作。

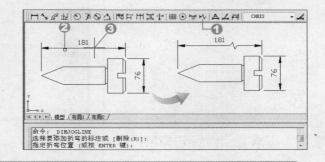

提示

　　如果要删除折弯线性对象，按照上面步骤，只要在命令窗格中下 R 参数（删除除），选择折弯标注对象便可加以删除。

6.5　多重引线编辑操作

　　"多重引线对象"可包含多条引线，让单一的标注可以指向图形中的多个对象，作为说明用途。除此之外，也可以建立注释性的多重引线对象，让多重引线对象可以用不同的比例大小来显示。

6.5.1　建立与修改多重引线样式

　　多重引线主要由箭头、水平基格、引线或曲线和多行文字对象或块等组件所构成，因此就有许多的参数可供设置。为了简化在绘制多重引线时不必要的参数设置操作，建议绘制之前，先建立好"多重引线"的样式以方便操作。

范 例	建立个人化多重引线样式

Step 01 执行"格式"→"多重引线样式"命令或单击"多重引线"工具栏的"多重引线样式" 🗹 按钮。

Step 02 打开"多重引线样式管理器"对话框，单击 新建(N)... 按钮，打开"创建新多重引线样式"对话框，输入名称（例如：NEW），单击 继续 按钮。

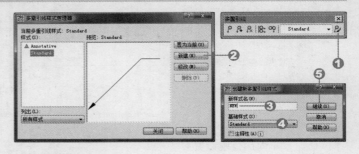

Step 03 打开"修改多重引线样式"对话框，针对多重引线样式加以设置，单击 确定 按钮结束。

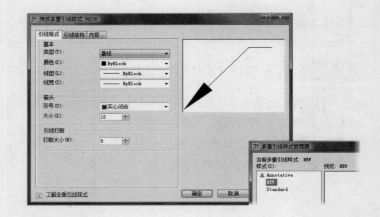

▋认识多重引线的组成组件

在进行多重引线样式的设置之前，让我们来认识构成该对象的各项组件，便于后续操作的进行。

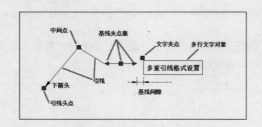

▋多重引线样式参数的介绍

打开上述"修改多重引线样式"对话框后，系统提供"引线格式"、"引线结构"与"内容"3个选项卡以供设置，重要的参数说明如下。

● "引线格式"标签：参考上一范例图形，该选项卡用来指定引线类型、颜色、粗细、箭头大小与样式、引线打断大小等参数，其中有些参数功能与"标注样式"的参数相同。

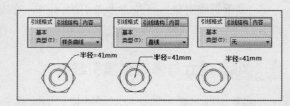

● "引线结构"选项卡：设置引线的点数、线段角度、基线设置以及是否设置为"注释性"对象等参数。

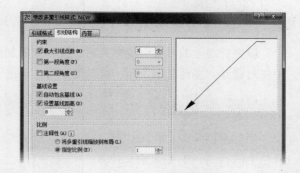

提示

如果选择"注释性"复选框，就形成"注释性"的"多重引线"对象，就可以设置多个不同比例尺寸的"多重引线"对象来配合出图的比例，设置方法请参考5.1.7节"建立注释性文字对象"。

● "内容"选项卡：设置"多重引线类型"，也就是引线后面所要衔接的对象类型（可以是"多行文字"、"块"或"无"3种样式），不同的类型产生的参数选项也不同。

提示

在多重引线衔接块的设置操作中，如果要使用个人自定的块，请设置块为"用户块"项目，打开"选择自定义内容块"对话框，指定图形上的块来执行。

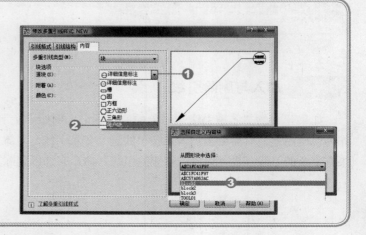

6.5.2 建立多重引线（MLEADER）

设置好需要的多重引线样式后，接下来的创建操作中，就会按照设置的样式来执行，本节中将对建立"多行文字"与"块"类型的"多重引线"对象进行说明。

范 例 建立多行文字样式的多重引线对象

Step 01 单击"多重引线"工具栏上的 按钮，指定箭头位置、引线基线位置。

Step 02 出现"多行文字编辑"窗口，输入文字信息，单击"文字格式化"工具栏的 确定 按钮完成。

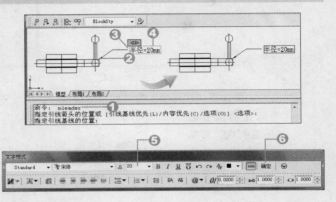

范 例 建立块样式的多重引线对象

Step 01 指定"多重引线样式"（必须事先指定为块类型的样式）后，单击"多重引线" 按钮，指定箭头位置、引线基线位置，便新建"块"样式的"多重引线"对象。

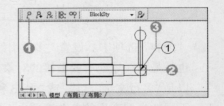

Step 02 改变块样式：重复单击 按钮，输入 O（英文字母）参数，接着输入 C 参数（内容类型），再输入 B 参数（块），最后输入图形上要应用的块名称（例如：BLOCK2），按 Enter 键。

Step 03 再输入 X 参数结束块的指定操作，接着指定箭头位置、引线基线位置，便新建一多重引线。

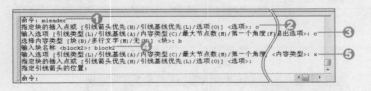

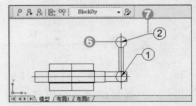

6.5.3 加入与删除引线

如果建立的"多重引线"对象的说明标记（例如：文字或块），可以应用在其他的图形上作为说明用途，只需要多加入几条引线到"多重引线"对象上，即可快速达到目的。反之，如果有多余的引线，也可以执行"删除引线"命令来加以删除。

范 例　加入与删除引线对象

Step 01 事先建立好多重引线对象，单击 [⚲] 按钮，选择要添加引线的多重引线对象。

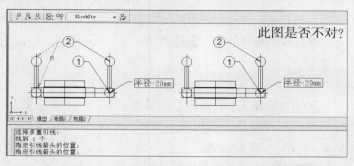

Step 02 连续指定要新增引线的箭头位置，完成后按 [Enter] 键结束。

Step 03 删除引线：单击 [⚲] 按钮，重复选择要删除的引线，按 [Enter] 键完成。

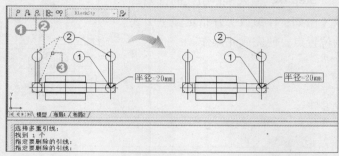

此图是否不对?

6.5.4　多重引线对齐操作（MLEADERALIGN）

如果希望不同的"多重引线"对象之间相互对齐，可以通过"对齐多重引线"命令来达到此目的。

范 例　将不同的多重引线加以对齐

Step 01 事先建立好多重引线对象，单击 [⚲] 按钮，窗交要重新对齐的多重引线，按 [Enter] 键。

Step 02 单击要作为目标的多重引线（例如：块 1 对象），拖动鼠标指定对齐的方向（例如：往垂直方向单击），单击，其他的多重引线就会自动与它对齐（例如：形成水平对齐）。

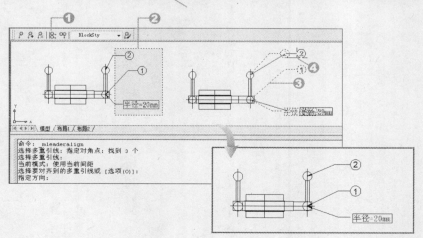

6.5.5 合并多重引线（MLEADERCOLLECT）

如果有相同特性的块类型的"多重引线"对象，系统允许加以合并在同一个多重引线对象上，并且按照选择的顺序来排列块。

范 例 多重引线合并操作

Step 01 单击 按钮，按着要排列块的顺序选择多重引线（例如：块 1、2、3），按 Enter 键。

Step 02 输入多重引线的排列参数（例如：H 参数）并指定多重引线的位置点，便完成此操作。

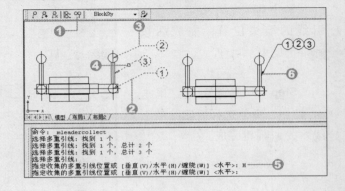

提示

如果在上一步骤中设置对齐方式为 V 参数（垂直），将会以垂直的方式排列。

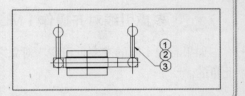

图层应用与查询数据

图层是计算机绘图中一个相当重要的概念，对于复杂的图形可以先行分类，将不同类的图形绘制在不同的图层中，如此可以简化图形的复杂度，也使得图形更容易被绘制和查看。此外，可以查询图形和图形中对象的相关数据，例如：数据库信息、绘图状态、查询点坐标、计算距离和角度、计算面积等，这些都是本章所要介绍的重点。

学习重点

7.1　图层基本操作
7.2　图层高级操作
7.3　颜色、线型与线宽
7.4　查询数据

7.1 图层基本操作

图层就像是一张一张的透明片一样，可以很多张重叠在一起，来凸显组合的效果。此外，同一图形的每个图层都具有相同图形范围、单位和视图缩放，却可以具备不同颜色和线型，因此通过图层的可见性、冻结、锁定等功能的设置，方便对图形的查看与编辑。

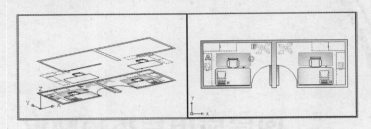

7.1.1 图层设置（LAYER）

‖ 建立新图层

打开新的图形时，系统默认的状态只有一个图层，就是 0 图层，用户可以依照需要建立适合自己绘图习惯的新图层，可以通过图层来管理图形的编辑操作。与图层设置相关的工具按钮位于"图层"与"图层 II"工具栏中，请先打开它，方便以下的操作。

范 例	建立一个新图层并进行图层基本特性的设置

Step 01 单击"图层"工具栏的"图层特性管理器" 工具按钮。

Step 02 打开"图层特性管理器"对话框。

Step 03 单击"新建图层" 按钮，系统新建新图层（图层 1），接下来在"名称"栏输入新图层名称（例如：NEW）。

Step 04 单击"颜色"字段，打开"选择颜色"对话框，选择所要的颜色（例如：蓝色），单击 确定 按钮。

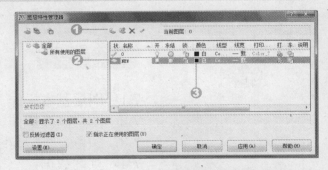

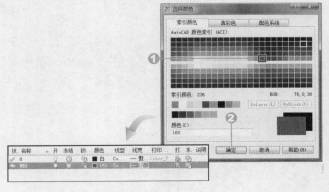

提示

ByLayer(L) 按钮：新建立对象的颜色是该图层原先所指定的颜色。
ByBlock(K) 按钮：对象先以黑色或白色画出，被建成块后会按所插入到图层的颜色应用该块。在图层指定颜色时，上述两个按钮无效。

Step 05 单击"线型"字段，打开"选择线型"对话框，如果没有想要的线型，单击 加载(L)... 按钮，打开"加载或重载线型"对话框，可复选线型，单击 确定 按钮便加载。

Step 06 回前一画面，选择加载的线型，单击 确定 按钮。

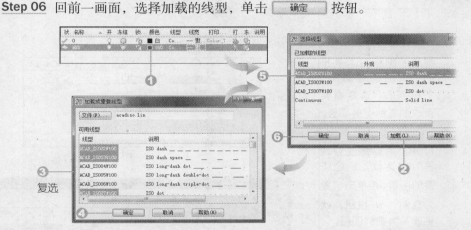

复选

Step 07 单击"线宽"字段，打开"线宽"对话框，选择所要的线宽，单击两次 确定 按钮完成图层建立操作。

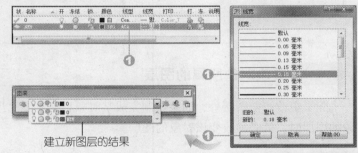

建立新图层的结果

提示

至于新建图层的"开"、"冻结"、"锁定"、"打印"与"冻结新视口"等图层特性的高级设置，请参考 7.1.2 节。

更改绘图的作用图层

用户一次只能在一个图层上绘图，这个图层可以是默认的图层 0，或是自定义的新图层。如果希望能在某一图层上绘图时，首先必须将该图层指定为当前图层，往后所绘制的新图形，便归属于该图层来管理，并应用该图层的线型、颜色等特性。

范　例　更改绘图的作用图层

Step 01 请打开范例 CH07-1-1.DWG 文件来练习，当前工作状态位于 0 图层，如果要指定某个对象的图层为当前的图层，可以单击"将对象的图层置为当前"  工具按钮。

Step 02 用鼠标选择要
编辑的对象，则该对象的
图层（例如：NEW）即成
为当前的图层，此时新绘
制的图形都属于 NEW 图层
下的对象。

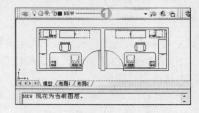

提示

除了以上述的方式更改当前的图层外，还有以下方式。

利用"图层"工具栏
的"应用的过滤器"
下拉列表，选择需要
更改的当前图层项目。

打开"图层特性管理
器"对话框，选定所
要的图层，再单击"置
为当前" 按钮，就
更改了当前的图层。

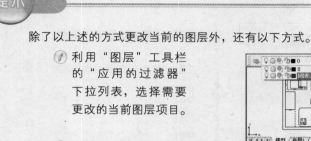

7.1.2　更改对象所属的图层

除了更改当前图层外，如果绘制完成某对象后，才发觉当前的图层并不是我们想放置该对
象的图层时，就必须改变该对象的图层。

范　例　调整对象所属的图层

Step 01 请打开 CH07-1-1
.DWG 范例，选择要更改图层
的对象（例如：外墙），展开"图
层"工具栏的"应用的过滤器"
下拉列表，选择要更改的图层，
即完成此操作。

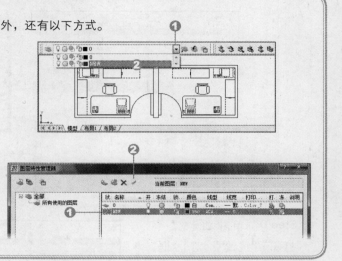

Step 02 更改对象到当前图层
（LAYCUR）：单击"图层 II"工具栏
上的"更改为当前图层"按钮 ，
可复选不是当前图层的对象（例如：
椅子），按 Enter 键完成更改程序。

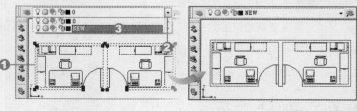

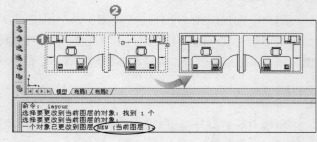

Step 03 以图层匹配方式更改对象图层（LAYMCH）：单击"图层II"工具栏上的"图层匹配" 按钮，可复选要更改图层的对象，按 Enter 键，再单击"目标图层"的任何对象，就完成更改操作。

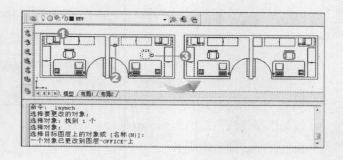

7.1.3　图层特性高级设置

每一个图层除了关联到一个颜色和线型外，还可以指定图层的其他高级特性。这些特性包括：状态、名称、开/关、冻结/解冻、锁定/解锁、打印/不打印等功能。

我们可以在"图层特性管理器"对话框，单击要更改设置的图层行，选择该图层的图标，就可以针对该图层的各种特性状态进行修改。

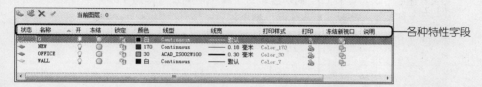

各种特性字段

○ 状态：可以分成 3 种图标；绿色打勾图标 代表当前使用的图层；深灰色图标 代表使用状态图层；浅灰色的图标 代表未使用状态图层（也就是空图层，没有任何图形对象在内）。

○ 名称：单击可以直接修改图层名称。

○ 开 / 关 ：打开的图层是可见的，关闭的图层是不可见的。只有可见的图层才能进行对象的选择、显示和打印。关闭图层中的对象在执行"重生成"命令时仍然会被处理，只是不被显示或打印。图形保存时，关闭图层中的图形数据也会一并保存。

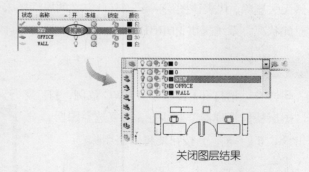

关闭图层结果

○ 冻结 / 解冻 ：冻结的图层也是不可见的，同时也不能打印，在图形重生成时，冻结图层中的对象不会被处理。对于复杂的图形可以冻结某些图层，来加快缩放、平移、视口等命令的操作速度。

○ 锁定 /解锁 ：被锁定的图层不能对其中的对象编辑，除非先将其解锁。如果被锁定的图层是打开且解冻时，该图层还是会显示出来。

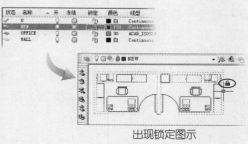

出现锁定图示

新手一学就会 ▼ AutoCAD 辅助绘图

◯ 线型与线宽：单击对应字段可以修改线型与线宽，请参考 7.1.1 节。

◯ 打印 🖨 / 不打印 🚫：被关闭的图层在打印时的线条是无法印出。

◯ 冻结新视口 🔲 / 解冻新视口 🔲：如果冻结某

一图层的此功能，那么图纸空间（例如：布

局1）中既有视口内重新建立的其他子视口，

就无法呈现该图层的图形，但是原本的视口

仍会显示，如右图所示。

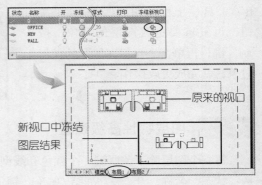

原来的视口

新视口中冻结
图层结果

提示

ℹ 上述的"冻结新视口"的功能，对于模型空间没有作用（亦即所有视口仍会显示）；
至于如何在"图纸空间"中建立新的视口，请参考 10.2 节。

ℹ 图层 0 和外部参考从属图层，无法被更改图层名称。

7.1.4 清理自定义的特性或图层（PURGE）

图层的清理，可以在"图层特性管理器"对话框中，先选择所要的图层（该图层必须是空白图层才行），再单击 ✕ 与 确定 按钮，就可以将图层删除。如果图层已经没有任何图形，依然无法删除，代表该图层一定还有自定义的属性还未清理（例如：块、块定义、标注样式等），针对此状况，系统提供 PURGE 命令，可以删除块与自定义属性项目，详见范例说明。

范 例 清理图层操作

Step 01 请打开 CH07-1-4.DWG 范例，打
开"图层特性管理器"对话框，可复选空图层，
单击 ✕ 与 确定 按钮便将图层删除。

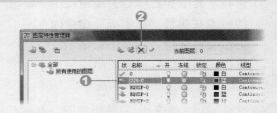

Step 02 执行"文件"→"绘图实作程序"→"清理"
命令，或在"命令"窗口输入 PURGE 命令。

Step 03 打开"清理"对话框，单击"查看能清理
的项目"选项，在"图形中未使用的项目"列表中，会
显示闲置未用且可删除的项目。

Step 04 单击"块"文件夹中要删除的项目，单击
清理(P) 按钮，单击信息框中 是(Y) 按钮，便清理
该块与定义。

Step 05 系统将该块关联的图层予以释放；可对比上一步骤，删除多余图层。

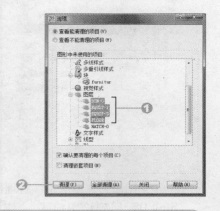

提示

🔹 图层 0、当前的图层、包含对象的图层和外部参考的图层，这 4 种图层不能被删除！请特别留意。

🔹 在"清理"对话框中，如果想要将所有图形中未用到的项目全部删除，可以直接选择"清理嵌套项目"复选框，单击 清理(P) 按钮，就会清理所有多余项目。

7.1.5　图层过滤器功能介绍

当我们绘制一个复杂且庞大的文件（例如：含括数十个以上图层），往往对于要关闭或打开哪一个图层来执行才是正确的，搞得头痛不已，而且浪费时间，AutoCAD 2008 提供两种图层过滤器：特性过滤器和组过滤器，这两种过滤器可以帮助我们快速完成绘图操作，详细使用方法说明如下。

特性过滤器

"特性过滤器"顾名思义；就是要将相同特性的图层集中起来管理，放置在"图层特性管理器"中一个文件夹内，当我们启用该过滤器并绘图时，在"图层特性管理器"工具栏中，只显示符合条件的图层，而绘图过程也只能在该图层间切换，可以精简绘图操作。

范 例　新建一新的特性过滤器

Step 01 请打开 CH07-1-5.DWG 范例，打开"图层特性管理器"对话框，单击"新特性过滤"按钮。

Step 02 出现"图层过滤器特性"对话框，输入名称（例如：设备 01），单击"状态"字段的下拉箭头，选定使用状态的图层。

Step 03 在"名称"栏输入要过滤图层的名称（例如：*EQUIP*），并依序进行打开、冻结、锁定、颜色等图层属性的过滤条件设置，系统将符合过滤的图层呈现在下方窗口中，最后单击 确定 按钮。

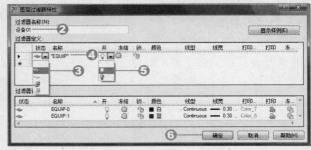

Step 04 回到"图层特性管理器"对话框，单击 确定 按钮。

Step 05 回到绘图模式，"应用的过滤器"列表只有包含上述过滤后的图层（包含 0、EQUIP–0~EQUIP–3 的部分），才能提升图层的切换效率。

新增特性过滤器

只列出过滤的图层

组过滤器

组过滤器顾名思义，就是要将某些图层暂时群组化来管理，通过图形直接选择要编辑的对象加入组过滤器中，比上述方式更为便捷，一旦完成绘制操作，也就可以将组图层取消，功能与上述类似。

范　例	新建一新的组过滤器

Step 01 延续上面范例，打开"图层特性管理器"对话框，单击"新组过滤器" 按钮。

Step 02 输入名称，右击，选择"选择图层"→"添加"命令。

Step 03 回到绘图区，可复选要加入对象的图层，按 Enter 键。

Step 04 回到"图层特性管理器"对话框，所选择图形的图层已加入组中，单击 确定 按钮结束。

Step 05 回绘图区，查看"应用的过滤器"列表，只能在该组的图层中切换。

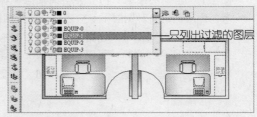

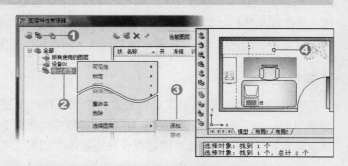

只显示"组过滤器"的图层

7.2 图层高级操作

除了上述的基本操作外，系统提供的"图层Ⅱ"工具栏，提供在绘图过程中，可以针对图层进行隔离、冻结、关闭、锁定、图层漫游等功能，以快速达到操纵图层的目的。除此之外，系统提供"图层状态管理器"和"图层转换器"界面，可以执行图层特性的转换、输入与输出等高级操作。

7.2.1 图层的相关操作

在"图层Ⅱ"工具栏中，有许多好用的功能按钮，可以针对绘图的需要进行某些图层的隔离、冻结、关闭、锁定等操作。

▌图层隔离（LAYISO）与取消隔离（LAYUNISO）

这个功能可以将选择的图层与其他的图层隔离开来，也就是将未选择图层加以淡化图形颜色并"锁定"起来，仅留"隔离图层"进行编辑，方便视觉上的编辑，这是AutoCAD 2008 改进的新功能，如果要恢复，可以单击 ![按钮] 按钮即可。

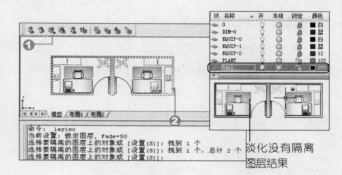

淡化没有隔离图层结果

提示

- 在图层隔离的作用下，不但视觉上可以降低图形的复杂度（淡化锁定），而且"对象捕捉"的功能仍能使用在锁定图形上。
- "图层"或"图层Ⅱ"工具栏上功能按钮的功能，都可以在"格式"→"图层工具"子菜单中找到对应的命令

▌将对象复制到新图层（COPYTOLAYER）

系统提供"将对象复制到新图层" ![按钮] 功能按钮，将某个图层对象加以复制到指定的另一图层。

范 例	复制对象到其他图层的操作

Step 01 单击"将对象复制到新图层" ![按钮] 按钮，可复选要复制对象（例如：椅子），按 Enter 键。

Step 02 单击要复制到目标图层的任何一对象上，按 Enter 键，完成复制到其他图层的操作。

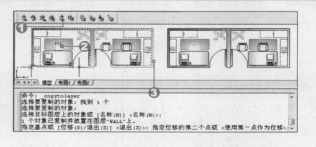

图层冻结（LAYFRZ）、关闭（LAYOFF）与锁定（LAYLCK）

在"图层 II"工具栏中提供的 、
与 功能钮，分别是"图层冻结"、
"图层关闭"或"图层锁定"的功能，只
要单击按钮后，在绘图区单击对象，该
对象的图形就会被"冻结"、"关闭"或"锁
定"，其功能与用途请参考 7.1.2 节。

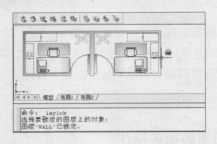

提示

通过这 3 个按钮，可以省去必须进入"图层特性管理器"对话框执行上述功能的麻烦。

图层合并（LAYMRG）

系统允许将多个图层合并到"目标图层"中来简化图层数目，合并后原始图层对象会移动
到"目标图层"上，并应用新图层属性，至于旧的图层就会被删除（含有块定义等自定义属性
的图层仍会保留）。

范 例 图层的合并操作

Step 01 请打开范例CH07-2-1.DWG
文件，执行"格式"→"图层工具"→"图
层合并"命令。

Step 02 可复选要合并的图层（通
过选择对象的方式来指定），按 Enter 键。

Step 03 单击"目标图层"上任一
对象，按 Enter 键，出现警告信息，输入
Y 参数，完成合并图层操作，旧图层也
会一并删除。

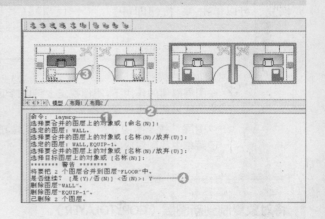

7.2.2 视口替代图层特性

这是 AutoCAD 2008 新增的功能，可以在"图纸空间"（亦即"布局"标签）中，针对不同
的视口，设置不同的视口图层属性，一旦指定该视口进行打印，就会按照视口所设置的属性来
加以打印，对于打印操作相当方便。但不用担心，这个功能只适用于"图纸空间"状态下，并
不会更动到"模型空间"中的图层属性。

范 例 在图纸模型的视口中来替代图层样式，并加以打印

Step 01 请打开范例 CH07-2-2.DWG 文件，切换到"布局 1"标签，已经事先建立两个垂
直视口。

Step 02 在左侧视口双击，将它指定为作用视口，打开"图层特性管理器"对话框。

Step 03 针对某图层（例如：合约 -AOL）更改其"视口颜色"、"视口线型"与"视口线宽"属性值，单击 确定 按钮。

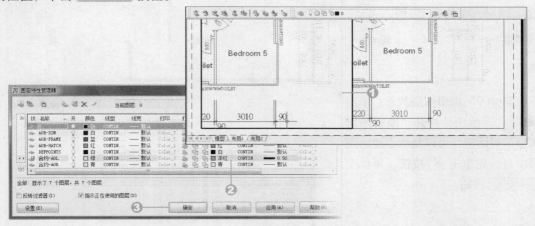

Step 04 该图纸视口的图层样式已经改变（与右侧视口比较），单击 模型 按钮来恢复成图纸空间样式，就可以进行打印操作。

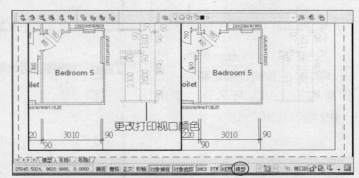

Step 05 切换回"模型空间"标签，会发觉图形样式依旧。

> **提示**
>
> 　　如何在"图纸模型"中新增与操作视口，请参考 10.2 内容。在"图纸空间"中打开"图层特性管理器"对话框，会比在"模型空间"状态下增加"视口冻结"、"视口颜色"、"视口线型"与"视口线宽"4 个可替代的图层属性供设置。

7.2.3 图层特性管理器（LAYERSTATE）

可以将图层设置保存为一具名的图层状态，方便从其他图形和文件中还原、编辑或输入图层来加以设置，此外，它还可以执行输出图层特性为文件格式（扩展名 .LAS），方便在其他图形中输入使用。

图层状态输出操作

范　例　新建一具名图层状态并输出成文件

Step 01 请打开范例 CH07-2-3.DWG 文件，单击"图层状态管理器"按钮。

Step 02 打开"图层状态管理器"对话框,单击 新建(N)... 按钮,输入名称、说明,单击 确定 按钮。

Step 03 编辑图层状态:单击 编辑(I)... 按钮,打开"编辑图层状态"对话框,可以复选不要的图层项目,先单击 ✕ 按钮,再单击 确定 按钮。

Step 04 回到前一画面,单击 输出(X)... 按钮,指定路径、文件格式(*.LAS)与名称;单击 保存(S) 按钮完成。

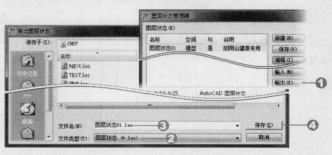

提示

在"图层状态管理器"对话框中,可以单击 保存(V) 按钮,将此状态随着文件保存,往后打开此文件,如果不小心改变某图层属性,想要还原成起始状态,就可以执行 恢复(R) 按钮达到此目的。此外,通过 重命名 、 删除(D) 按钮,可以更改名称或删除具名的图层状态。

图层状态输入操作

如果打开空白文件,想要直接利用某个文件构建好的图层特性,又恰巧事先已将该文件的图层状态输入成文件,那么,只要将图层状态文件加以输入并执行还原命令,即可建立好所有图层与属性。

范 例 输入图层状态文件来恢复某文件的图层状态

Step 01 请打开范例 CH07-2-3A.DWG,事先已更改图层状态,按照上面程序,打开"图层状态管理器"对话框,单击 输入(M)... 按钮。

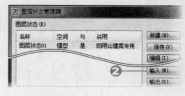

Step 02 指定要输入的文件（例如：图层状态 01.LAS），单击 打开(0) 按钮，加载图层状态项目并呈现是否立即恢复信息，单击 是(Y) 按钮，图层状态已经更新。

图层状态更新结果

> **提示**
>
> "图层状态"的输出、输入操作不会连带将图层中的几何图形输出或输入。

7.2.4 图层转换器（LAYTRANS）

"图层转换器"与"图层状态管理器"的功能类似，两者都可以进行图层特性的更新转换，只是前者需要加载指定图形文件的完整图层信息，以手动或自动的方式将图层配对好，再进行图层属性的转换操作，程序上比后者繁琐。

范 例 将某一图层转译为另一图层特性

Step 01 打开范例 CH07-2-4.DWG，在"命令行"中输入 LAYTRANS 命令。

Step 02 出现"图层转换器"对话框，单击 加载(L)... 按钮。

Step 03 打开"选择图形文件"窗口，将文件加入（例如：CH07-2-3A.DWG），便显示该文件所有图层名称。

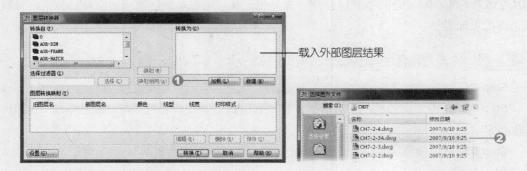

载入外部图层结果

Step 04 指定"转换自"窗口的图层,并针对"转换为"窗口中,单击要转换进来的图层。

Step 05 按中间的 映射(M) 按钮,图层转换信息会显示在下面的窗口中。

Step 06 单击 转换(T) 按钮,出现是否保存信息,单击 是(Y) 按钮并保存文件(扩展名为 .dws)。

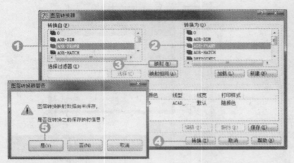
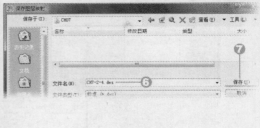

Step 07 回到绘图区,发现图形线型、颜色已经转换完成。

图层样式更新结果

7.3 颜色、线型与线宽

每一个图层在建立时即指定了颜色与线型,当我们在该图层绘图时,系统采用图层默认的颜色与线型。用户可以在绘图时,重新设置当前的颜色与线型,以便接下来要画的对象采用新的颜色和线型。另外,系统也允许用户更改现有对象的颜色和线型。

7.3.1 颜色(COLOR)

自 AutoCAD 2004 版本起,除了提供原有的"索引颜色"功能外,又新增了"真彩色"与"配色系统"的功能,使得我们在描影 3D 对象时,可以使用"真彩色"来取得所需的描影,而不用从 256 种标准颜色中选择颜色。使用"真彩色"和"配色系统"使图形的颜色与实际材料的颜色匹配更加容易。

范 例 设置当前绘图状态下画笔的颜色

Step 01 执行"格式"→"颜色"命令。

Step 02 出现"选择颜色"对话框,有"索引颜色"、"真彩色"与"配色系统"3 种选项卡供指定。

Step 03 选定颜色后,单击 确定 按钮,就可以开始绘制图形。

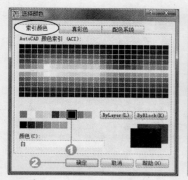 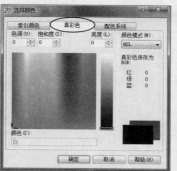 

> **提示**
>
> "索引颜色"选项卡中，如果选择的是 7 号颜色，它可以是黑色或白色，完全按照图形背景颜色而定。如果背景为白色，则 7 号为黑色。反之，如果背景为黑色，则 7 号为白色。

至于更改现有对象的颜色，无法由上述选择颜色的方法来更改对象颜色，必须先选择对象，再通过"特性"工具栏中的"颜色控制"下拉列表，选择所要的颜色，才能更改颜色。

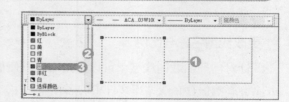

7.3.2　线型（LINETYPE）

线型基本上是由短横线、点和空格所构成的重复图案，较复杂的线型则是在其中加入符号，AutoCAD 提供的"线型"分别存于 ACAD.LIN 和 ACADISO.LIN 两个线型数据库文件中供加载使用。除此之外，也可以自定义所需的线型来绘图。接下来介绍有关线型的几种常用功能。

设置当前线型

如果想要更改当前所使用的线型时，可以在"特性"工具栏的"线型控制"下拉列表中来选择，即可更改线型样式，如果当中没有需要的线型时，就必须在系统中加载，或自行建立新的线型。

范　例　设置当前线型

Step 01 执行"格式"→"线型"命令，打开"线型管理器"对话框，选择线型项目，单击 当前(C) 按钮，再单击 确定 按钮，即可指定为当前的线型样式。

Step 02 如果上面线型不能满足需要，重复步骤 1，单击 加载(L)... 按钮。

Step 03 出现"加载或重载线型"对话框，可选择所要的线型，单击 确定 按钮结束。

新手一学就会 ▼ AutoCAD 辅助绘图

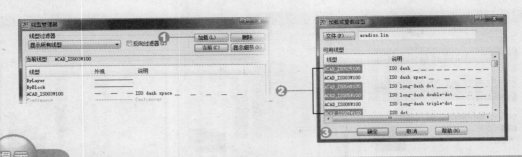

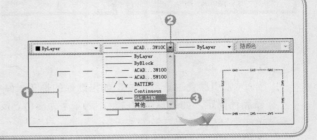

更改现有对象的线型，可以在选择所要的对象后，再由"对象特性"工具栏的"线型控制"下拉列表，选择所要的线型。如果选择列表中的"其他"项目，则会打开"线型管理器"对话框。

更改线型名称与比例

针对已经加载的线型，可以重新命名以便更容易识别这些线型。在此所更改的线型名称，并不会影响保存在线型库文件中的名称。

范 例　更改线型名称

Step 01 选择菜单"格式"→"线型"命令，打开"线型管理器"对话框，单击 隐藏细节(D) 按钮，即显示详细数据。

Step 02 选择所要的线型，然后在"名称"栏输入名称、全局比例因子，最后单击 确定 按钮。

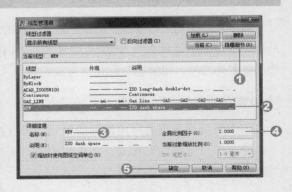

"线型管理器"对话框中，有 3 种关于线型比例的设置，分别说明如下。

● 全局比例因子：改变所有新建和已有对象的线型比例。

● 当前对象缩放比例：设置新建对象的线型比例。

● ISO 笔宽：针对 ISO 线型可以指定 ISO 笔宽，该笔宽是全局比例因子数乘上当前对象缩放比例。如果要设置 ISO 笔宽，首先必须使 ISO 线型成为当前的线型。

线型过滤

当用户加载很多线型后，为了方便查看线型，可以利用"线型管理器"对话框中的"线型过滤"功能，列出所要的线型。包括"显示

所有线型"、"显示所有使用的线型"、"显示所有依赖于外部参考的线型"等项目。

▌删除线型

已经加载而没有被使用的线型，如果不再需要时，可以将它们删除，除了 Continuous、ByLayer、ByBlock、当前的、外部参考的线型，以及被块定义所参考的线型不能被删除外，其余皆可，只要在"线型管理器"对话框中，选择线型项目，单击 [删除(D)] 按钮即可。

新手一学就会 ▼ AutoCAD 辅助绘图

7.3.3　线宽（LWEIGHT）

线宽是绘图上不可缺少的一项设置，通过不同的线宽、线型与颜色来帮助我们阅读图形文件，以下面范例加以说明。

范　例	更改当前的线宽样式

Step 01 展开"特性"工具栏中的"线型控制"下拉列表，选择所要的线型。

Step 02 展开"特性"工具栏中的"线宽"下拉列表，设置线宽粗细，完成后便可绘图。

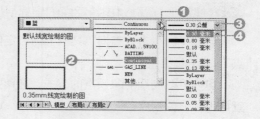

提示

- 如果要修改已经绘制的图形线宽，方式与上述相似，不同点在于：必须先选择对象，再依上述方法来修改线型、线宽与颜色。
- 线宽的设置除了在屏幕上可以判别出它们的差异性外，打印时也是按设置的线宽来打印，如果采用系统的默认线宽打印线宽大约是 0.05mm。
- 在状态栏中如果不打开"线宽"的状态，那么所设置线宽粗线都无法正确的显示出来。

| 482.4567,　22.0313 , 0.0000 | 捕捉 栅格 正交 极轴 对象捕捉 对象追踪 DUCS DYN 线宽 图纸 |

7.4　查询数据

执行"工具"→"查询"菜单下的相关命令，可以查询当前的绘图状态，追踪绘图时间，显示图形中各对象的数据库信息，或是显示特定点的 X、Y、Z 坐标值等相关信息。

7.4.1　查询图形相关数据（LIST）

图形中的所有对象，均可以利用 LIST 命令查询其数据库信息，这些信息包括：对象样式、所在图层、空间模式、相对于当前 UCS 的 XYZ 位置。此外，依所选对象的不同，可能还会显示封闭、宽度、厚度、周长、面积等信息。

范　例　查询图形对象相关数据

Step 01 单击"查询"工具栏的"列表" 工具按钮。

Step 02 选择要显示的对象，并按 Enter 键。

Step 03 打 开 AutoCAD 文本窗口，显示对象详细数据，最后单击 按钮结束。

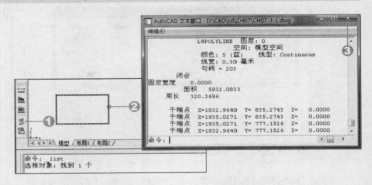

7.4.2　查询点坐标（ID）

利用"查询点位置"命令查询图形中某一点的坐标值。

范　例　查询对象特定点的坐标值

Step 01 单击"查询"具栏上的"定位点" 工具按钮。

Step 02 利用对象锁点的方式，选择要查询坐标值的端点，系统即显示该点的 X、Y、Z 坐标值。

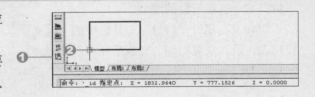

7.4.3　计算距离与角度（DIST）

我们可以计算任意两点的距离，系统除了显示两点的距离外，也会显示 XY 平面内角度，距 XY 平面的角度，以及两点间 X、Y、Z 的距离差值。

范　例　计算距离与角度

Step 01 单击"距离" 工具按钮，配合"对象捕捉"功能，指定第一点、第二点。

Step 02 系统即在"命令"窗口显示距离与角度相关内容，也可以按 F2 键切换文本窗口查看内容。

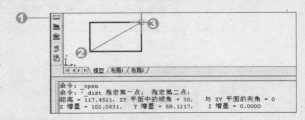

7.4.4　计算面积（AREA）

用户可以计算某一对象所包围封闭区域的面积和周长，如果对象本身没有封闭，系统也会以一条虚拟线连接起点和终点再计算其面积。另外，也可以用定义多边形端点的方式，计算所定义区域的面积，或是利用加减方法来计算出组合面积。

范 例　计算多个对象面积

Step 01 单击"区域" 工具按钮，输入 A 参数，再输入 O 参数（英文字母）。

Step 02 连续复选要加总计算的对象，在"命令"窗口即显示面积加总结果与个别圆周信息，按两次 Enter 结束。

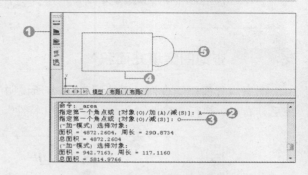

提示

如果要计算单一对象的面积，请按 O 参数（英文字母），并选择对象即可。如果要计算某一面积扣除其他面积，可以利用 AREA 命令中的加（A）和减（S）参数计算出组合面积。

复杂图形面积的计算，可以先建立面域，再针对所建的面域计算面积较为方便，请参考 3.5.3。

7.4.5　计算面域／质量特性（MASSPROP）

除了上述的查询项目外，AutoCAD 2006 还提供"面域质量特性"的查询项目，顾名思义就是除了可以查询面域的面积、周长数据外，还可以显示查询对象的质心（也就是重心）位置、惯性矩、惯性积、旋转半径等设计上需要的相关数据，它同时可以用来查询 2D 与 3D 的对象数据，因此是一个相当重要的工具。

范 例　计算面域质量特性

Step 01 单击"面域／质量特性" 工具按钮。

Step 02 选择面域对象后，按 Enter 键，出现 AutoCAD 文本窗口，显示该对象的"面域与质量特性"相关信息。

Step 03 按 两 次 Enter 键，询问是否要写入文件，如果要，请输入 Y 参数，将上述数据保存（.MPR 扩展名）。

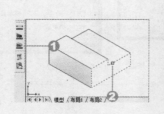

> **提示**
>
> 　　上述数据一旦将文件保存为 .MPR 格式，即可通过任意文本编辑器来打开并打印，例如：Microsoft Office Word、记事本等。

7.4.6　查询图案填充面积

　　图案填充面积的查询可以使用 7.4.4 节所说明的方法来进行，也可以选择所有图案填充对象后，右击，执行"特性"命令，即能在"特性"窗口中找到累计面积的数据。

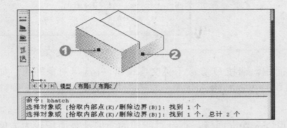

> **提示**
>
> 　　除了工具栏所提供的命令外，在"工具"→"查询"菜单中还有"时间"、"状态"与"设置变量" 3 个命令，可以用来查询绘图的日期时间、环境参数（包含：图形文件名称路径、当前的空间、线型、可用物理内存等信息）及设置系统变量。

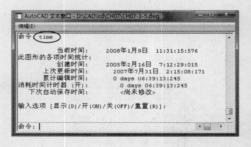

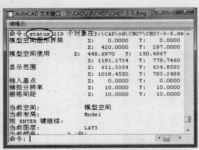

动态块、外部参照与图像管理

在绘图操作中，块可以由一个或多个对象所组成，但是 AutoCAD 视块为单一对象。用户可以将常用的图案、符号或标准组件，以块的方式建立一个块数据库。在以后绘图时，可以快速插入所要的块，省去每次重画该图案的时间。至于外部参照则是将图形链接到当前的图形，以便其绘图或检阅等工作，但是所参照的图形会被视为单一对象，而且不能被分解成独立对象。

8.1 块的建立与应用

用户可以在图形中任意插入块，调整块的比例（X 和 Y 方向可有不同比例），旋转块，或是分解块成为各自独立的对象，再个别编辑这些对象；另外，也可以建立嵌套块，就是在一个块定义中包括其他的块，但是嵌套块不可以参照到本身的块。善用块不仅可以加快绘图速度，也使得维护图形数据更方便，同时还可以占用较少的磁盘空间。

与块相关的工具按钮,是位于"插入点"工具栏中,请先将它拉出,以方便操作。

提示

> 重新定义该块内容时，系统会自动更新图形中所有参照到该块的图形，而不需要——去修改个别对象。

8.1.1 基本块与动态块概念介绍

AutoCAD 所定义的"块"（BLOCK），顾名思义，指的就是图形中独立的绘图对象。通过块的建立程序，可以将指定的几何图形与对象，制作成一个独立块，便可以进一步执行该块的插入、复制等绘图命令，因此块的应用对于绘图操作而言非常重要。

基本块概念

在 AutoCAD 2005 版本以前，系统提供基本块的操作模式，仅由"块对象"与"块属性"两个部分组成，当我们插入块，要进行移动、旋转或单独编辑块内的子对象时，就会发现操作程序相当的繁琐，除了要执行多个绘图命令外，还要以"分解"（EXPLODE）方式先分解块，才能进一步编辑它的子对象，这是以往设计师共同面临的头痛问题。

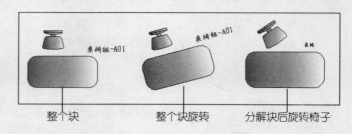

整个块　　　　　整个块旋转　　　　分解块后旋转椅子

提示

> 自从 AutoCAD 2006 版本以后,系统提供"块编辑器"功能,用户不必分解块就可以针对"基本块"进行编辑操作，甚至加入"动态参数"与动作成为"动态块"类型，是一个功能强大的界面。

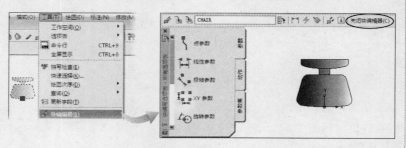

动态块概念

为了解决上述的困境，自从 AutoCAD 2006 版本以后，便提供"动态块"的制作功能，在制作过程中，除了涵盖原有块的程序与内容外，更将动态参数与动作加入到块中，该块便具备各种不同的"动态块夹点"，通过执行这些夹点，让用户可以轻松移动、旋转、缩放与编辑块样式。

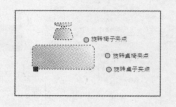 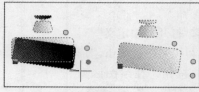

单独旋转桌子

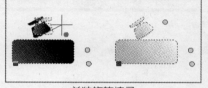 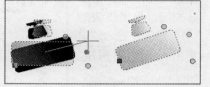

单独旋转椅子　　　　　　　　　　　　旋转整个块

 提示

上述动态块不用分解，就可以单独旋转子块的方位，操作上较基本块方便许多。

块制作程序介绍

不论要建立基本块还是动态块，在制作的过程中有些程序是相通的，所以先了解整个程序，有助于了解下面各节的内容。

在下述程序中，若执行 A 与 B 两程序就停止，只是完成了基本块的建立，虽是如此，仍可进行块的编辑命令，只是程序较动态块繁琐而已。若想让块具备动态编辑功能，最好的方式是建立动态块（完整的程序 A~C），到底需要建立哪种样式的块，就要按绘图的需要来决定。

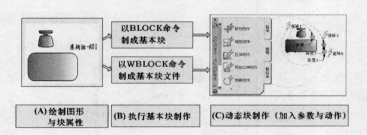

8.1.2　建立基本块与块文件

建立块有两种方式：利用 BMAKE 命令或 BLOCK 命令，可以建立成仅供当前图形使用的块，这些块数据会随着当前的图形一起被保存；而 WBLOCK 命令则是将所定义的块建立成独立的文件（*.DWG），可以任意插入其他的图形使用。

▍建立基本块（BLOCK）

范 例 建立当前图形要使用的基本块对象

Step 01 执行"绘图"→"块"→"创建"命令，或在命令窗口中输入 Block 命令。

Step 02 打开"块定义"对话框，输入新块名称，单击"选择对象" 按钮，在绘图区窗交要建立块的对象，按 Enter 键。

Step 03 回上一画面，单击"拾取点" 按钮，单击该块的基点，设置"块单位"并输入"说明"，完成后单击 确定 按钮。

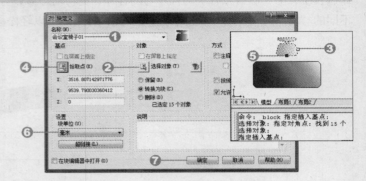

提示

✍ 在"块定义"对话框中，选择"在块编辑器中打开"复选框，单击 确定 按钮后，便进入"动态块"编辑操作（详见 8.3.3 节）。

✍ 在"方式"中选择"注释性"复选框，该块变成可设置多重比例显示的"可注释块"，至于建立的方法，请参考 8.2.4 节。

▍建立块文件（WBLOCK）

一般标准组件图案，我们将以 WBLOCK 命令，将块建立成独立文件的块，以便任意插入到其他的图形使用。

范 例 建立独立的块文件

Step 01 在命令窗口中输入 WBLOCK 命令，打开"写块"对话框，选择"对象"选项，单击"选择对象" 按钮。

Step 02 选择要建立块的对象，按 Enter 键，单击下"拾取点"按钮，单击该块的基点。

Step 03 指定建立块文件的名称与路径（例如：G:\...\会议室椅子 –01.dwg），单击 确定 按钮结束。

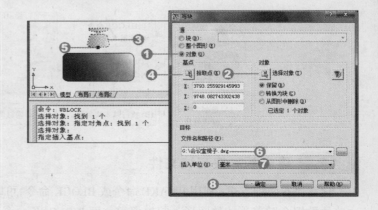

提示

　　如果在"写块"对话框中选择"对象"项目中的"从图形删除"选项，完成块制作后，该对象就会从原来图形中删除，如果选择"保留"选项，仍可以保存。

8.1.3 插入 / 删除 / 分解块

　　利用菜单"插入"→"块"或输入 DDINSERT 命令，都可以将上述建立好的块或块文件插入到当前的图形中，除了必须指定插入点，还可以设置角度及 X、Y、Z 方向的比例。

▍插入块（INSERT）

Step 01 打开一个新文件，执行"插入"→"块"命令，或单击"插入点"工具栏的 ▣ 工具按钮。

Step 02 打开"插入"对话框，单击 浏览(B)... 按钮来指定块文件位置与名称。

Step 03 选择"在屏幕上指定（S）"复选框，接着指定 X、Y、Z 的比例，指定旋转角度，最后单击 确定 按钮。

Step 04 返回绘图窗口，指定块的插入点，便完成块插入操作。

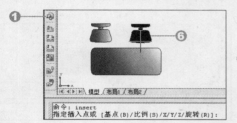

提示

　　一般利用 SCALE 命令调整比例时，XY 两个方向必须相同比例；但是以插入块的方式可以指定 XY 不同比例将块加到图形中。

▍删除块（PURGE）

　　对于不再使用且不被别人参照的块，可以利用 PURGE 命令删除块定义。如果是以删除对象的方式删除图形中所插入的块，则只是删除参考的块，原有的块定义还是存在，因此这两种删除仍有不同之处，请特别留意。

范　例	删除块定义的操作

Step 01 打开范例 CH08-1-3.DWG 文件，选择盆栽块，右击执行"删除"命令将它删除。

Step 02 在"命令"窗口中输入 PURGE 命令，出现"清理"对话框，展开"块"项目，单击上面所删除的块定义，单击 清理(P) 按钮结束。

通过上述的范例,大概已经了解删除块对象,只是将该图案由图形中清理而已,但该块定义依然存在,通过 PURGE 命令才能完全将定义清理。

分解块(EXPLODE)

如果希望插入到图形中的块,可以分解成为独立的对象,方便重新修改该块时,可以利用 EXPLODE 命令。

范 例	将块对象加以分解

Step 01 打开范例 CH08-1-3A.DWG 文件,执行"修改"→"分解"命令,或输入 EXPLODE 命令,选择会议室桌椅块对象。

Step 02 执行分解操作,桌椅便不再是整体块,拆开成许多独立对象。

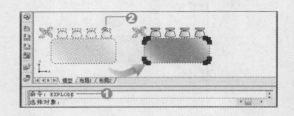

提示

除了上述方法分解块来修改图形外,我们也可以在插入块的同时,指定将它分解,只要在"插入"对话框中,选择"分解"复选框即可。

8.2 块属性的建立与应用

在块的各项功能中,"属性"可以提供交互式标记,以便我们能将相关文字数据附着到块上。另外,在定义块时,如一并选取含有属性的对象,则该块即包含此属性,并且在执行插入含有属性块时,系统会提示输入相关的文字,以便将数据储存到块内。

8.2.1　定义块的属性（ATTDEF）

在 AutoCAD 中，一个块可以附着多个属性，而每个属性又可以设置不同的卷标和默认文字。当我们插入含有多个属性的块时，系统会一一提示输入属性值，完成后，插入的块便自动显示对应的信息。

新手一学就会 ▼ AutoCAD 辅助绘图

范　例	定义块的属性

Step 01　打开范例 CH08-2-1.DWG 文件，执行"绘图"→"块"→"定义属性"命令。

Step 02　打开"属性定义"对话框，输入属性的标记（例如：电脑椅）、输入提示文字、属性默认值。

Step 03　指定文字对正方式、样式、文字高度、旋转角度，再选择"模式"中的任一个项目（例如："锁定位置"复选框）。

Step 04　选择"插入点"中的"在屏幕上指定"复选框，单击 确定 按钮，返回绘图窗口，指定块的属性插入点，便完成此操作。

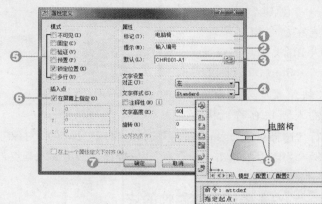

提示

🖉 如果选择"注释性"复选框，将来插入的属性对象，就可以设置为可调整比例的注释对象。

🖉 在图形上会看到一个"电脑椅"的文字块，即属性的标记，但是看不到属性的提示文字和默认值，如果用鼠标双击该属性，即会显示该属性的相关信息。

认识块属性模式

在上述范例的"属性定义"对话框中，提供 6 种"模式"属性。

⚫ 不可见：输入的文字不会显示在块上。

⚫ 固定：输入的文字不可以修改文字内容。

⚫ 验证：每当插入具有属性的块时，在命令窗口中会要求输入属性值两次，以确认属性值的是否正确。

⚫ 预置：当插入一个含有预置属性的块时，将属性设为它的默认值。

⚫ 锁定位置：锁定块参考中属性的位置，解锁时可以使用夹点编辑功能来移动属性位置，并且可以重新调整复线的属性大小。

⚫ 多行：指定属性值可以包含多行文字，选择此选项后，即可指定属性的边界宽度。

8.2.2 建立具有属性的基本块

通过前一小节的处理后，还未完全建立有属性的块，您必须依照此小节的操作步骤，建立具有属性的块。

范　例　建立含有属性的块

Step 01 延 续
上一节实例操作，
执行"绘图"→"块"
→"创建"命令，
或在命令窗口中输
入 Block 命令。

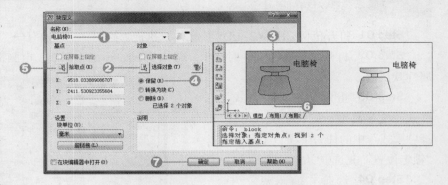

Step 02 打 开
"块定义"对话框，
输入新块名称，执
行"选择对象" ![] 按钮，并选择块与定义，在"对象"栏选择"保留"选项。

Step 03 单击"拾取点" ![] 按钮，指定插入基点，并单击 [确定] 按钮结束。

8.2.3 编辑具有属性的块

未被附着到块的属性，可以利用"特性"命令编辑属性内容，或是以"文字对象"的方式来编辑（有关文字对象的编辑介绍，请参考 5.2 节说明）。如果已经附着到块的属性，就必须以"属性对象"的方式编辑，可利用"编辑属性"（EATTEDIT）与"块属性管理器"（BATTMAN）两种方法来执行，两者功能说明如下。

▌编辑属性（EATTEDIT）

当图形插入具有属性的块后，假如要针对某一块的属性加上其属性值、文字样式、线型、图层关系时，就必须使用编辑属性命令，但是它的有效范围只针对被选择的对象，至于其他相同的块未被选择的部分，一样维持原来的属性状态。

"编辑属性" ![] 工具按钮与"块属性管理器" ![] 工具按钮，都属于"修改 II"工具栏中的工具按钮，使用前请务必打开它。

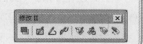

范　例　编辑块的属性

Step 01 按照 8.1.3 节方法，插入两个上一节建立好的"电脑椅"块，在插入过程中需要输入块属性值。

Step 02 双击（或单击"编辑属性" ![] 按钮，再选择块），便打开"增强属性编辑器"对话框，切换到"属性"选项卡中，修改块属性值（例如：电脑椅：A05）。

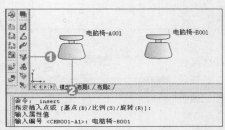

Step 03 切换到"文字"选项卡与"特性"选项卡中，修改文字样式、大小、线型、颜色等属性。

Step 04 完成后单击 确定 按钮，该块的属性就自动更新。

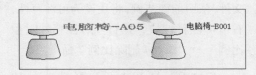

块属性管理器（BATTMAN）

"块属性管理器"主要的功能并非针对单一的块进行属性值的修正，除了具备上述编辑属性的更改图层、线型、颜色等功能外，最特别的是它具备同步处理的功能，可以将文件中所有相同的块一次性完全修正，功能较上述强许多。

范 例　一次更正图形中所有相同块的属性

Step 01 延续上一范例，单击"块属性管理器"  工具按钮，出现"块属性管理器"对话框，在列表中选择需要编辑的块（例如：电脑椅 01）。

Step 02 单击 编辑(E)... 按钮，打开"编辑属性"对话框，设置方法同上一范例（例如：设置文字旋转与倾斜角度）。

Step 03 单击两次 确定 按钮，便会将所有相同的块属性全部应用。

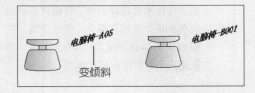

提示

如果将上述"属性"设为"不可见",那么属性值就不会显现,另外,就算是更改了"数据"选项组的属性值,也不会将现有的块修正,新的块标记属性值只能在下次新插入块时被启用。

8.2.4　注释性块

"注释性块"是 AutoCAD 2008 新增功能,可以将块设置为可注释性对象,并新增不同比例块样式,配合要打印的比例大小来显示块,这个过程与前面建立可注释性文字、可注释性多重引线的程序雷同。

| 范　例 | 建立可注释性块,并设置多个注释性对象比例 |

Step 01 请打开范例CH08-2-4.DWG文件,依照前面范例,将块设为可注释性,右击可注释性块,执行"可注释性对象比例"→"添加 / 删除比例"命令。

Step 02 打开"可注释性对象比例"对话框,单击 [添加(A)...] 按钮,打开"将比例添加到对象"对话框,选择比例项目(例如:1:2),单击两次 [确定] 按钮完成。

Step 03 回到绘图区,单击该块,出现两个块图像,拖动夹点移动块到不同位置上,以方便查看。

提示

切换到"布局1"选项卡,设置好注释性(例如:1:1),同样地在"布局2"选项卡,设置好注释性(例如:1:2),为了让视图显示在书中,并维持两者的比例关系,我们将两个"图纸空间"的视口比例尽量调整在 1:0.1 附近,方便用户了解打印时的比例关系。

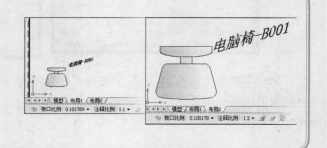

8.3 崭新的动态块功能介绍

8.3.1　动态块的观念介绍

AutoCAD 2008 的动态块，具有弹性和智能，当工作时，可以通过自定义夹点或自定义特性，在动态块参考中操控几何图形，并且可视需要立即调整块，而不必搜索另一个要插入的块，或重新定义既有块以配合需求。

为达上述目的，动态块简单地说由以下 4 部分组成：（1）基本块与块定义；（2）参数组件；（3）参数组件对应的关连动作；（4）动态超控的夹点。当我们将参数组件与对应的关联动作加入块后，便完成动态块的操作，一旦插入此块，就会在该块上显示出对应的动态超控夹点，让用户可以单击该夹点来更改块几何行为，用下面的图形加以说明。

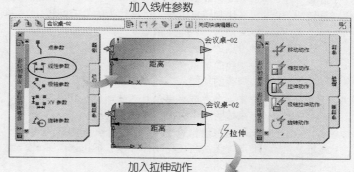
加入线性参数 / 加入拉伸动作

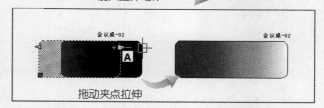
拖动夹点拉伸

右图中，一切动态块的制作，其系统设置是在"动态块编辑窗口"中进行的，首先我们需要加入"线性参数"（属于参数组件），再加入"拉伸动作"（线性参数对应的关联动作），完成后，插入该块并选择它，才会出现相关的"拉伸夹点"，可以拖动该夹点来改变块长度。

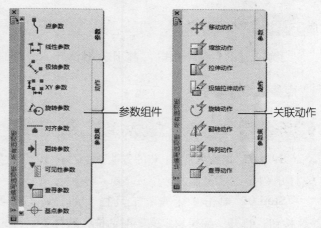
参数组件 —— 关联动作

提示

> 动态块除了"对齐"、"可见性"与"基准"参数选项已经内附对应动作外，其余参数都必须要连结相关的动作，才能完成动态块的制作。

8.3.2　动态块参数 / 关联动作介绍

建立动态块之前，先介绍动态块所提供的参数与关联动作，这些组件都会在"块编写选项板"中加以呈现，各个参数与动作之间的关系，请参考下表。

参数类型	功能描述	支持动作	夹点形式
点	定义块相对于块基准点的 X、Y 位置	移动、拉伸	□ 标准
线性	显示两点间距离，限制夹点沿设置方向移动	移动、调整比例、拉伸、调整阵列	▷ 线性
极坐标	显示两点间距离与角度，使用夹点和"特性"选项板来更改距离与角度	移动、调整比例、拉伸、极坐标拉伸、调整阵列	□ 标准
XY	显示距离参数基点的 X、Y 距离	移动、调整比例、拉伸、调整阵列	□ 标准
旋转	定义块相对参考点的角度	旋转	◎ 旋转
翻转	定义块翻转反射线，以该线为中心来翻转	翻转	⇨ 翻转
对齐	定义块 X、Y 位置和角度，指定图形一点为参考点加以旋转，以便与另一对象相对齐	无（动作已内附在参数中）	▷ 对齐
可见性	定义块的可见性与否，通过夹点来指定显示块与否的功能	无（动作已内附在参数中）	▽ 可见性
查询	定义一个查询来显示其下的项目，并通过夹点来执行当中数值，以改变块形状	查询	▽ 查询
基准	定义动态块相对于块中某一个几何图形的基准点。无法与任何动作关联，但可属于某个动作选集	无	□ 基准

提示

上述提到的各种动态块的动作功能（例如：移动、旋转等），请参阅第 3、4 章。

8.3.3 建立动态块

了解上述的参数与动作后，接下来将针对较为重要的参数与对应的动作，以范例的方式来说明。

点参数与移动动作

范 例 建立一个可以动态移动的块

Step 01 请按照 8.1.1 节的方法，建立好一个块对象，或打开 CH8-3-3 范例。

Step 02 单击"标准"工具栏上的"块编辑器" 按钮，打开"编辑块定义"对话框，选择要编辑的块（例如：会议桌 –02），单击 确定 按钮。

Step 03 打开"块编辑器"窗口与"块编写选项板"界面。

Step 04 设置参数组件：展开"块编写选项板"的"参数"选项卡，单击"点参数"项目，再单击块上任意一点（例如：A 点），便出现"位置"参数的图标。

Step 05 设置连结动作：展开"块编写选项板"的"动作"选项卡，单击"移动动作"项目；点选参数，再窗交块与块定义，按 Enter 键。

Step 06 出现"移动"的提示图标，单击需要放置的位置（例如：D 点），接着单击"保存块定义" 按钮保存块定义；单击 关闭块编辑器(C) 按钮。

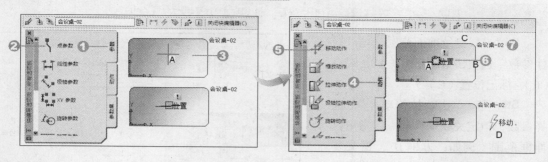

Step 07 移动块对象：回到绘图区，选择上述的块，出现夹点符号，用鼠标拖动该夹点，便可移动块到任意位置上。

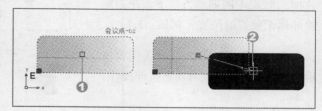

旋转参数与旋转动作

范 例	加入动态旋转的功能

Step 01 延续上面范例步骤2~3。

Step 02 展开"块编写选项板"的"参数"选项卡，加入"旋转参数"到指定的位置上（A）。

Step 03 拖动鼠标，单击 B 点位置，完成参数半径的设置，同时出现"角度"参数符号。

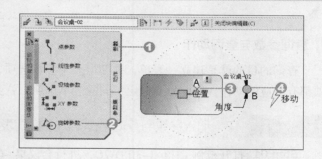

Step 04 展开"块编写选项板"的"动作"选项卡，单击"旋转"动作，选择参数（例如：角度）、窗交整个块对象并指定动作所要放置的位置（例如：C 点）。

Step 05 单击"保存块定义" 按钮保存块定义，单击 关闭块编辑器(C) 按钮。

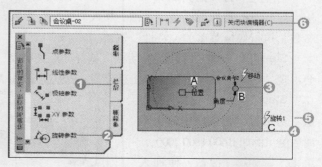

Step 06 回到绘图区，插入上述块，单击"旋转夹点" ，并加以旋转到需要的位置（D 点），按 Enter 键。

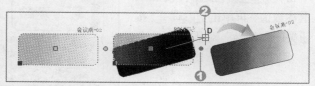

新手一学就会▼ AutoCAD 辅助绘图

181

线性参数与拉伸动作

范 例 加入线性参数并连结拉伸动作，让块可以改变大小

Step 01 延续前面范例，单击"线性参数"选项，指定起点（A）、端点（B）、标记位置（C）。

Step 02 单击"拉伸动作"，选择参数，指定关联动作起点，指定拉伸框范围（例如：方框 D），窗交要拉伸的对象（例如：方框 E）并指定拉伸标记放置的位置（例如：F）。

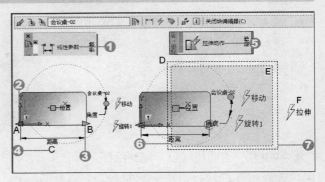

Step 03 只在块定义并关闭窗口后，可插入此块来练习动态拉伸操作。

提示

光标从右下角到左上角的方式选择对象称为"窗交"，反之则为"窗口"请参考第 2.4.1 节介绍。

查询参数与查询动作

查询的目的就是建立一表单，并新增表单参数选项，通过查询动作的设置，让每个表单选项都有对应的动作，如此只要指定不同的表单选项，就会有对应的外观变化。

范 例 块中加入参数与查询动作，以下拉列表执行缩放操作

Step 01 打开范例 CH8-3-3B.DWG，进行会议桌 -03 动态块的编辑。

Step 02 参照前面范例方法，加入"线性"参数，并加入"拉伸"动作，再右击该"线性"参数，执行快捷菜单的"特性"选项。

Step 03 出现"特性"对话框，选择"距离类型"字段，由"无"改为"列表"行为，才会出现"距离列表"字段，单击该字段右边方形按钮。

Step 04 出现"添加距离值"对话框，在字段中输入距离数值（例如 :1600 1800 2000），单击 添加(A) 按钮，便加入上述数值，再单击 确定 按钮关闭"特性"对话框。

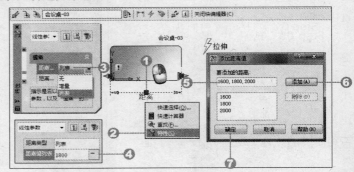

Step 05 添加"查询"参数（A点），单击"查询"动作，选择"查询"参数，指定"查询动作"位置，便打开"性质查询表"对话框。

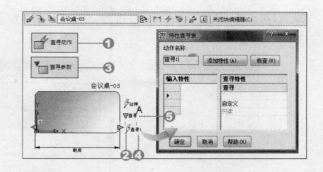

Step 06 单击 添加特性(A) 按钮，出现"添加参数特性"对话框，选择字段中的参数（例如：线性），单击 确定 按钮。

Step 07 回到"特性查询表"对话框，在"距离"字段中选择要输入的项目（例如：1600），并在"查询"字段中输入对应的项目名称（例如：TABLE-1600）。

Step 08 重复上述步骤，加入所有的查询项目，将"查询特性"中的"只读"状态改为"允许反向查询"，单击 确定 按钮。

 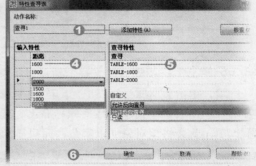

Step 09 保存块并关闭编辑窗口，可以插入该块来练习此动态功能。

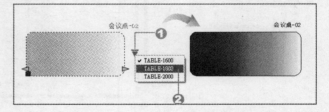

可见性参数

范 例 建立可见性参数，使会议室椅子对象可以单独被隐藏起来

Step 01 打开范例 CH8–3–3C.DWG，进行会议室桌椅 –01 动态块的编辑。

Step 02 加入"可见性参数"到块中，指定参数显示位置（A点），双击"惊叹号"图标 ，出现"可见性状态"对话框，单击 重命名(R) 按钮，更改名称（例如：Table+Chair）。

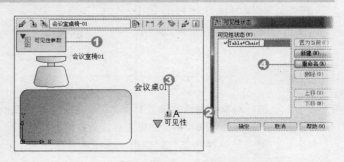

Step 03 单击 新建(N)... 按钮,建立新的项目(例如:Chair);接着,单击 置为当前(C) 按钮,最后单击 确定 按钮。

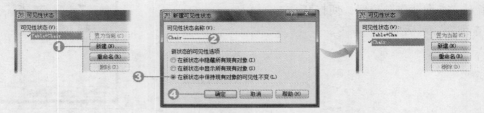

Step 04 单击会议桌对象,右击,选择快捷菜单"对象可见性"→"在当前状态中隐藏"选项,就会将该对象加以隐藏,而只显示椅子对象。

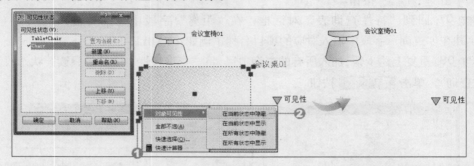

Step 05 重复上一步骤,建立一个新项目(例如:Table),选择"在新状态中显示所有现有对象"选项,单击 确定 按钮,指定 Table 项目为当前状态。

Step 06 单击会议室椅子 –01 对象,右击,选择快捷菜单"对象可见性"→"在当前状态中隐藏"选项,就会将该对象加以隐藏,而只显示会议室桌子 –01 对象。

Step 07 只在块关闭编辑窗口后,插入块,选择该对象并单击 ▼ 按钮,选择可见性项目的其中一个,便可以将部分的对象加以隐藏。

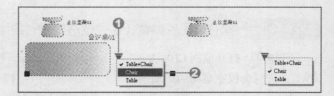

提示

进行对象可见性的设置时,必须要注意当前所在的状态项目,才能确保设置对象的显示或隐藏状态是需要的结果,如果要更改当前状态,可以打开"可见性状态"对话框,选择项目后单击 置为当前(C) 按钮便达到更换目的。

其他参数与动作的制作方法与上面范例相似，这里仅以下列图标标注说明。

● 翻转参数与翻转动作

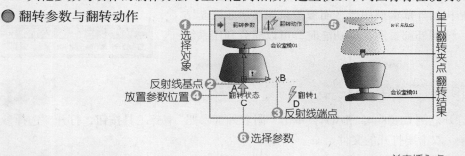

● XY 参数与阵列动作

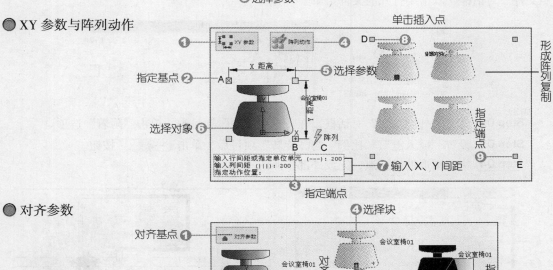

● 对齐参数

至于"参数集"选项卡中的项目，基本上结合了"参数"＋"动作"于一身的选项，因此将其中项目加入块，便包含一切"参数"＋"动作"的设置。

8.4　使用外部参照

外部参照是将图形文件连接到当前的图形，所参照的图形文件会被视为单一对象，而且不能被分解成独立对象。利用外部参照最大的优点是一旦来源文件被修改，当重新打开或打印时，系统会将每个外部参照自动加以更新。

外部参照与块最大的不同在于：块的定义和内容都会存在于当前的图形中，但是外部参照只能将块的定义存在当前图形中，其内容还是存在来源文件中，因此善于利用外部参照，可以使绘图效率提高。

8.4.1　附着外部参照（XATTACH）

在 AutoCAD 系统提供了两种外部参照类型：一种是"附着外部参照"，另一种是"覆盖外部参照";一般我们都是使用附着的方式。覆盖基本上和附着相似,差别在于附着时,可以显示出具有嵌套结构的外部参照图形,而覆盖只能显示非嵌套结构的参照图形。使用外部参照各项功能时,可以充分利用系统提供的"参照"工具栏。

范 例 附着外部参照

Step 01 打开范例 CH08-4-1.DWG,单击"附着外部参照" 工具按钮,打开"选择参照文件"对话框,双击要打开的文件。

Step 02 打开"外部参照"对话框,在"参照类型"项目中,单击"附着"选项。

Step 03 设置"插入点"、"比例"与"旋转"项目后,单击 确定 按钮。

Step 04 指定图形的插入点,完成外部参照的附着。

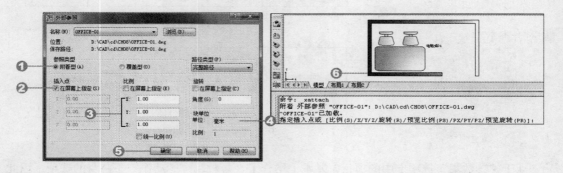

8.4.2 外部参照绑定(XBIND)

当我们希望外部参照对象可以真正成为图形的一部分,并进行修正的动作时,我们就可以利用 XBIND 命令,选择性地将外部参照文件中的某一部分或全部的块、标注样式、图层、线型或文字样式绑定图形,看成图形的一部分。

范 例 延续上面范例,将外部参照对象绑定到图形中

Step 01 单击"外部参照绑定" 工具按钮,或单击菜单"修改"→"对象"→"外部参照"→"绑定"命令。

Step 02 打开"外部参照绑定"对话框,在"外部参照"内选择要绑定图形文件的对象(例如:OFFICE-01WAll 图层),然后单击 添加(A) -> 按钮,最后单击 确定 按钮。

Step 03 回到绘图区内，单击"图层"工具栏来查看所附着的外部参照图层。

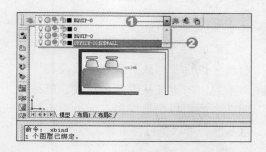

8.4.3 外部参照（XREF）

AutoCAD 2008 提供"外部参照"选项板，就是旧版的"外部参照管理器"，它将所有相关外部参照的功能整合在一起，包含：附着外部参照（XATTACH），请参阅 8.4.1 节；拆离、重载、释放与绑定（XBIND），请参阅 8.4.2 节，全都是绘图工程师经常使用的工具。

当我们单击"参照"工具栏的"外部参照"工具按钮时，会打开"外部参照"对话框，显示所有外部参照的状态，界面具备的功能说明如下。

列表图 / 树状图按钮

系统默认状态是"列表图"样式，将所有当前与外部参照文件以列表方式列出，如果单击"树状图"按钮，会以"嵌套结构"方式显示外部参照文件关系。

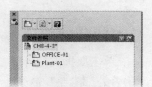

● 附着

单击此按钮，可以执行"附着 DWG"、"附着图像"、"附着 DWF"与"附着 DGN"4 种格式的外部参照文件。

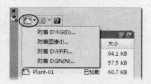

● 刷新

如果外部参照文件已经改变，通过此按钮可以刷新所有参照文件，更新图形样式。

● 详细信息 / 预览

指定外部参照文件，通过这两个按钮，可以将文件图形或详细信息显示出来。

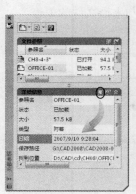
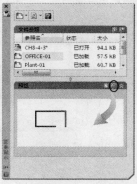

卸载外部参照

单击要"卸载"的外部参照文件，右击，执行"卸载"命令，就会将"外部参照"的定义从图形中释放，但是参照图形的指标仍被保留；如果要重新连接参照，可以执行"重载"命令。

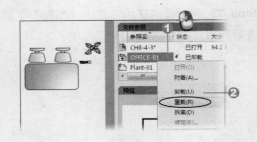

提示

上述功能通常用来处理非常复杂的图形，尤其当它的外部参照图形也是非常复杂时，配合释放外部参照操作，可以节省许多图形重生成、重绘的时间。

重新加载外部参照

如果要确保所有外部参照文件是最新的状态，可以单击"刷新"按钮，选择"重载所有参照"命令，就会进行图形的更新操作。

拆离外部参照

单击要拆离的外部参照，执行此命令，会将指定的外部参照对象永久删除，除非重新执行"附着外部参照"命令，将该文件附着进来。

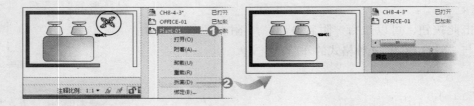

绑定外部参照

单击要绑定的外部参照，执行此命令，会将外部参照绑定到当前图形中，以块的样式成为图形的一部分，并中断与来源文件的关连。

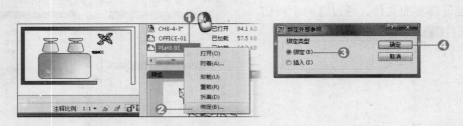

新手一学就会▼

AutoCAD 辅助绘图

> **提示**
>
> 　　当选择"绑定"或"插入"类型时，两者的差异在于："插入"会以块方式加入，并且只保留外部参照的图层（例如：WALL），而"绑定"却会同时保留块与图层名称供参照（例如：Room−01$0$WALL）。

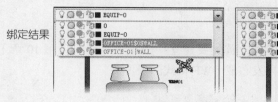

绑定结果　　　　　　　　　　　　　　　　　　　　　　　　　　插入结果

8.4.4　剪裁外部参照与外部参照边框

　　如果希望所插入的块或是所附着的外部参照，只显示其中一部分，可以利用外部参照剪裁 XCLIP 命令，定义一个剪裁边界，则在剪裁边界内的图形会显示出来，剪裁边界外的图形则不显示。以 XCLIP 命令所剪裁的部分外部参照图形本身并没有真正被删除一部分，只是部分被设成不显示而已。

范　例　　剪裁局部外部参照图形

　　Step 01　请打开范例 CH08−4−4.DWG，单击"剪裁外部参照"🖱工具按钮。

　　Step 02　选择要剪裁的外部参照对象，并按 Enter 键，输入 N 并按 Enter 键，采用默认新建边界选项，再输入 R 按 Enter 键，采用矩形建立剪裁边界。

　　Step 03　指定第一角点与另一角点，按下 Enter 键则显示矩形框内的外部参照图形。

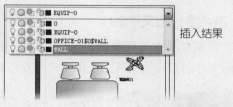

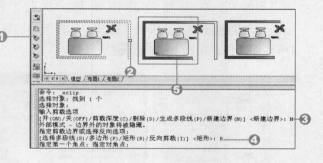

　　Step 04　如果想要取消所设置的外部参照剪裁，重复步骤 1~2，输入 D（删除），便会恢复成原来的样式。

▌外部参照边框（XCLIPFRAME）

　　当我们设置外部参照剪裁的边框时，可以决定是否要让边框显示或隐藏，此时就必须利用"外部参照边框"🖱工具按钮，设置完成上述范例的外部参照剪裁后，按下此按钮便可以将边界加框线，再按一次便会取消边界框线。

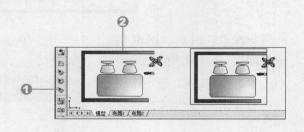

8.4.5 插入 DWF 与 DGN 参考底图

设计网页格式（.DWF）文件是由 DWG 文件经过高度压缩之后形成的文件格式，可以用 DWF Viewer 来查看；DGN 格式的文件是 MicroStation 建立的图形格式，AutoCAD 2008 可以将 DWG 图形格式输出为 DWF 或 DGN 格式文件，也可以将两者附着成为背景底图来参照，不论使用哪一种格式作为底图，都不会增加图形的大小。

DWF 参照图文件制作

如果要制作可供参照的 DWF 文件，首先要建立一图纸集（请参见第 10 章），并将 DWG 图形文件的布局加入该图纸集中，再发布成 DWF 格式的操作。

范　例　建立可作为参考底图的 DFW 文件

Step 01 事先建立好一图纸集，执行"工具"→"选项板"→"图纸集管理器"命令。

Step 02 打开"图纸集管理器"选项板，执行"打开"命令，双击要打开的"图纸集"项目。

Step 03 右击加载的图纸集，执行"将布局作为图纸输入"命令，单击 浏览图形(B)... 按钮，打开"选择图形"窗口，双击要加入的图形文件，选择要加载的 DWG 图文件，单击 输入选定内容(I) 按钮。

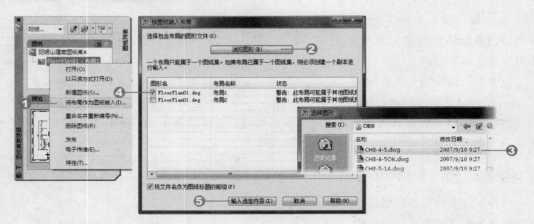

Step 04 回到"图纸集管理器"，选择输入的布局项目，单击 按钮，指定路径与文件名称，即可完成此项操作。

提示

　　若双击 DWF 文件，系统会打开 DWF Viewer，供查看该图形文件。

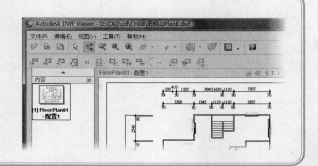

DGN 参照文件制作

范　例　插入 DGN 参照文件

Step 01 打开要执行的 DWG 文件，执行"文件"→"输出"命令，指定 DGN 格式、设置路径与名称，单击 保存(S) 按钮。

Step 02 出现"输出 DGN 设置"对话框，选择"外部 DWG 参照"选项组中的选项（例如：将所有 DWG 参照绑定到一个 DGN 文件中），选择"输出 DGN 参考底图"复选框，单击 确定 按钮即完成。

插入 DWF 参考底图

　　接下来要介绍如何将上述制作好的 DWF 格式图档加以输入成为参考底图，以便绘制其他相关的图形。

范　例　插入 DWF 参考底图

Step 01 打开一空白文件，执行"插入"→"DWF 参考底图"命令，双击要输入的 DWF 文件。

Step 02 打开"附着 DWF 参考底图"对话框，指定好路径、插入点、比例与旋转等参数，单击 确定 按钮。

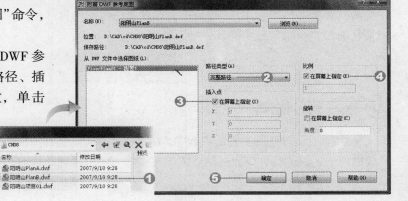

Step 03 回到绘图区，指定插入点与比例大小，形成浅灰暗底图，可以直接在页面中绘制需要的 2D 图形。

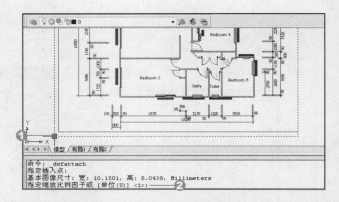

Step 04 单击 DWF 参考底图，打开"特性"选项板，可以调整对比度与褪色度（0~80）参数值，其中褪色值愈高，参考底图颜色越淡。

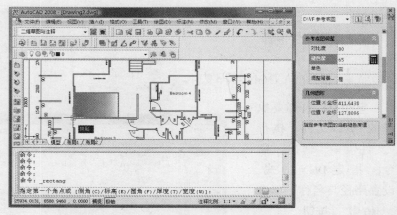

提示

插入 DGN 参考底图的程序与上述范例做法相似。

8.5 图像管理

AutoCAD 2008 提供了图像附着、剪裁、图像调整等功能，主要的用意是让我们能够将图像图文件附着进来，当作图形的背景或是材质说明，并提供基本的图像调整功能，但是在编辑图像的样式上，仍然无法与 PhotoShop 等专业图像编辑软件相比。有关图像类的工具按钮，系统是收纳在"参照"工具栏中，如下图所示。

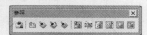

8.5.1 附着图像

在绘制 AutoCAD 图文件的过程中，在图形上有时需要有图像图片（例如：材质、环境照片）的辅助说明，因此就可以通过附着图像文件的方式来达到此目地。

范　例　图像附着操作

Step 01 单击"附着图像"按钮，打开"选择图像文件"对话框，双击要插入的图片文件。

Step 02 打开"图像"对话框，设置好插入点、比例、旋转等参数，单击 确定 按钮。

Step 03 在页面中指定插入点，就完成附着图像文件的操作。

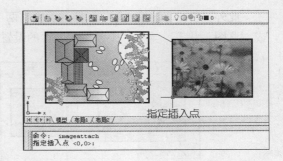

8.5.2　调整图像与剪裁图像

调整图像（IMAGEADJUST）

选择图形上附着的图像文件，单击"调整图像" 工具按钮，或是在"命令"窗口中输入 IMAGEADJUST，便打开"图像调整"对话框，可以调整图像的亮度、对比度与褪色度等参数。

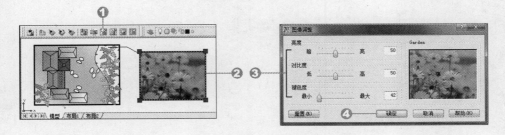

剪裁图像（IMAGECLIP）

单击"剪裁图像" 工具按钮，或是在"命令"窗口中输入 IMAGECLIP，接着选择想要剪裁的图像，按 Enter 键，输入 N 参数（新边界），输入 R 参数（以矩形样式剪裁），再窗交设置要撷取的新边界，按 Enter 键结束。

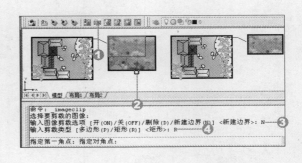

新手一学就会 ▼ AutoCAD 辅助绘图

8.5.3 图像边框（IMAGEFRAME）与其他命令

图像边框的功能与外部参照边框的功能类似,用来设置附着的图像是否需要边框,单击"图像边框"工具按钮或是在命令窗口中输入 IMAGEFRAME 时,会出现输入图像边框设置 [0/1/2] 参数选项,系统默认值为 1,代表在画面中出现图像边框,并且打印时也会打印,如果选 0,代表不显示也不打印边框。至于 2 代表显示边框但不打印,可以视需要来设置。

此外,还有"图像质量"、"像透明度"两个按钮供调整。其中"图像质量"可设置为"高"或"草图"状态。至于"图像透明度"的设置,可以视需要决定是否打开。

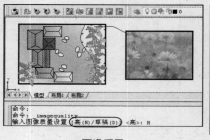

图像质量

图像透明度

Chapter

9

表格建立与数据链接操作

AutoCAD 2008 新增"数据库链接"与"实时表格"功能，让用户可以将外部 Excel 数据与图形链接，在图形中建立关联性表格，一旦外部数据更新，就会自动更新图形的表格。此外，通过图形提取数据的操作，可以建立"实时表格"对象，节省手动建立表格的时间。

● 学习重点

9.1 建立与编辑表格

AutoCAD 2008 的表格功能，让绘图工程师能直接在图形上建立与编辑表格，在表格内填入文字与字段，作为图形的辅助说明，例如：作为建材规格的一览表，可以简化图形的说明，让图形变得较容易阅读。

9.1.1 手动建立表格

表格的建立方式有许多种，可以通过手动插入外部的 EXCEL 提取图形数据等方式来建立，这一小节将说明如何手动建立编辑表格。

范 例 手动建立表格对象

Step 01 单击"绘图"工具栏的"表格" 🔲 工具按钮，出现"插入表格"对话框。

Step 02 在"插入选项"选项组中，选择"从空表格开始"选项，设置表格的列与行数（例如：5列、4行）、列宽、行高并设置单元格样式，单击 确定 按钮。

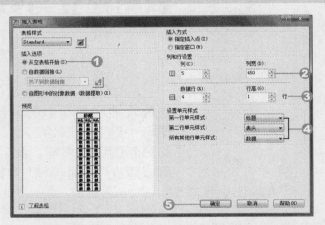

Step 03 回到绘图页面中，指定表格的插入点。

Step 04 打开"文字格式"工具栏，设置文字格式、大小，开始输入表头标题（例如：材料规格一栏表）。

插入点

Step 05 按 Enter 键，配合 Tab 键，依次完成各字段数据的输入操作，按 确定 按钮结束。

填入字段数据

▌调整表格大小位置

如果需要调整表格的大小，只要单击它，会出现相关的夹点样式，各夹点的功能说明如下。

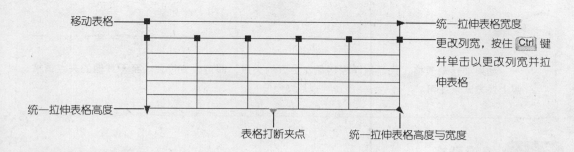

移动表格 ———— 统一拉伸表格宽度
更改列宽，按住 [Ctrl] 键并单击以更改列宽并拉伸表格
统一拉伸表格高度 ————
表格打断夹点 统一拉伸表格高度与宽度

范 例 调整表格的大小与位置

Step 01 单击表格对象，单击右下角夹点，可以统一拉伸表格宽度与高度。

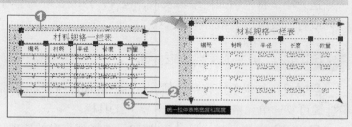

Step 02 拖动"表格打断夹点"向上移动，便将表格切割成多个子表格。

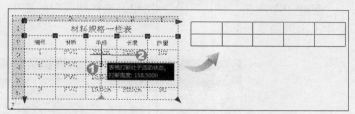

Step 03 单击表格对象，打开"特性"选项板，将"手动位置"参数设置为"是"，可以分开子表格。

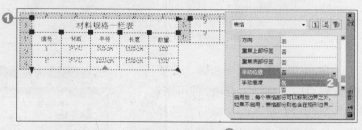

Step 04 单击并拖动子表格的左上方夹点，便可以移动子表格位置。

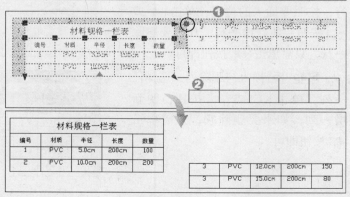

Step 05 单击并拖动某个列宽夹点，便可以单独改变该列的宽度。

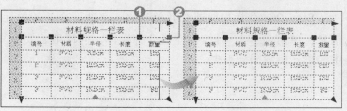

如果要移动表格，只需拖动表格最左上方的夹点，即可改变位置。至于其他的夹点请按照上述方式来练习。

9.1.2 编辑表格

这一小节将说明如何编辑表格，包含：修改表格文字内容、锁定与解锁单元格、删除与插入列或行以及输出表格等操作。

范 例 相关的表格编辑操作

Step 01 如果希望将某些列或行的内容加以"锁定"，请先单击整个表格，再配合 Shift 或 Ctrl 键可复选单元格，便出现"表格"工具栏。

Step 02 单击"锁定" 按钮，选择列表中的选项（例如：内容已锁定），就完成锁定操作（出现锁定图标）。

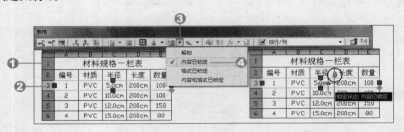

Step 03 重复上一步骤，只要再执行列表的"解锁"选项，即可恢复。

Step 04 插入与删除行：选择一行，按照要插入的位置，单击 或 按钮，便新增一行，如果要删除一行，只需单击 按钮即可。

Step 05 插入与删除列：选择任一列，单击 或 按钮，便新增一列，如果要删除它，只需单击 按钮即可。

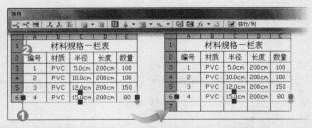

Step 06 合并与取消合并单元格：复选要合并的单元格，单击 按钮中的项目，弹出信息，单击 确定 按钮完成合并操作，同样地若要恢复成原状，单击 按钮即可，但其中的单元格数据会丢失。

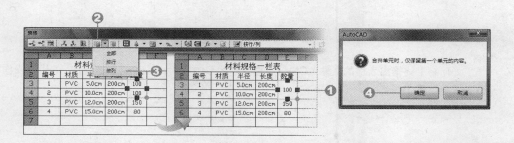

Step 07 自动填充单元格：可复选单元格，单击菱形夹点，往下拖动到需要充满位置，右击，执行对应的命令，会将空白的字段填满数据。

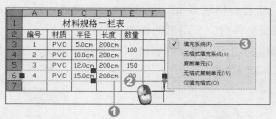 

提示

* 如果单元格处于"内容已锁定"状态，就无法修改其内容，如果处于"格式已锁定"状态，可以改变内容，但文字与数值格式无法被改变。

* 有关"单元格边框"、"对正"、"数据格式"、"插入块"等按钮功能，请自行练习；有关"插入字段"与"链接单元格"操作，请参考后续章节。

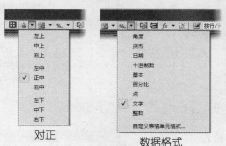

对正

数据格式

单元格边框

范　例　将已绘制好的表格输出

Step 01 延续上述范例，单击表格对象，右击，执行"输出"命令。

Step 02 打开"输出数据"对话框，设置路径与文件名称（扩展名为 .CSV），单击 保存(S) 按钮完成。

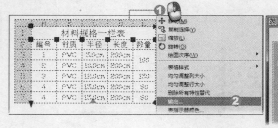 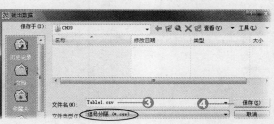

199

提示

如何将上述输出表格的文件（.CSV）再输入到图形中应用，牵涉到"数据链接"的相关操作，请参考 9.2 节。

9.1.3 字段与公式的应用

所谓的字段，主要是用来显示指定的图形信息，包含系统变量（例如：系统时间、日期等）或是个人所设置的字段（例如：文件的作者、标题等），让设计师能直接插入到表格或文字对象中加以应用，一旦字段值被更改，系统会将对应于图形的相关字段自动更新。

AutoCAD 2008 还提供 Excel 电子表格的功能，建立好表格字段的计算公式，统计出图形所有材料的数值，这是一个强大的功能，不可不知。

▌字段的建立

AutoCAD 的字段可以区分成两大类；（1）系统自定义的字段、（2）个人自定义的字段。我们在表格字段上右击时，选择"插入点"→"字段"项目时，便会打开"字段"对话框，可以看到所有系统的字段，每一个都可以插入表格或文字对象中应用。

除此之外，我们可以选择"文件"→"图形特性"命令，来建立个人所需的字段，应用到图形表格中。

范 例 建立标题、作者、图号、设计公司等个性化的字段

Step 01 执行"文件"→"图形特性"项目，打开图形的"属性"对话框。

Step 02 切换到"概要"选项卡，输入标题与作者字段信息。

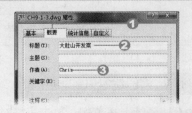

Step 03 切换到"自定义"选项卡，单击 添加(A)... 按钮，出现"添加自定义特性"对话框，输入字段的名称与值，单击 确定 按钮。

Step 04 重复前两个步骤，依次添加需要的自定义特性，完成后单击 确定 按钮结束。

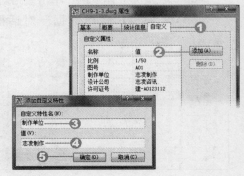

表格插入字段

接下来,我们可以将图文件建立好的字段,直接插入到表格单元格中来应用,以下面范例说明。

范　例　建立表格并插入上述的字段与系统时间字段

Step 01 请依上一节方法,建立好一个表格,并输入字段名称。

Step 02 单击"标题"字段,打开"表格"工具栏,单击 ⊟ 按钮,打开"字段"对话框,指定为"文档"字段类别,选择"标题"字段,单击 确定 按钮,便将该变量值插入字段中。

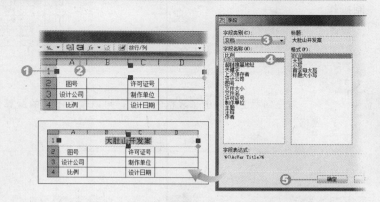

Step 03 重复上述步骤,依次将自定义的变量插入到对应的字段中。

Step 04 插入系统变量:与上述方法类似,只是在"字段"对话框切换到"全部"类别,并选择其中的系统变量(例如:日期),单击 确定 按钮结束操作。

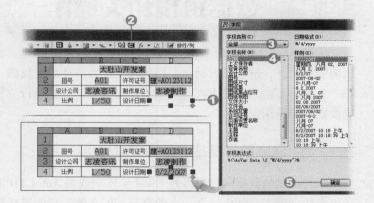

插入公式

范　例　建立 Excel 电子表格,利用插入公式方法来统计材料的数量

Step 01 依右图建立好表格,单击单元格,单击"表格"工具中的"插入公式"按钮选择列表中的"方程式"选项。

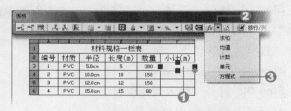

Step 02 打开"文字格式"工具栏,并打开 Excel 电子表格,输入公式(例如:=D3*E3),单击 确定 按钮,便将计算结果呈现在单元格中。

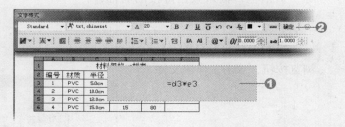

新手一学就会 ▼ AutoCAD 辅助绘图

Step 03 单击上述具有公式的单元格，单击菱形夹点，右击，选择"填充系统"命令，拖动夹点到最后一列位置上，单击，便完成公式的复制操作。

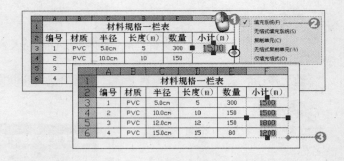

提示

若已熟悉 Excel 电子表格的公式，可以输入不同的运算公式来完成需要的各种材料统计表格。

9.2 数据链接相关操作

这是 AutoCAD 2008 崭新强大的功能，可以将外部建立好的 Excel 工作表，或是前面所输出的表格文件，链接到页面的表格对象上，并自动填上数据，可以是整个工作表、单一单元格或一系列单元格的链接方式。一旦工作表变更，只要执行"从源文件下载更新"命令，轻松完成数据同步操作。

9.2.1 建立数据链接（DATALINK）

系统提供的数据链接可以是 Excel 工作表或是 AutoCAD 输出表格的（.CSV）文件格式，在链接操作之前，必须先建立一个数据链接的名称，才能进行数据的加载与更新，请事先建立好要链接的数据来源文件，并遵循以下范例的步骤来执行。

范 例 　建立数据链接的名称

Step 01 执行"工具"→"数据链接"→"数据链接管理器"命令，打开"数据链接管理器"对话框，单击"创建新的 Excel 数据链接"项目。

Step 02 打开"输入数据链接名称"对话框，输入数据链接的名称，单击　确定　按钮。

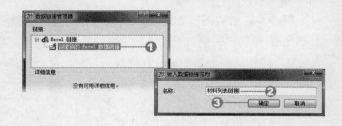

Step 03 打开新的对话框，单击浏览按钮，双击工作表文件。

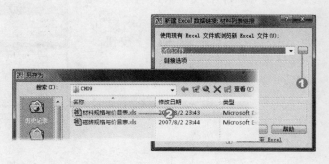

Step 04 打开"新建 Excel 数据链接"对话框，设置要链接的工作表、选择"链接整个工作"选项，以及单元格的格式类型，完成后单击 确定 按钮。

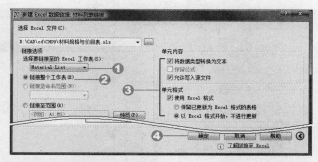

Step 05 返回"数据链接管理器"对话框，已新增一数据链接的名称，单击 确定 按钮结束。

提示

　　可以在针对"数据链接管理器"对话框中，右击某一个数据链接的名称，可以进行该数据名称的"打开"、"编辑"、"重命名"与"删除"等操作，如果执行"编辑"命令，就会打开"修改 Excel 链接"对话框，重新进行工作表的链接设置。

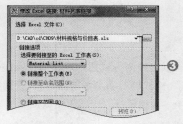

　　除了使用 Excel 文件作为数据链接的来源外，系统也允许采用逗号分隔（.CSV）的工作表文件作为其来源。

9.2.2　利用数据链接建立表格

　　完成上述操作后，就可以在建立空白表格的过程中，将上述链接的数据直接插入到表格，便是一个完整的表格对象。

新手一学就会 ▼ AutoCAD 辅助绘图

范 例 将链接的数据插入到表格中

Step 01 延续上面步骤,单击 ▦ 按钮,打开"插入表格"对话框,选择"自数据链接"选项,单击右侧 ▦ 按钮。

Step 02 打开"选择数据链接"对话框,指定数据链接名称项目,单击两次 确定 按钮。

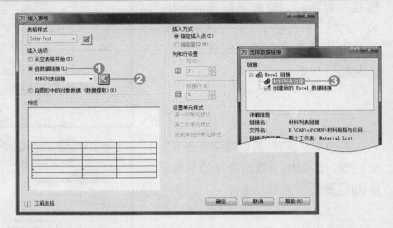

Step 03 回到绘图区,指定插入点,便建立一完整表格对象。

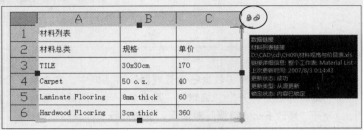

提示

当以上述的方式插入表格后,系统默认是"内容已锁定"的状态,若必须修改样式(包含文字、格式等),请参考前面范例,先解锁后再进行修改。如果外部的数据改变,只要执行"工具"→"数据链接"→"更新数据链接"命令即可。

写入数据链接(DATALINKUPDATE)

如果改变图形中的表格内容,可以执行"工具"→"数据链接"→"写入数据链接"命令,便会自动更新源数据的内容。

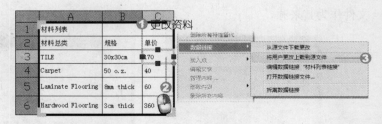

提示

如果想让源数据文件的内容可被写入的话,请在数据链接过程中,务必要勾选"允许写入源文件"的复选框,才能具备此功能。

9.3　实时表格相关操作

系统提供的"数据提取"功能，可以直接将图形中对象特性数据（包括块和属性）与"图形信息"加以提取，直接写入表格，或者与 Excel 工作表相整合，建立好表格后输出成文件，这样的立即建立表格过程，称之为"实时表格"操作。

9.3.1　图形数据提取（DATAEXTRACTION）

在文件的几何图形中，可以利用"数据提取"功能，将属性数据加以提取并写入表格。例如：本节范例的室内布局图，涵盖空间块与属性（包括名称、地板材料与面积等信息），将它们的属性提取出来写入表格，供后续计算材料与成本所用。

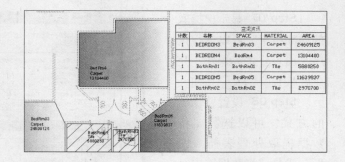

范　例　将范例中的块属性数据提取出来建立成表格

Step 01　请打开范例 CH09-3-1.DWG，执行"工具"→"数据提取"命令。

Step 02　打开"数据提取"向导，选择"创建新数据提取"选项，单击 下一步(N) > 按钮。

Step 03　将提取数据保存成文件（扩展名 .DXE），单击 保存(S) 按钮。

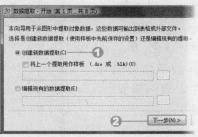

Step 04　指定要提取数据源（例如："图形 / 图纸集"选项），单击 下一步(N) > 按钮。

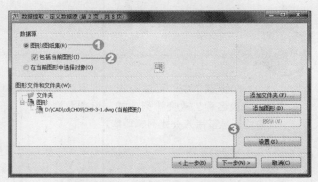

新手一学就会 ▼ AutoCAD 辅助绘图

Step 05 选择要由图形提取的对象项目，单击 下一步(N) > 按钮。

Step 06 设置要提取的对象属性项目，单击 下一步(N) > 按钮。

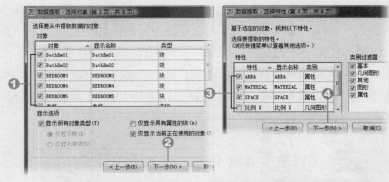

Step 07 显示出提取的局部结果，可以进行排序、加入公式等操作，完成后单击 下一步(N) > 按钮。

Step 08 设置要输出的方式，可以选择"将数据提取处理表插入图形"或是"将数据输出至外部文件"复选框，单击 下一步(N) > 按钮。

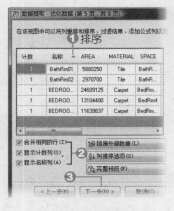
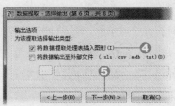

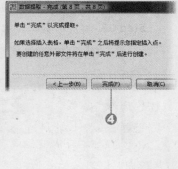

Step 09 设置表格样式、选择"手动设置表格"选项、输入表格的标题，单击 下一步(N) > 按钮。

Step 10 单击 完成 按钮结束向导画面，指定表格插入点，完成此操作。

提示

在步骤7中，可以右击，可实现更改字段名称、改变排列方式、设置数据格式，甚至插入公式列等功能。

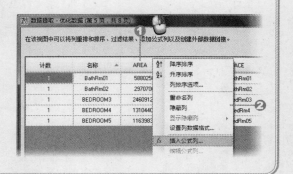

9.3.2　数据提取与链接外部数据的应用

若希望将图形的属性项目与外部的 EXCEL 电子表格，能共同组合成一个表格，那么就必须在执行数据提取过程中，同时链接外部数据表，让共同的字段可以结合成"数据透视表"，方便分析操作。本节范例中，工程师想要知道室内地板的材料经费，因此除了利用上一节的空间信息表外，还需要有外部的材料成本，才能互相结合并计算出所需成本。

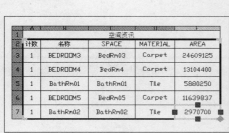

空间资讯表

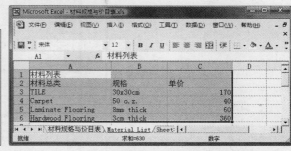

外部材料信息

数据透视表

范 例　配合数据提取与工作表，来计算每个空间所需材料成本

Step 01 延续之前范例，并依循 9.3.1 节范例步骤来提取数据，在步骤 7 中，请单击 [链接外部数据(L)...] 按钮。

Step 02 打开"链接外部数据"对话框，设置好外部数据源，指定"图形数据列"与"外部数据列"项目，单击 [确定] 按钮。

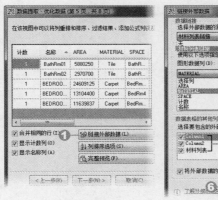

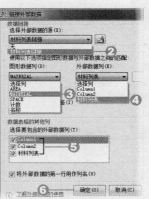

Step 03 回到前一画面，形成组合表格的样式，单击 下一步(N) > 按钮。

Step 04 指定将数据提取表插入图形中，单击 下一步(N) > 按钮。

Step 05 其他的步骤与 9.3.1 节范例相同，请自行完成，并插入表格到图形中。

Step 06 对照前面内容，新增一字段，并插入公式，将 Area 字段与 Unit Price 字段相乘，再填充其他单元格，便完成此操作。

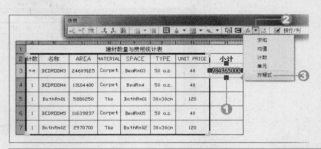

提示

　　上述指定"图形数据列"与"外部数据列"项目的程序非常重要，两者必须有共同的属性项目才行，如果不知道是否选取正确的对应字段，可以单击 检查匹配(C) 按钮，让系统来检验。

图形配置、打印与发布

当一件绘图工作在完成初步设计后，即可针对图形进行适当的配置以便打印。可以在图纸空间中自由安排图形，或为图形加上标题块和标注。另外，也可以建立多个配置视口，每个视口中还可以包含模型的不同视图。

●学习重点

10.1　图形配置
10.2　视口与视图操作
10.3　打印与发布操作

10.1 图形配置

10.1.1 模型空间和图纸空间

AutoCAD 提供了"模型空间"（Model Space）和"图纸空间"（Paper Space），让用户执行图形配置的工作，通常我们是在模型空间中进行绘图和设计等工作，等图形完成后，再切换到图纸空间，对图形进行适当的布局以便打印。

一般新建图形时，系统预设是在"模型空间"，即"命令"窗口上方的"模型"标签，如要切换到"图纸空间"，可以单击"命令"窗口上方的"布局1"或"布局2"标签。进入"图纸空间"时会显示空白图形，其左下方会显示图纸空间特有的UCS图示，"状态栏"上会标示"图纸"二字。必须建立一个或多个配置视口后，才会在该视口中显示原有模型空间中的图形。

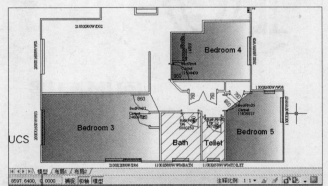

模型空间标签

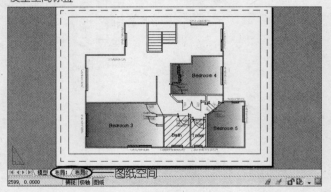

图纸空间

在"图纸空间"中可以为图形加入标题块、标注文字，或是建立多个配置视口，以便显示"模型空间"中的各个视图。这些所加入的额外数据只会显示在"图纸空间"，不会影响"模型空间"中的任何图形。当准备打印时，可以选择打印"图纸空间"的整个布局，或是只打印"模型空间"中部分的图形。

10.1.2 建立样板文件

如果很熟悉 Microsoft Office 软件的话，一定对"样板文件"（Template）不陌生，它主要目的是要事先建立好一个模板（设置好相关图层、块、打印标题等界面），好让我们可以轻易地引用，不需重新设置绘图环境，大大节省制图的时间。

▌建立新的样板文件

AutoCAD 有许多建立好的样板文件可以供我们使用，它的扩展名为 .DWT，在下面的范例中介绍如何建立个人专属的样板文件。

范　例　建立新样板文件

Step 01 执行"文件"→"新建"命令，新建一个文件。

Step 02 执行"工具"→"选项"命令，打开"选项"对话框，依次完成九种绘图环境的设置（请参考 2.5.2 节），按下 确定 按钮完成设置。

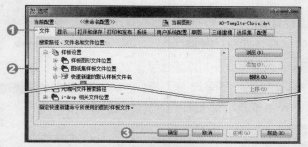

Step 03 新增图层与设置：执行"格式"→"图层"命令，打开"图层特性管理器"对话框，新增若干图层（例如：Title Block–A4、Viewport–A0），并进行图层组件特性的设置（请参考 7.1.1 节）。

Step 04 保存样板文件：执行"文件"→"另存为"命令，指定文件类型（.dwt），输入名称后单击 确定 按钮结束。

提示

如果希望每次新建文件时，都能自行应用上述新建样板文件的话，就必须将环境选项设置为"文件"中的 QNEW 项目，指定预设样板文件为上述样板文件（请参考 1.2.1 节）。

建立新图框与标题

接下来介绍如何建立专属个人的图框与图形标题，这个议题相当重要，一旦建立好数种图纸大小的图框或标题样式，就可以随时引用该图框样式来进行打印操作，节省许多时间。

范　例　建立新图框与标题

Step 01 打开上一范例所建立的样板文件，例如：A0–Template–Chris.dwt。

Step 02 单击"布局 1"标签，切换到图纸空间，然后右击，执行"重命名"操作。

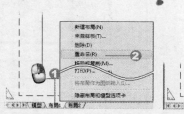

Step 03 切换到上述的"布局"选项卡，单击"布局"工具栏的"页面设置管理器" 🖼 按钮，打开"页面设置管理器"对话框，单击 修改(M)... 按钮。

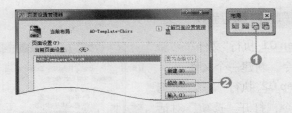

Step 04 出现"页面设置"对话框，设置图纸尺寸、打印范围等页面设置，单击 确定 按钮与 ✕ 按钮结束操作。

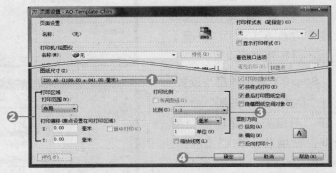

Step 05 回到"模型空间"，单击多段线开始绘制边框（绘制11 200 mm×780 mm 矩形框）。

Step 06 单击"表格" 🖼 按钮，出现"插入表格"对话框，绘制一个4列2行的表格，并输入相关字段名称（详细方法请参照9.1节）。

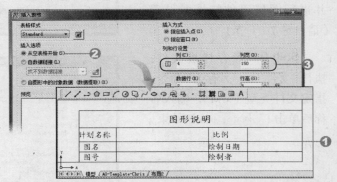

Step 07 建立文件自定义变量：执行"文件"→"图形特性"命令，根据8.2节内容，建立若干样板文件自定义变量，将来可应用在标题块的字段中。

Step 08 制作块定义属性：执行"绘图"→"块"→"定义属性"命令，遵循8.2.1节做法，将上一步骤建立的"功能变量"指定为属性默认值，并附着在对应字段中。

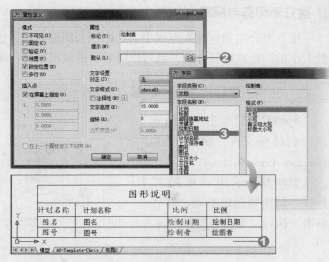

Step 09 制作成图框标题块：在命令行输入 BLOCK 命令，出现"块定义"对话框，输入名称、窗交图框与表格、指定基点，单击 [确定] 按钮（详细方法请参考 8.1.2 节）。

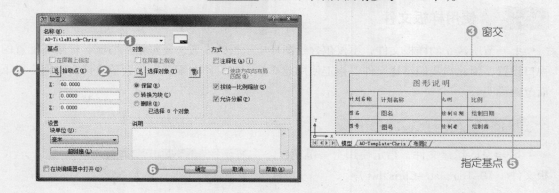

Step 10 出现"编辑属性"对话框，不要输入属性值，单击 [确定] 按钮，会形成以下样式的标题块。

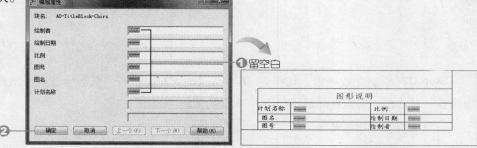

Step 11 切换到 A0–Template–Chris 布局选项卡，执行"插入"→"块"命令，指定要插入上述块，单击 [确定] 按钮，指定插入点。

Step 12 系统会要求输入块属性值，请留空白，直接按 Enter 键，完成后，块便显示出来。

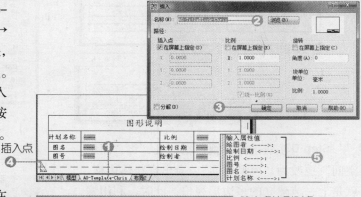

Step 13 创建视口配置：在布局中，利用多段线绘制多边形对象（请参考第 3、4 章）。

Step 14 执行"视图"→"视口"→"对象"命令，选择上述建立的多边形对象，就新增一视口配置，供后续打印使用。

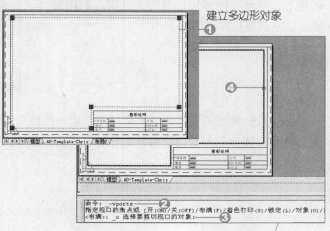

Step015 最后将"模型空间"的图框与表格删除,同时删除"布局2",最后再执行保存命令。

10.1.3 使用样板文件

上一节所建立的样板文件,不仅包含绘图环境项目的设置,还包括了图框、标题与配置的视口设置,因此当我们新建文件,指定使用此样板,在打印与配置上就会节省许多时间,以下面范例说明。

范 例 使用上述样板文件

Step 01 新建文件,指定使用上一范例样板文件(A0–Template–Chris.dwt)。

Step 02 绘制完成图形,切换到 A0–Template–Chris 布局,双击标题块,出现"增强属性编辑器"对话框,输入各标题字段值,单击 确定 按钮完成。

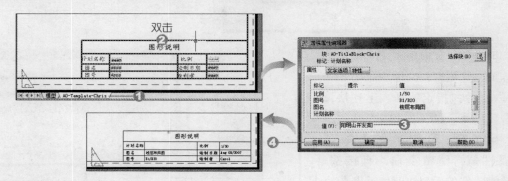

Step 03 双击配置视口空白处,将"图纸空间"更改为"模型空间",会出现粗体边框,就是上一节建立的多边形视口,此时,利用缩放按钮来调整打印范围与大小。

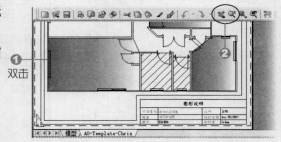

Step 04 调整完毕后,如果要打印,请一定要变更回"图纸空间"状态,至于打印,请参考 10.3 节,完成后另存为 .DWG 文件,就是一般的绘文件。

> **提示**
>
> 除了以上述方式输入标题属性外，执行"文件"→"图形特性"命令，打开"属性"对话框，直接在"自定义"选项卡中输入值，再执行"视图"→"全部重生成"命令，也能出自动应用功能变量到标题字段中。因此，如果经常需要变更标题内容，采用此法可快速达到更改的目的。

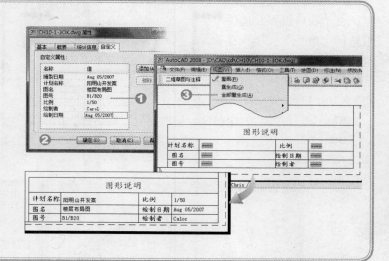

10.1.4　使用布局向导

绘制图形完成后，针对不同的绘图仪或打印机，及不同的纸张大小或打印比例，可以分别设置不同的打印布局，避免重复设置。我们可以使用布局向导来完成打印布局的设置。

> **范　例**　使用上述样板文件

Step 01 新建文件，执行"插入"→"布局"→"创建布局向导"命令。

Step 02 打开"创建布局 – 开始"对话框，输入新布局的名称（例如：A4-NEW），单击 下一步(N) > 按钮。

Step 03 打开"创建布局 – 打印机"对话框，选择要打印的打印机或绘图仪的类型，单击 下一步(N) > 按钮。

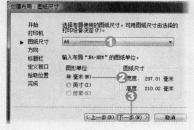

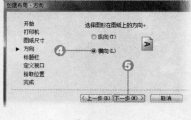

Step 04 打开"创建布局 – 图纸尺寸"对话框，选择要配置的图纸大小，单击 下一步(N) > 按钮。

Step 05 打开"创建布局 – 方向"对话框，选择图纸上图形的方向，单击 下一步(N) > 按钮。

Step 06 打开"创建布局 – 标题栏"对话框，选择要布局的标题栏文件名，选择标题栏的"类型"为"块"，单击 下一步(N) > 按钮。

Step 07 打开"创建布局–定义视口"对话框，在"视口设置"选项组选择"单个"选项，在"视口比例"选择"按图纸空间缩放"选项，单击 下一步(N) > 按钮。

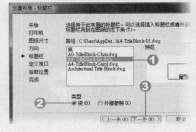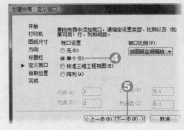

Step 08 打开"创建布局–拾取位置"对话框，单击 下一步(N) > 按钮。

Step 09 返回绘图窗口，指定图形中视口规划的位置，指定第一点及第二点，并单击 下一步(N) > 按钮。

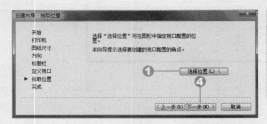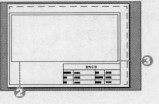

Step 10 打开"创建布局–完成"对话框，单击 完成 按钮，即新增 A4–NEW 的布局与视口，即可进行打印。

Step 11 如果要修改标题块的参数值，可以双击标题块，出现"增强属性编辑器"对话框，就可以加以修改。

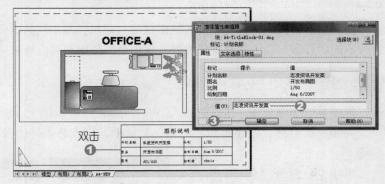

提示

> ✍ 在上述的布局向导程序中，如果想要使用个人制定的标题块（例如：A4–TitleBlock–01.DWG），可以使用 WBLOCK 命令建立成一个布局块文件，并放置在"系统磁盘:\用户名称\AppData\Local\Autodesk\AutoCAD2008\R17.1\cht\Template"文件夹中就可以加以使用。

> ✍ 在使用个性化的标题块时，请特别注意使用的图纸大小与图形的单位，两者都要与标题块一致，否则会出现标题块过大或过小的问题。

10.2 视口与视图操作

本节将会介绍"视口"与"视图"的功能，并结合两者来打印出指定的图纸样式。

10.2.1 认识视口

"视口"是显示模型不同视图的区域，其功用就是将要显示的"视图"呈现出来，供编辑查看或作为打印的依据，可分为"空间模型视口"与"配置视口"两种。在"模型空间"中可以建立多个"空间模型视口"，来显示不同的"视图"样式，帮助多方向的查看图形，并减少在"单个"视图中需要进行缩放和平移的时间。同样地，也可以在"布局选项卡"中建立多重"配置视口"，并指定每一个视口所要呈现的"视图"样式，并依据多重配置视口的样式来打印。

● 建立多重"空间模型视口"：查看不同视图的结果。

● 建立多重"配置视口"：在下面图形中，指定左边"配置视口 AOR-DIM"图层视口冻结，就隐藏标注线不打印。

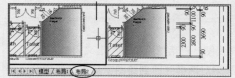

提示

如果要将建立好的三维对象的上、下、左视图同时显示出来，可以先建立"命名视图"，再配合视口来显示，至于"命名视图"的建立方法，详见下一节说明。

10.2.2 建立命名的视图（VIEW）

新建命名视图

不管是利用"缩放"命令或是"平移"命令，甚至是利用"鸟瞰视图"，所调整出来的视图，都可以将该视图保存下来，以便日后再查看此视图。被保存的视图，会包括它的查看位置和缩放比例。

范 例	绘制一个前、上、右视图，并将每一个视图保存成命名视图

Step 01 开范例 CH10-2-1.DWG，调整出所要的视图（例如：俯视），单击"命名视图"工具按钮。

Step 02 打开"视图管理器"对话框，单击"模型视图"项目，单击 新建(N)... 按钮。

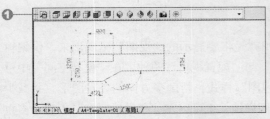

Step 03 打开"新建视图"
对话框,输入"视图名称"(例如:
FRONT)、UCS 样式、视觉样式、
背景等参数,单击 确定 按钮。

Step 04 回到前一画面,在
"模型视图"文件夹中新增一视图,
最后单击 确定 按钮。

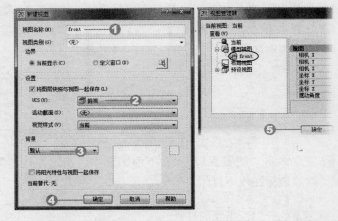

提示

如果希望保存当前视图的局部范围,可以在"新建视图"对话框中单击"定义窗口"选项,
并单击"定义视图窗口" 工具按钮,系统会暂时关闭对话框并回到绘图窗口,在指定第一
角点和另一角点后,系统会再回到"新建视图"对话框,即可再继续执行其他操作。

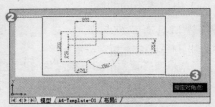

使用命名视图

在建立新的视图之后,如果以后需要编辑这个部分,或是要调整视口的查看内容时,就可
以选择上述建立的"命名视图"来使用。

范 例 选择要应用的命名视图

Step 01 单击"命名视图" 工具按钮,打
开"视图管理器"对话框,在"名称"栏中选择
所要的视图名称,单击 置为当前(C) 按钮,最后
单击 确定 按钮,即切换到该视图的画面。

Step 02 针对不再使用的命名视图,可打
开"视图管理器"对话框,选中该视图后,单击
删除(D) 按钮即可将其删除。

提示

💡 除了上述的方式选择"命名视图"外，也可以直接在"视图"工具栏上，通过"视图控制"下拉列表，来选择所要的"命名视图"项目，即可达到改变视图的目的。

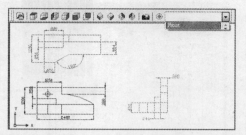

💡 至于有关视图工具栏上的俯视、仰视、左视图、西北等轴测、照相机等工具按钮，主要应用在三维立体图上的视图设置，请参考 11.1 节。

10.2.3　建立非重叠视口（VPORTS）

视图与视口的区别与用途说明如下，首先让我们来了解视口的结构。

所谓的"视口"（VIEWPORT），简单地说，就是多个"视图"（VIEW）的呈现与三维图形应用下的产物；当我们打开一个新图形时，通常都是使用一个占满全部绘图窗口的"单个视口"（Viewport）来查看图形，AutoCAD 允许用户打开 1 至 4 个非重叠的视口，而每一个视口又可以继续分割成 4 个，形成多个分割窗口在屏幕上，以便观看同一个图形的不同部位，并进行图形的绘制，而且可以针对每一个视口个别设置捕捉、栅格等功能，也可以缩放或平移，这对一个复杂的图形设计而言，可以省掉许多转换画面、平移、缩放画面的时间。此外，设计者可以在不同的图层（Layer）中设置不同的视口，当要打印图纸时，便可指定打开的打印视口，可以大大提高效率。

另外视口具有二维与三维的查看功能，当我们绘制三维立体图形时，可以针对不同的视图（例如：俯视、右视图），建立好对应视图名称（例如：TOP、RIGHT），并建立一个新视口以垂直切割方式来展现两者视图，方便我们的绘图。让我们来看看视口与视图的结合运用。

黑粗框代表当前视口

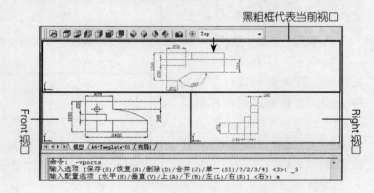

▌ 视口的建立、转换与查看

接下来让我们来实际练习，练习不同的视图与视口的结合应用。

范　例	设置包含三个视图的多重视口在模型空间中

Step 01 执行"视图"→"视口"→"新建视口"命令，打开"视口"对话框，输入新建视口名称（例如：VP01），选取所要的配置方式（例如三个：上）。

Step 02 单击视图框（会以双图框线显示），设置该视口的"视图"（例如：Top），设置视觉样式。

新手一学就会 ▼ AutoCAD 辅助绘图

Step 03 重复上述步骤，将其他视口的视图样式指定完成，单击 确定 按钮便完成新视口的建立。

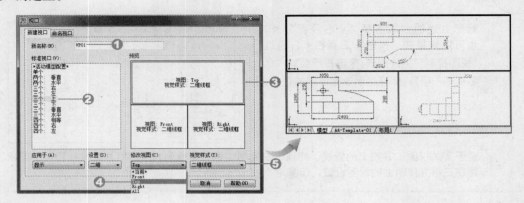

提示

按照上面的步骤，建立另一个 VP02 的四等分视口，并且分别显示 Top、Front、Right 与 All 视图，如右图所示。

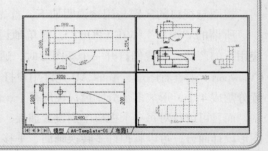

范　例　不同视口的转换操作

Step 01 执行"视图"→"视口"→"命名视口"命令，或单击"视口"工具栏 按钮。

Step 02 打开"视口"对话框，在"命名视口"选项卡中，选择要显示的视口名称（例如：VP01），单击 确定 按钮，即可转换成该视口的样式。

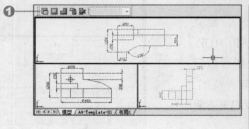

延伸阅读

在多个非重叠视口中，只有一个是"当前视口"（Active ViewPort），可以执行画面的缩放及对象的编辑。当前视口系统会以粗线框表示，并且在其中会出现十字型光标。任何时候要切换当前视口，只需要用鼠标在该视口单击即可。此外，若要恢复成单一视口，可以选择"视图"→"视口"→"一个视口"命令即可。

视口的合并

当我们在制图的过程中，假如所打开的视口分割窗口过小，反倒妨碍制图的便利与查看，这时可以将相邻的视口结合成一个较大的窗口，以协助制图者的操作，让我们以下面的范例加以说明。

范　例　合并相邻的二个视口

Step 01　选择"视图"→"视口"→"合并"命令。

Step 02　选择主视口（例如：左下角视口），再选择要合并的视口（例如：右下角视口），即结合相邻的两个视口。

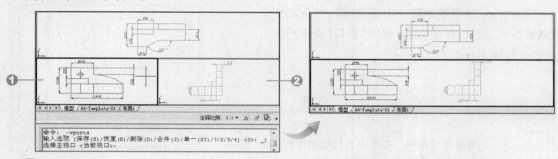

提示

上述视口的结合，仅仅是绘图过程中的一种暂时的视口运用，无法保存成一个命名的视口，如果想要此视口类型能够成为一个命名视口，惟一方法就是遵循新建视口的方式，重新建立新的视口才行。在绘制一个大型图形时，利用非重叠视口的功能来查看图形的不同部位或不同图层的参考对象，可大大提高绘制图形的效率。

10.2.4　创建配置视口

前一节内容是应用于"模型空间"绘图时建立的 命名视口，可以帮助我们提高绘图的方便性，接下来要介绍的是如何在"图纸空间"中建立"配置视口"，设置打印的样式。

在设置"配置视口"之前，必须要切换到"图纸空间"，再通过"视图"→"视口"子菜单下的对应命令，或执行 MVIEW 命令，来建立需要的"配置视口"。

范　例　建立两个水平且布满的配置视口

Step 01　延续上面的范例，切换到"图纸空间"（例如：A4-Template-01），执行"视图"→"视口"→"两个视口"命令。

Step 02　输入 V 参数（垂直），移动光标指定两点作为"配置视口"的范围。

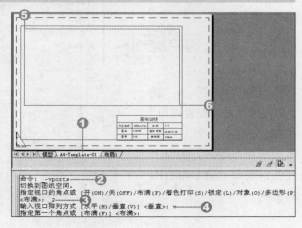

Step 03 双击左边的窗口，形成粗框样式（由"图纸空间"模式转换为"模型空间"），单击"平移"或"缩放视图"工具按钮来调整所要的图形。

Step 04 如果要删除"配置视口"，首先切换成"图纸空间"模式，单击"配置视口"窗口（呈现虚线），按 Del 键便可删除。

提示

如果想在"布局"标签中直接编辑图形，必须将"图纸空间"更改为"模型空间"模式，才能进入编辑模式。

范 例 以几何图形作为配置视口的边界

Step 01 延续上面范例，并在图纸空间中，事先绘制一个封闭几何图形（例如：五边形）。

Step 02 执行"视图"→"视口"→"对象"命令。

Step 03 选择对象（例如：五边形），图形便填入该视口中。

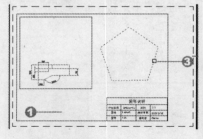

至于"视图"→"视口"菜单中的"配置视口"命令，还包括一个、三个、多边形视口等，方法与上述范例类似，请参考右图的说明。

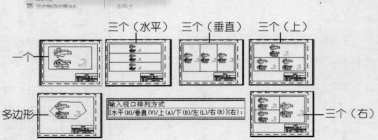

特殊的配置视口

除了上述的方式建立"配置视口"外，系统允许以 MVSETUP 命令来建立标准工程视口、阵列式视口等特殊配置视口，下面以范例加以说明。

范　例　　建立阵列视口

Step 01 新增一布局标签，事先将"配置视口"加以删除，接着在命令行中输入 MVSETUP 命令，然后输入 C 参数（建立），再按一下 Enter 键，以便建立视口。

Step 02 打开文本窗口，显示可用的多重视口选项，然后从 0 到 3 的数字中，输入要建立阵列视口的号码 3，并按 Enter 键，指定视口边界区域的第一点和另一点。

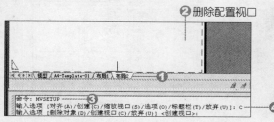

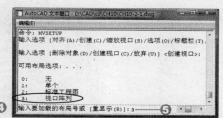

Step 03 输入 X 方向的视口数目为 3，Y 方向的视口数目为 2，再设置 X 方向的视口间距为 10，Y 方向的视口间距为 10，最后按 Enter 键完成。

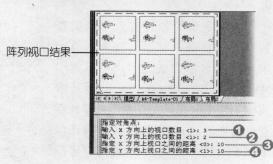

阵列视口结果

> **提示**
>
> 在"模型空间"状态下，输入 MVSETUP 命令,若不启动"图纸空间至"模式，系统只允许设置单位类型、比例因子以及图纸的宽度和高度。

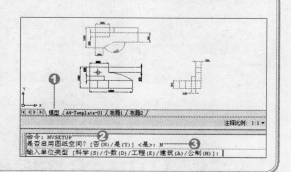

10.2.5　配置视口相关处理

在图纸空间中，每一个"配置视口"都是单一对象，可以针对视口外框进行移动、删除、隐藏等动作；也可以在任一视口中双击，切换成"模型空间"视口，对该视口内的图形进行着色、渲染、缩放、改变视图等操作，或是设置显示栅格或改变栅格及捕捉设置，而且这些处理不会影响其他视口。

新手一学就会 ▼ AutoCAD 辅助绘图

▌ 移动视口

利用 MOVE 命令任意移动视口，视口内的图形也会跟着移动。

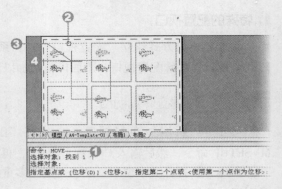

▌ 新增视口（VPORTS）

单击"单个视口" 工具按钮，然后指定视口的第一点及另一点，即可新增一个视口。

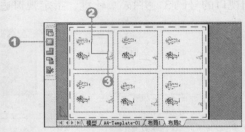

▌ 隐藏视口

图形配置中如果有太多的配置视口，而且每个都是打开的，会影响系统的显示效能。用户可以利用 MVIEW 命令，输入 OFF，然后选取当前不使用的视口先行关闭，等到要查看时再输入 ON 打开。关闭的视口虽然看不到内容，但是同样可以进行移动、调整视口的尺寸，如此可以节省每个视口重复显示的时间。

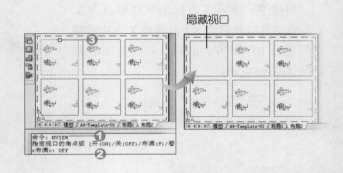

> **提示**
>
> 新建立的配置视口，AutoCAD 预设状态是打开的模式。

10.3 打印与发布操作

10.3.1 打印操作（PLOT）

当完成图稿和图形配置，准备打印时，用户可以选择"模型空间"或"图纸空间"进行打印设置，然后再进行打印工作，但是强烈建议先在"图纸空间"中调整好"配置视口"的样式，再进行打印操作较为实际与方便。

基本打印操作

打印的设置包含页面设置、打印机种类、图纸尺寸、打印区域、打印偏移、打印比例、打印样式、着色视口选项、打印选项与图形方向等功能的设置，本节会用范例加以说明。

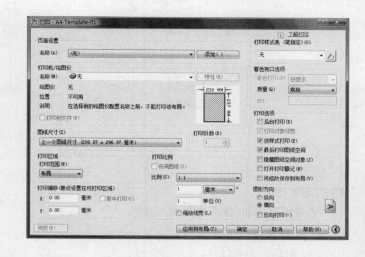

范例　基本打印的设置操作

Step 01 右击布局或模型空间，执行"文件"→"打印"命令，会打开"打印"对话框。

Step 02 设置页面名称：单击 添加( )... 按钮，打开"添加页面设置"对话框，输入名称（例如：Print-01），单击 确定 按钮。

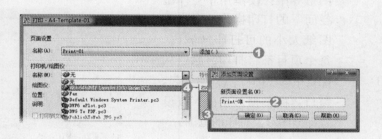

Step 03 选择打印机：单击下拉箭头，选择打印机。

Step 04 设置打印"图纸尺寸"（例如：A4）、打印范围（例如：布局）、打印比例(1：1)、打印偏移(例如：X=10)。

Step 05 单击 预览(P)... 按钮，可以预先浏览打印结果，再按"打印" 🖨 按钮打印。

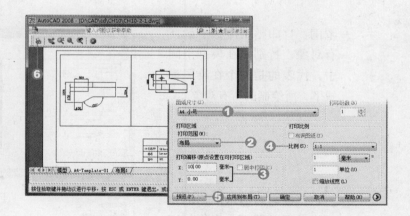

基本打印设置

在上述"打印"对话框中，有些重要的基本打印参数的设置，说明如下。

● 打印比例

⊘ 比例：选择打印的比例，也可以选择"自定义"或"布满图纸"。

⊘ 自定义：设置打印单位和实际图形单位的比例，例如 1 比 10，即 1 个打印单位等于 10 个图形单位，也就是 1>10 实际图形的大小。如果是 1 比 1，就是以原尺寸打印。

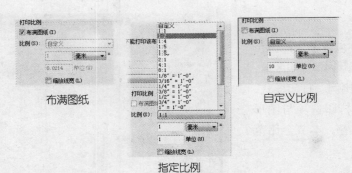

布满图纸　　　　指定比例　　　　自定义比例

● 打印范围

设置所要打印的图形范围,系统提供有以下几种设置。

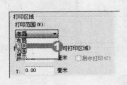
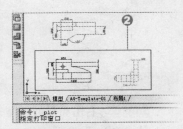

- ⏺ 布局:打印布局内所设置的图形对象(只适用于"图纸空间"的打印操作)。

- ⏺ 图形界限:仅是用于"模型空间"的打印操作,在指定图纸大小的可打印区域内,每个项目都将打印,原点从配置中的(0,0)点开始算起。

- ⏺ 窗口:提供窗口功能,以设置部分图形要打印的范围。

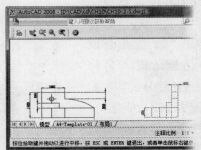

预览结果

- ⏺ 范围:打印整个图形上的所有对象,特别是在模型空间中,代表的是整个在绘图模式下,所绘制的所有对象。

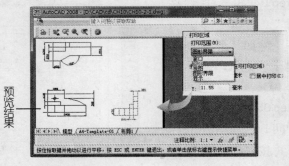

预览结果

- ⏺ 显示:以当前显示图形的窗口为设置的范围,当作打印范围。

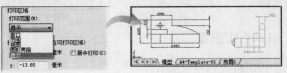

提示

在"显示"模式下,若模型空间窗口打开的大小,只显示两个图形(原来三个),就只会打印显示出来的图形。

🖉 视图：可以选择"命名视图"作为打印的依据，如果图形中没有储存的视图，则无法使用这个选项（只适用于 模型空间 打印状态）。

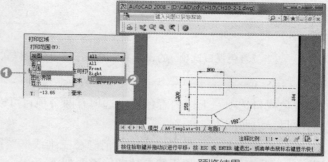

预览结果

高级打印设置

当我们在"打印"对话框中，单击打印样式表展开按钮，便会打开一些高级的设置，包含：打印样式表、着色视口选项、打印选项、图形方向，说明如下。

● 打印样式表（笔指定）

🖉 名称栏：选择打印样式表项目（例如：acad.ctb）。

🖉 编辑钮：打开"打印样式表编辑器"对话框，设置绘图仪笔的颜色、线宽等特性。如果输出是绘图仪，则可以进一步指定不同笔对应的颜色、线型和笔宽。针对激光打印机或针式打印机，虽然没有真正的笔，但是仍然可以指定不同颜色有不同线宽。在绘图仪中笔号代表着笔放置到绘图仪夹笔槽的顺序，一般预设 1 号笔对应颜色 1（红色），2 号笔对应黄色，3 号笔对应绿色，以此类推。

由于打印的着色视口选项是用来设置三维物体的打印状态，让我们用范例说明三维打印着色视口设置的方式。

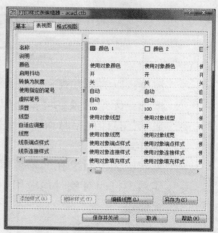

范 例　三维打印设置

Step 01 参考上一个范例的步骤，执行"打印"命令，在"打印"对话框中，设置打印参数（例如：打印机和打印比例等）。

Step 02 以"窗口"方式作为打印范围，接着设置"着色视口选项"（例如：依显示），单击 预览(P)... 按钮，显示其结果。

三维预览结果

新手一学就会 ▼ AutoCAD 辅助绘图

● 着色视口选项：上述的着色视口选项有两个项目可以设置，分别是"着色打印"与"质量"项目，说明如下。

　　✏ 着色打印：按显示、线框、消隐、三维线框、概念、真实、渲染等多种设置，常用的参数功能说明如下。

　　按显示：会以三维图形当前显示的状态来打印，如果以着色方式绘制，就会以此模式打印。

　　线框：舍弃一切着色或渲染状态，改以线条方式打印。

　　消隐：隐藏着色或渲染，以虚线来描绘三维对象的轮廓来打印。

線框　　　　　　　　　　　　　隐藏

渲染：以渲染方式来打印。

概念：无论对象在屏幕上以何种方式显示，打印对象时均应用"概念"视觉样式。

真实：无论对象在屏幕上以何种方式显示，打印对象时均应用"真实"视觉样式。

　　✏ 质量：上述的着色设置除了"线框"与"消隐"两种模式外，其余都可以设置打印的分辨率。

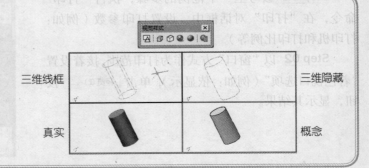

三维线框　　　　　　　　　　　三维隐藏

真实　　　　　　　　　　　　　概念

● 打印选项：打印选项有以下几项重要的参数可以设置，说明如下。

(i) 后台打印：指定设置的图形是以背景方式打印。

(i) 打印对象线宽：指定是否以图层所设置的线宽来打印。

(i) 按样式打印：是否以打印样式所设置的样式来打印，如果选择此项，上述的项目便自动选择。

(i) 最后打印图纸空间：系统预设以图纸空间优先打印，如果选择此项，会以模型空间优先打印。

(i) 隐藏图纸空间对象：是否将布局的所隐藏的视口不加以打印，只适用于图纸空间。

(i) 打开打印戳记：是否打开打印戳记，如果选择此项，便会出现 按钮，单击此钮，出现"打印戳记"对话框，可以对打印戳记进行设置。

(i) 将变更储存到配置：会将对"打印"对话框的变更保存到布局中。

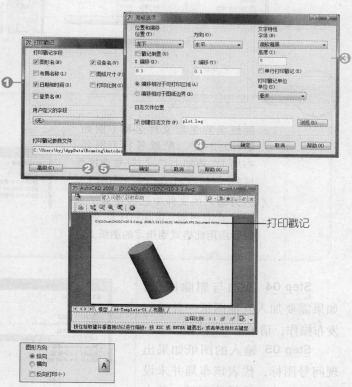

打印戳记

● 图形方向：可以选择打印的图纸方向是以纵向、横向或反向的方式打印。

10.3.2　发布操作（PUBLISH）

"发布"的目的就是要将相关计划的文件所有要打印的"图纸空间"或"模型空间"，可以一次性打印或是以电子文档格式打印，并且具有重新对图纸命名、排定打印顺序、使用戳记、打印文件等功能，详见以下说明。

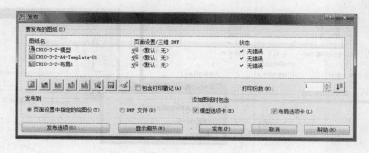

范 例　发布文件基本操作

Step 01 打开一个文件，执行"文件"→"发布"命令、单击"标准"工具栏上的"发布" 📖 工具按钮或是输入 PUBLISH 命令。

Step 02 出现"发布"对话框，出现该文件的"模型空间"与"所有布局"。

Step 03 选择其中的图纸（例如：CH10-3-2- 布局 1），可以更改图纸名称，或是输入具有打印设置格式的外部文件（例如：CH10-2-1.DWG）作为此图纸打印样式的依据。

双击

提示

- 图纸名称是以文件名称（例如：CH10-3-2）、配置名称（例如：布局 1）再加上 "-" 符号连接而成的（例如：CH10-3-2- 布局 1）。
- 因为输入的文件中已经设置了页面样式（例如：print-01），因此就会应用此格式到指定的图纸上。

应用外部打印格式

Step 04 添加与删除图纸：如果需要加入其他图纸一并进行发布操作，请单击 📖 按钮。

Step 05 输入的图纸如果出现问号图标，代表该布局并未设置打印样式，选择该图纸，单击 📖 删除。

未设置打印格式

双击

Step 06 指定"发布"的选项：如果要打印，请选择"页面设置中指定的绘图仪"选项，接下来设置要发布的数目以及是否启用打印戳记，最后单击 发布(P) 按钮。

Step 07 打开"保存图纸列表"，若要保存图纸列表（扩展名 .DSD），请单击 是(Y) 按钮，出现"列表另存为"对话框，设置文件单击 保存(S) 按钮。

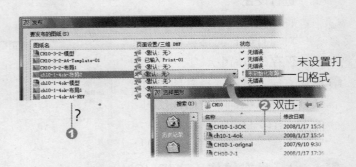 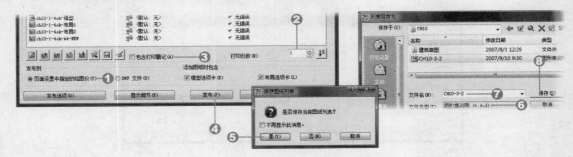

Step 08 系统进行批量打印
操作，完成后在右下角出现"完
成打印和作业发布"信息，单
击加下划线文字，便可查看打
印结果。

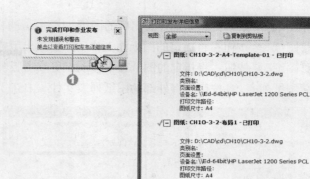

| 范 例 | 将图纸发布成 DWF 文件格式 |

Step 01 按照上述范例程序
直到步骤 6，选择"发布到"选项
组中的"DWF 文件"选项，单击
发布(P) 按钮。

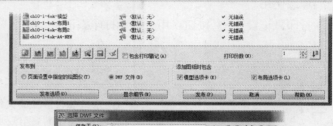

Step 02 打开"选择 DWF
文件"对话框，设置名称（扩展
名 .DWF），单击 选择(S) 按钮，
便执行发布操作。

Step 03 双击发布的文件，
系统即会自动以 DWF Viewer 打开
文件。

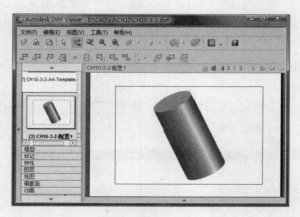

▌▌发布操作相关设置

上述发布的过程中，还可以
针对要发布的图纸进行预览；更
改发布顺序；保存和加载图纸列
表；设置发布选项等。

● 预览 按钮：预览指定的图纸将会打印成的样式。

● 添加图纸 按钮：可以加入其他文件，一并批量发布。

新手一学就会 ▼ AutoCAD 辅助绘图

● 删除图纸 按钮：删除指定要出版的图纸。

● 上移图纸 按钮：将指定的图纸往上移动，更改出版顺序。

● 下移图纸 按钮：将指定的图纸往下移动，更改出版顺序。

● 加载图纸列表 按钮：将外部的图纸列表文件（.DSD）载入，一并出版。

● 保存图纸列表 按钮：将当前要批量出版的图纸数据保存到图纸列表（.DSD），方便将来加载使用。

● 打印戳记设置 按钮：用来设置打印戳记。

提示

当保存"图纸列表"文件时，系统会将对应的文件、发布参数等信息加以保存，一旦下次需要重新发布或打印某一项目，只需要加载"图纸列表"文件即可列出所有发布信息。

10.3.3 发布成 PDF 文件

系统允许将 AutoCAD 文件发布成 PDF 格式文件，以便使用 Acrobat Reader 就可以浏览文件。

范 例 将文件发布成 PDF 格式文件

Step 01 打开原有文件，执行"文件"→"打印"命令，便打开"打印"对话框，在打印机下拉列表中，选择"Adobe PDF"项目。

Step 02 指定好打印范围，单击 确定 按钮，出现"另存 PDF 文件为"对话框，设置文件路径与名称，单击 保存(S) 按钮，便发布成 PDF 文件。

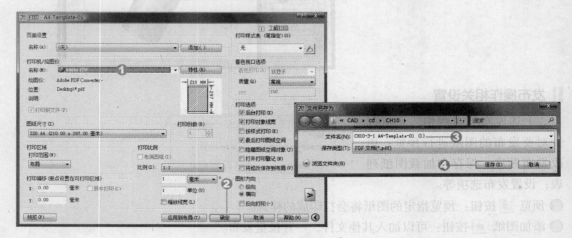

Step 03 以 Adobe Reader 打开
文件，就可进行查看、审核和注
释等编辑操作。

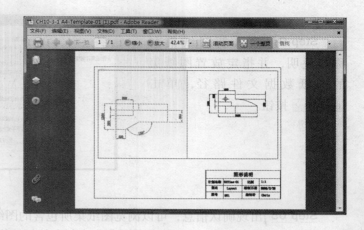

10.3.4 图纸集管理器

AutoCAD 提供"图纸集管理器"（SheetSet Manager），它是用来将同一个项目中的文件建成
一个图纸集，并利用图纸集管理器来打开它，进行编辑、管理、打印、发布等工作。

▍建立新的图纸集（SheetSet）

AutoCAD 提供"图纸集管理器"让我们来进行图纸集（扩展名 .DST）的新建操作，并且
预设一些图纸集的模板供我们直接使用，除此之外，也可以通过自定义方式来建立个性化的图
纸集，以范例来介绍此功能。

范 例 建立一个新的图纸集

Step 01 单击"标准"工具栏
上的 🖿 按钮，打开"图纸集管理器"
对话框，执行"新建图纸集"，打开
"创建图纸集 – 开始"对话框。

Step 02 选择"样例图纸集"
选项，单击 下一步(N) > 按钮。

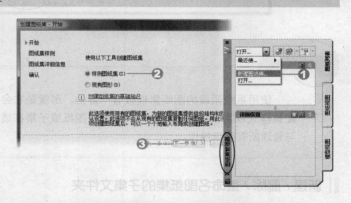

Step 03 选择所要使用的系统
图纸集样例，单击 下一步(N) > 按钮。

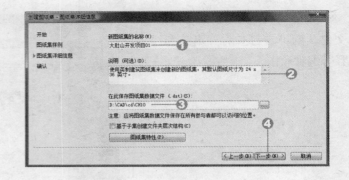

Step 04 输入新图纸集名称与说明，并指定放置图纸集的图纸数据文件路径，单击 下一步(N) 按钮。

Step 05 出现确认信息，可以浏览图纸集所包含的图纸类型，单击 完成 按钮，即会新建项目图纸集，并显示该图纸集的子集内容与文件相关信息。

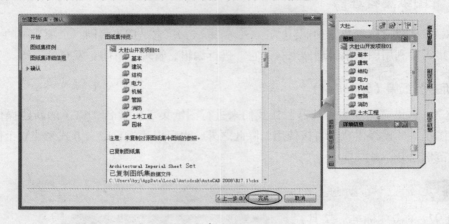

提示

　　使用系统预设的图纸集模板有一好处，那就是它会区分成若干子集，并且设置好打印的配置样式以直接应用，因此，只需新建图纸或子集在适当的位置上，便可以开始绘图、打印与管理所有图纸操作。

新建 / 删除 / 重命名图纸集的子集文件夹

接下来进行图纸集的内容修编操作，以下面范例加以说明。

范 例　相关图纸集的编辑操作

Step 01 延续上一范例，右击其中的子集，执行"重命名子集"命令，打开"子集特性"对话框，进行重命名操作，完成后单击 确定 按钮。

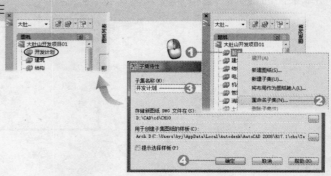

Step 02 右击图纸集，执行"新建子集"，输入子集名称，单击 　确定　 按钮便新建子集。

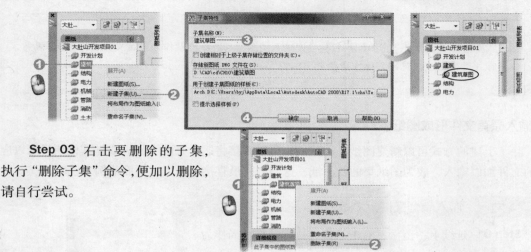

Step 03 右击要删除的子集，执行"删除子集"命令，便加以删除，请自行尝试。

新建图纸操作

建立好图纸集的文件夹后，便可以依序将文件加载，放置在适当的文件夹中方便管理，以下面的范例说明。

范　例 　新增图纸到子集中

Step 01 右击其中的子集，执行"新建图纸"命令，打开"新建图纸"对话框，输入图纸的编号、图纸标题与文件名。

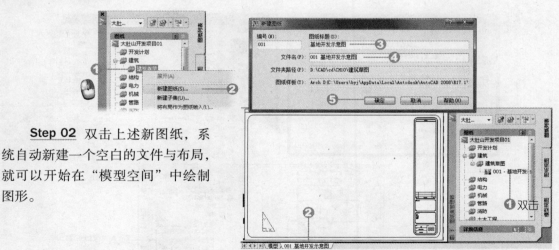

Step 02 双击上述新图纸，系统自动新建一个空白的文件与布局，就可以开始在"模型空间"中绘制图形。

Step 01 切换到图纸空间，必须要新建立一配置视口，才能将绘制的图形显示在图纸上，供后续执行打印、发布操作，请参考 10.2 节。

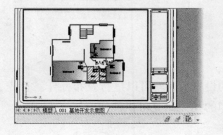

上述新建的图纸，它的配置名称会以输入的图号与图纸标题作为自定义的名称，若不满意，可以手动来修改，这部分操作请参考 10.1.2 节。

▌输入原有文件形成图纸

除了上述的方式可以新建图纸外，我们也可以直接将制作好的文件，或是其他项目可以应用的文件加以输入，成为图纸集的新图纸，这种方式最直接迅速，以下面范例来说明。

范 例　　输入原有文件配置成为新的图纸

Step 01 延续上一范例，右击子集，执行"将布局作为图纸输入"命令。

Step 02 打开"按图纸输入布局"对话框，单击 [浏览图形(B)...] 按钮，选择要输入的文件，单击 [打开] 按钮完成输入操作。

Step 03 回到前一画面，选择要输入的布局，单击 [输入选定内容(I)] 按钮，便输入该文件。

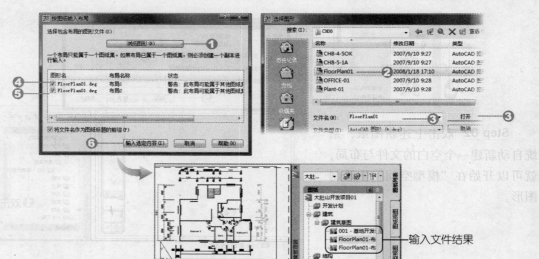

输入文件结果

▌图纸集的发布

完成图纸集的设置后，就可以进行发布操作。首先，右击整个图纸集，展开"发布"命令，有许多发布或打印的相关命令可供使用。

- 发布到 DWF：会将文件保存成 DWF 格式，让阅读者通过 AutoCAD 提供的 DWF Viewer 编辑器来浏览文件，并加上标记，请参考 10.3.2 节。

- 发布到绘图仪：将所有文件以指定的图纸大小、打印类型输出到打印机。

- 包含打印戳记：选择此项，可让文件在发布时加上指定的戳记。

- 打印戳记设置：可以设置图形上要显示信息，这部分操作请参考 10.3.1 节的内容。

- 管理页面设置：打开"页面设置管理器"对话框，设置页面打印的尺寸、样式或输入原有布局文件等功能，请自行尝试。

- 图纸集发布选项：对发布成 DWF 格式的文件进行打印样式的设置，选择其中字段，选取其中的参数来设置。

- 发布：此项目可以视为是上述各选项的综合，可以打开、保存图纸、指定发布样式、打印戳记等功能，这个部分请参考 10.3.2 节的说明。

提示

以图纸集管理器打开图纸集后，可以双击当中的图纸，系统便会自动打开该文件，大大提高绘制效率。

新手一学就会 ▼ AutoCAD 辅助绘图

建立三维图形对象

一般来说，绘制三维图形比绘制二维图形复杂很多，但是三维图形能传达更多的信息。本章将介绍三维空间绘图的基本坐标概念；如何善用用户坐标系统（UCS）来简化三维绘图；以及如何查看立体空间等内容。并通过实例介绍如何绘制三维线框、三维网格和三维实体。

学习重点

11.1　三维绘图的基本概念

在三维空间中绘图必须指定三维坐标点，AutoCAD 是采用右手定则来决定 Z 轴。

11.1.1　指定三维坐标

用户可以选择在"世界坐标系统"（WCS）或"用户坐标系统"（UCS）中输入三维坐标值，如果只输入 X 和 Y 坐标值，AutoCAD 会以当前的高标当作 Z 坐标值。

系统默认高标为 0，也就是说一开始画三维图形时，是在 Z=0 的 XY 平面上画图，用户可以利用 ELEV 命令来修改当前高标。另一项有关三维绘图的参数是厚度，所谓厚度是对象沿着 Z 轴方向所拉伸的厚度，正值表示往正 Z 方向拉伸；负值则是往负 Z 方向拉伸，系统默认厚度也是 0。

> **提示**
>
> - 高标与厚度均由 ELEV 命令来修改，而当前高标上的 XY 平面称为"构图平面"。
> - ELEV命令本身是透明命令，可以在其他命令的操作过程中执行，方法是在命令之前加上(')，例如：'ELEV。
> - ELEV 命令只影响接下来要画的新对象，已绘制好的对象高标和厚度，必须利用 CHANGE 命令才能修改。

认识三维坐标样式

三维坐标的指定可以选择输入直角坐标、柱坐标、球坐标及其相对坐标，各种坐标的样式说明如下。

● 直角坐标

系统内定的坐标系统，默认是 WCS=UCS。输入格式说明如下。

- 绝对直角坐标：为内定的坐标系统，默认是 WCS=UCS。A、B、C 各代表 X、Y、Z 轴与原点（0,0,0）的距离。

  输入格式：A,B,C 或 *A,B,C

- 相对直角坐标：A、B、C 各代表相对于前一点的距离。

  输入格式：@A,B,C

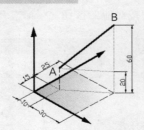

绝对直角坐标：
A（10,15,20）；B（40,40,60）

相对直角坐标：
B 相对于 A 点为：@ 30,25,40

● 柱坐标

⚙ 绝对柱坐标：A 代表与原点的距离，B 代表该点在 XY 平面上与 X 轴的夹角，而 C 代表沿 Z 轴的距离。

> 输入格式：A<B,C

⚙ 相对柱坐标：A 代表与前一点的距离，B 代表该点在 XY 平面上与 A 点的 X 轴方向的夹角，而 C 代表沿 Z 轴方向，B 点与 A 点的高度差值。

> 输入格式：@A<B,C

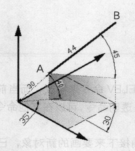

绝对柱坐标：
A：21<35,20

相对柱坐标：
B 相对于 A 点为：@50<30,40

● 球坐标

⚙ 绝对球坐标：A代表与UCS原点的距离，B代表与X轴夹角，而C代表与XY平面的夹角。

> 输入格式：A<B，C

⚙ 相对球坐标：A代表与前一点的距离，B代表与X轴夹角，而C代表与A点的XY平面所夹的角度。

> 输入格式：@A<B，C

绝对球坐标：
A：30<35,40

相对球坐标：
B 相对于 A 点为：@44<30,45

11.1.2 使用 UCS

用户坐标系统（User Coordinate System,UCS）是三维绘图中一项很有用的工具，我们可以定义多个 UCS，每一个 UCS 可以有不同的原点和方位，以便在绘图的过程中切换到适当的 UCS，便于三维图形的绘制。AutoCAD 提供默认的 UCS，其坐标系统原点位于绝对坐标原点（0,0,0），即 WCS=UCS。

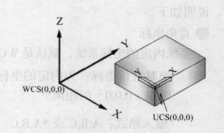

▌认识 UCS 工具按钮

除了默认的 UCS 外，系统提供多种方式去定义新的 UCS。用户可以输入 UCS 命令后再选择对应的参数，也可以在 UCS 与 UCSII 工具栏中按对应的按钮。

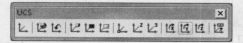

● UCS ⎿：提示 UCS 的参数。
● 世界 ⎿：设置 WCS 为当前的 UCS 坐标。

● 上一个 UCS 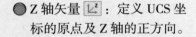：返回上一次的 UCS 坐标。

● 面 UCS 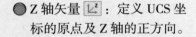：以选择面的方式定义 UCS 坐标，且坐标的 X 轴会对齐最接近选择点的边。

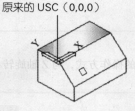

原来的 USC（0,0,0）

新的 USC（0,0,0）

● 对象 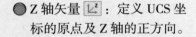：以选择对象的方式定义 UCS 坐标，所定义的坐标将平行于对象的平面上。

● 视图 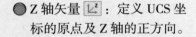：设置 UCS 平行视图平面。

原来的 UCS（0,0,0）

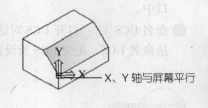

X、Y 轴与屏幕平行

● 原点 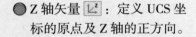：重新定义 UCS 坐标的原点，但不改变 X、Y、Z 轴的方向。

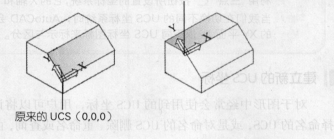

新的 UCS（0,0,0），但 X、Y 轴的方向保持与先前一样

原来的 UCS（0,0,0）

原来的 UCS（0,0,0）

● Z 轴矢量 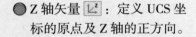：定义 UCS 坐标的原点及 Z 轴的正方向。

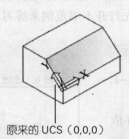

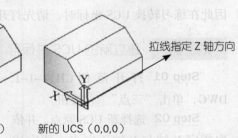

拉线指定 Z 轴方向

原来的 UCS（0,0,0）　　新的 UCS（0,0,0）

● 三点 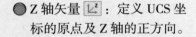：定义 UCS 坐标的原点及 X、Y 轴的正方向。

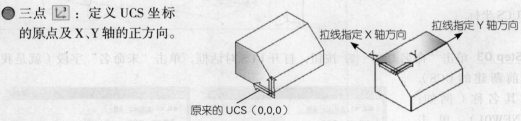

拉线指定 X 方向　　　　拉线指定 Y 轴方向

原来的 UCS（0,0,0）

● X 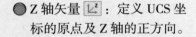：绕 X 轴旋转当前的 UCS 坐标。

● Y 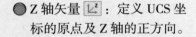：绕 Y 轴旋转当前的 UCS 坐标。

● Z 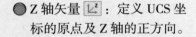：绕 Z 轴旋转当前的 UCS 坐标。

原来的 UCS（0,0,0）

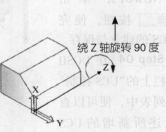

绕 Z 轴旋转 90 度

新手一学就会 ▼　AutoCAD 辅助绘图

提示

有关 X 轴旋转 UCS、Y 轴旋转的操作方式，与 Z 轴旋转相似。

● 应用 🔲：将当前的 UCS 设置值应用于指定的视口中。
● 命名 UCS 🔲：打开 UCS 对话框，可选择 UCS，包括命名 UCS、正交 UCS 及设置等选项卡。

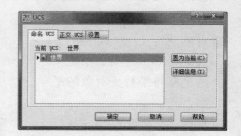

提示

🖊 利用"三点" 🔲 按钮所设置的坐标系统，它的 X 轴和 Y 轴不一定要垂直，这一点请特别留意。
🖊 当我们在切换不同的 UCS 坐标系统时，AutoCAD 会自动切换到对应的作图平面（即 UCS 的 XY 平面），以不同 UCS 坐标图标来标示与区分。

建立新的 UCS 坐标

对于图形中经常会使用到的 UCS 坐标，用户可以将该 UCS 保存，以便需要时可以随时选择命名的 UCS，或是对命名的 UCS 删除、重命名或查询，由于还未说明如何建立三维实体方法，因此在练习转换 UCS 坐标时，请先打开本书范例来练习。

范 例　建立新的 UCS 并保存

Step 01 打开范例 CH11-1-1.DWG，单击"三点" 🔲 按钮。

Step 02 选择新 UCS 原点，并依次指定 X 轴与 Y 轴正向点，便完成新的 UCS 坐标。

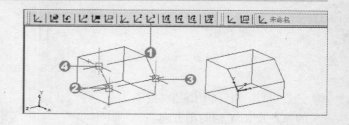

Step 03 单击"命名 UCS" 🔲 按钮，打开 UCS 对话框，单击"未命名"字段（就是我们当前新建的 UCS），更改其名称（例如：UCS-NEW01），单击 确定 按钮，便完成 UCS 的建立与保存。

Step 04 在 UCSII 工具栏上的"UCS 控制"下拉列表中，便可以查看上述所新增的 UCS 坐标系统。

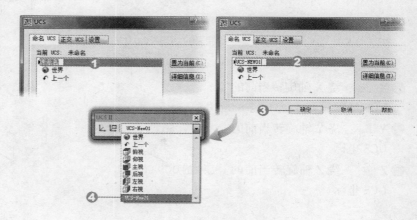

提示

我们可以按照上面的范例建立多个合乎我们使用的命名 UCS，方便往后的三维实体的绘制，如果要使用命名 UCS，只要单击 UCSII 工具栏 "UCS 控制" 下拉列表，选择所要的 UCS，便可改变坐标状态。

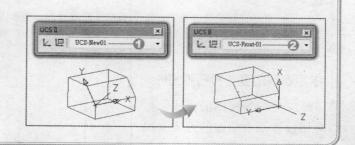

11.1.3 立体空间视图

绘制完成三维对象后，我们可以由三维空间中任何观测点来查看图形，通过不同角度的观测，可以对复杂的三维图形有深入的了解。一般系统默认的三维视图是由正 Z 轴方向看图形，所以如果所画的立体图在当前视图中看不出三维效果时，可以切换到不同的三维视图来查看其效果。

AutoCAD 提供几种方式方便我们查看三维立体图，包括：默认视图查看、视点设置方式和三维动态观察查看等方法。

▌默认视图查看

AutoCAD 提供的三维图形视图，其默认的视图样式有：俯视、仰视、主视、左视、右视、后视、西南等轴测、东南等轴测、东北等轴测、西北等轴测与照相机等模式，当我们绘制完成一个三维立体图，便可以按上述默认的视图来查看。我们可以利用"视图"工具栏的按钮来切换视图。

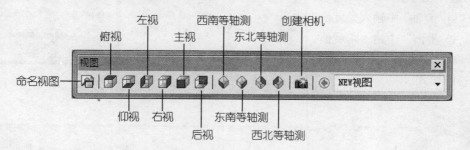

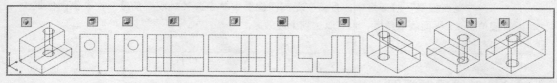

至于照相机的功能，可以自由地由三维空间中的一点以不同距离、方位、仰视、俯视方式来查看三维图形，不同的相机位置与相机目标，会有不同的三维图形视图。

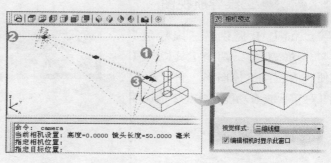

至于详细的建立相机、镜头长度等设置操作，请参考 14.1 节内容。

指定观察角度查看三维图形

另一种三维视图的方式，可以利用设置两个角度的方式来决定观测的方向，这两个角度分别是和 X 轴的夹角及和 XY 平面的夹角。

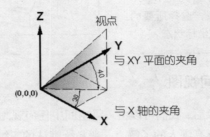

范 例 指定视图角度

Step 01 延续上述范例，执行"视图"→"三维视图"→"视点预置"命令，或输入 DDVPOINT 命令。

Step 02 打开"视点预置"对话框，选择"绝对于 WCS"选项，然后在"自：X 轴"中输入角度值，在"自：XY 平面"中输入角度值，单击 [确定] 按钮，系统立即切换三维视图样式。

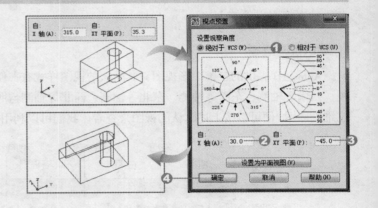

在"视点预置"对话框中，直接在左侧图像框中单击选 X 轴观察角度；在右侧图像框中直接单击 XY 平面观察角度，也可以达到上述效果。

11.1.4 三维导航视图

AutoCAD 提供"三维导航"与"动态观察"两个工具栏，以便查看三维立体图形。它们具备几种重要查看功能，详见下面说明。

三维缩放（3D ZOOM）与平移（3D PAN）

三维缩放与平移与二维中的图形的缩放与平移类似，只是它们专门用来处理三维对象而已，只要单击"三维缩放" 或"三维平移" 按钮便可放大、缩小、平移三维画面。

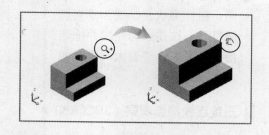

三维受约束动态观察（3DORBIT）

"受约束动态观察"其实就是移动相机沿着 XY 平面或 Z 轴方向绕着视口中心来动态观察，感觉上好像是三维对象在转动，其实视图目标仍保持静止状态，这一点请留意。当单击 按钮，按住左键水平拖动光标，相机会沿着与世界坐标系统（WCS）的 XY 平面平行的方向移动，如果垂直拖动光标，相机会沿着 Z 轴移动。

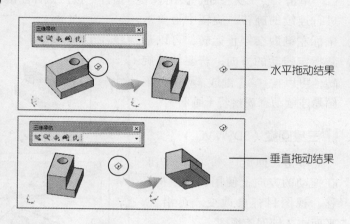

水平拖动结果

垂直拖动结果

三维自由动态观察（3DFORBIT）

"自由动态观察"是以视口中心为目标，进行三维空间的任意旋转，当我们单击"动态观察"工具栏上的 工具按钮时，画面上会呈现一个大圆圈与特殊指针，根据鼠标指针所在的位置，所旋转的方式也有不同。

- 光标在大圆内：光标形状会改变为 ，按住鼠标左键并拖移指针，视图会绕着目标点自由移动。

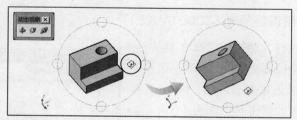

- 光标在大圆外：光标形状会改变为 ，按住鼠标左键并拖移指针，视图会绕着通过大圆中心且垂直于屏幕的轴移动。

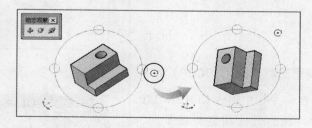

- 指标在大圆左侧或右侧的小圆：指针形状会改变为水平椭圆符号，按住鼠标左键并拖移指针，视图会绕着大圆中央的垂直轴旋转。

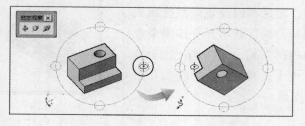

新手一学就会 ▼ AutoCAD 辅助绘图

● 指标在大圆上方或下方的小
圆：指针形状会改变为垂直椭
圆符号，按住鼠标左键并拖移
指针，视图会绕着大圆中央的
水平轴旋转。

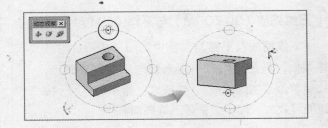

三维连续动态观察（3DCORBIT）

单击 [ ] 工具按钮，会出现 [ ] 指针，按住鼠标左键任意拖移指针，便会按照指定的轨迹
进行连续的旋转；旋转中再单击
鼠标左键即会停止运转，可以重
新指定转动的方向；若要结束旋
转，可以按 [Enter] 键或 [Esc] 键（下
图是连续动态观察若干画面）。

三维回旋（3DSWIVEL）

单击"回旋" [ ] 工具按钮，
在拖动的方向上使用相机模拟平
移，视图目标会改变。可沿 XY
平面或 Z 轴回旋视图。

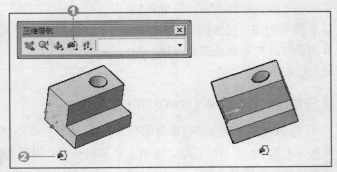

水平移动

三维调整距离（3DDISTANCE）

执行"调整距离" [ ] 工具按钮，
系统会仿真照相机的原理，调整镜
头的远近来查看图形； [ ] 往上移
动即放大，往下移动即缩小。

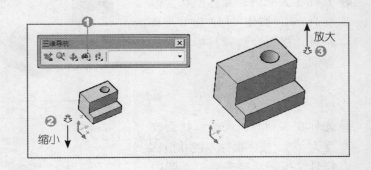

调整剪裁平面（3DCLIP）

在命令行中输入 CLIP3DCLIP
命令，便打开"调整剪裁平面"
窗口，允许我们设置调整剪裁截
取平面，执行后切开立体图来查
看的内部结构，同样地，这个操
作只用于查看，并不会改变真正
三维图形。

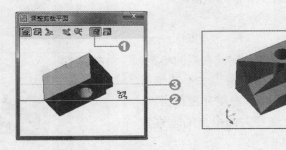

提示

上述立体空间的查看只限定在"模型空间"才能执行，在"图纸空间"只能查看设置好的二维或三维视图。

11.2 建立三维线框

用户可以利用线、圆、弧、椭圆、矩形、螺旋线、三维多段线或样条曲线命令，在三维空间中建立线框。线框一般均不指定对象的厚度，每个线框对象必须单独在三度空间中画出，或是先画好二维对象再将其搬至三度空间中定位。在绘制的过程中可以切换 UCS，以便在适当的作图平面上画上线框。三维多段线和样条曲线均可以直接输入三维的坐标点，以便建立三维空间中的直线和曲线。

为方便绘制三维立体对象，请参考 1.1.2 节，打开"三维建模"工作空间，系统自动打开对应的"面板"与"工具选项板"界面，如右图所示。

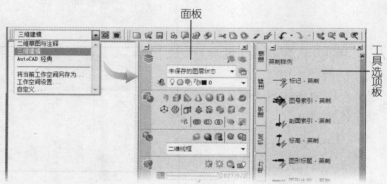

11.2.1 以二维线框绘制三维对象

利用二维绘图命令所绘制出来的图形，系统默认高标皆为 0，也就是只能在平面上绘图，但是通过高标的设置并配合三维绘图功能（例如：拉伸、剖切等），可以绘制出立体的对象来。

范　例　利用二维多段线配合高标设置来建立三维线框书桌

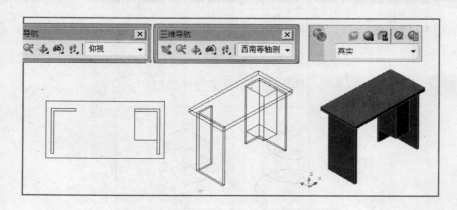

Step 01 新建文件，事先建立三个图层（Lev0、Lev20、Lev90）。

Step 02 打开"特性"选项板，切换到图层 Lev90，以多段线（Pline）绘制桌面矩形（60×120），设置高标为 90.0（即离地 90 cm 高）。

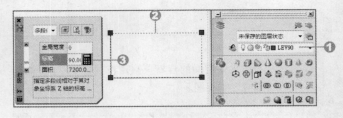

Step 03 切换图层为 LEV0，以多段线（Pline）绘制桌脚形状、设置高标为 0.0。

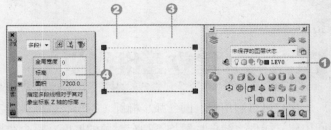

Step 04 切换图层为 LEV20，以多段线（Pline）绘制抽屉形状、设置离地面高标为 20.0。

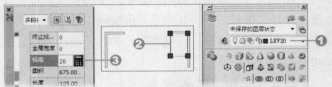

Step 05 单击"三维导航"工具栏的"西南等轴测"视图，线框会因为高标不同而呈现出三维立体空间。

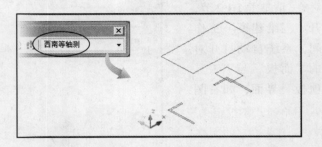

> **提示**
>
> 三维拉伸操作实体建立：此部分留待 11.4.2 范例加以说明。一旦完成正确立体拉伸操作，便可以形成一个如范例所示的立体实体。如果以三维多段线（3DPOLY）来绘制三维线框，方式类似二维线框，不同的是：三维多段线没有高标的设置，但是通过设置顶点的（X,Y,Z）坐标，所达成的效果会与二维多段线相同。

11.2.2　三维多段线（3D POLY）与螺旋线（HELIX）

系统提供"三维多段线"与"螺旋线"命令，可以在空间中建立三维线框图形，请参考接下来的范例说明。

范　例　利用三维多段线与螺旋线绘制三维立体线框

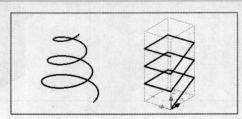

Step 01 执行"绘图"→"三维多段线"命令，依次在命令行输入需要的空间点坐标（例如：（0,0,0）、（10,0,5）、（10,8,5）、（0,8,5）、（0,0,5）等）。

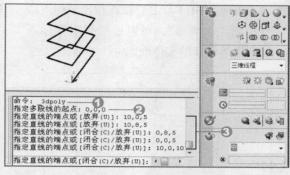

Step 02 执行"绘图"→"螺旋"命令，单击底面中心点，输入"底面半径"、"顶面半径"与"螺旋高度"，按 Enter 键结束。

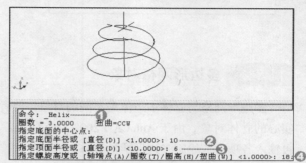

11.3　建立三维网格并设置视觉样式

网格模式不仅定义三维对象的边界，同时还定义了它的网格。网格是由多个二维小网格来表示，网格愈小愈接近真实的网格。"三维网格"相关命令并没有默认工具按钮可供使用，而是放置在"绘图"→"建模"→"网格"菜单中。

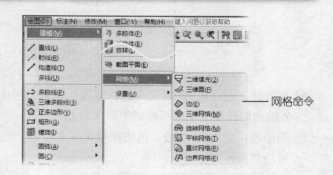

11.3.1　建立三维平面与网格

为了方便绘制三维平面或网格，AutoCAD 提供了二维填充和三维面等命令，绘制的方法说明如下。

▌ 建立基本立体面

● "二维填充"（SOLID）：执行"绘图"→"建模"→"网格"→"二维填充"命令，依次指定三点或四点即可绘制"二维填充"，若输入点的顺序不同，图形结果也会不同。

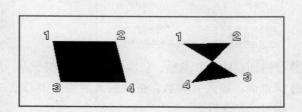

● "三维面"（3D FACE）：依次指定坐标点即可绘制"三维面"，可以连续指定坐标点绘制连续相接的实体面。

● "三维网格"（3D MESH）：依次输入 M 方向网格数、N 方向网格数及所有 M*N 个顶点坐标，即可绘制"三维网格"。

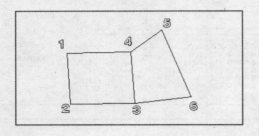

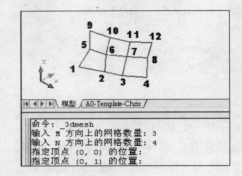

11.3.2 多边形网格对象

多边形网格与立体多边体是不同的对象，前者是由多个网格所构成的中空对象，后者则是实心的立体对象。由于 AutoCAD 2008 没有默认工具按钮，因此，在命令行中先输入 3D 命令，再输入各项参数绘制多边形网格对象。

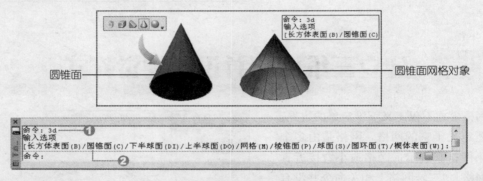

● 长方体表面：执行 3D 命令后，输入 B 参数，再依次输入一个角点、长度、宽度、高度及绕 Z 轴的旋转角度，即可绘制矩形体表面。

● 圆锥面：输入 W 参数，再依次输入一个角点、长度、宽度、高度及绕 Z 轴的旋转角度，即可绘制圆锥面。

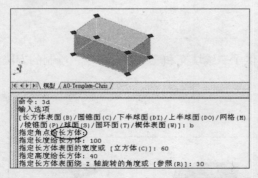

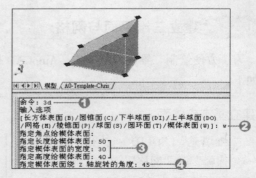

● 棱锥面：输入 P 参数，依次输入底面的四个点，然后输入角锥的最高点，即可绘制棱锥面。

● 圆锥面：输入 C 参数，依次输入底面的中心点、底面半径、顶面半径、圆锥高度及数目，即可绘制圆锥面。

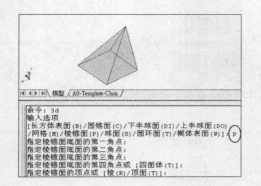

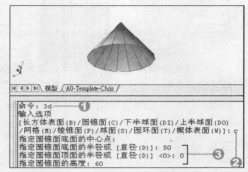

⬤ **球面**：输入 S 参数，依次输入中心点、半径、经线数目及纬线数目，即可绘制球面。

⬤ **上半球面**：输入 DO 参数，依次输入中心点、半径、经线数目及纬线数目，即可绘制上半球面。

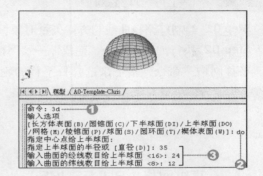

⬤ **下半球面**：输入 DI 参数，依次输入中心点、半径、经线数目及纬线数目，即可绘制下半球面，方法与上述相同。

⬤ **圆环面**：输入 T 参数，依次输入中心点、圆环面的半径、圆管的半径、圆管圆周分段数目及圆环面圆周分段数目，即可绘制圆环面。

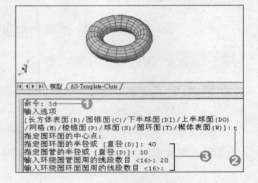

11.3.3　旋转网格（REVSURF）

利用"旋转网格"命令，建立一个绕着某一个选择轴旋转所产生的网格。

范　例　建立旋转网格对象

Step 01 请事先绘制好曲线与旋转基准线，执行"绘图"→"建模"→"网格"→"旋转网格"命令。

Step 02 选择要旋转的对象，选择定义旋转对象，输入指定起点角度（例如：0）、包含角（例如：360），便可建立旋转网格。

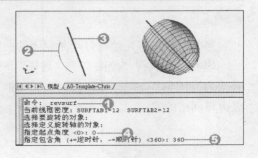

提示

在绘制旋转网格之前，可先设置网格的"线框密度"，输入 SURFTAB1 命令，设置旋转角度的网格等分数（系统内定为 6）；输入 SURFTAB2 命令，设置路径曲线的网格等分数（系统内定为 6），让网格呈现出较平顺的状态。

11.3.4 平移网格（TABSURF）

利用"平移网格"命令，建立一个路径曲线沿某一个方向矢量平移而得到网格。

范 例　建立平移网格对象

Step 01 绘制好路径曲线与方向矢量对象。

Step 02 执行"绘图"→"建模"→"网格"
→"平移网格"命令，接下来选择要平移的轮廓
曲线，指定方向矢量对象，完成建立平移网格。

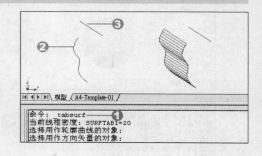

11.3.5 直纹网格（RULESURF）

利用"直纹网格"命令，建立两条曲线之间的直纹网格。

范 例　建立直纹网格对象

Step 01 绘制好两条曲线，执行"绘图"→"建
模"→"网格"→"直纹网格"命令。

Step 02 选择第一条定义曲线，选择第二条定
义曲线，完成在二条曲线之间建立直纹网格。

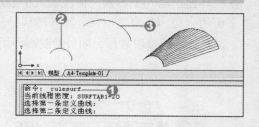

11.3.6 边界网格（EDGESURF）

利用"边界网格"命令，建立从 4 条相连封闭曲线中所产生的网格，这种网格称为"昆氏
网格"（COONS Surface）。

范 例　建立边界网格

Step 01 请事先绘制好 4 条封闭的曲线。

Step 02 执行"绘图"→"建模"→"网格"
→"边界网格"命令，依次选择边界曲线，便完
成边界网格的建立。

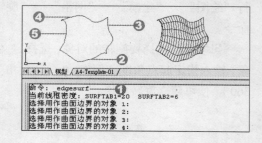

提示

🖉 在绘制边界网格之前，可先设置网格的网格密度，输入 SURFTAB1 命令，设置 M 方向的网格等分数；输入 SURFTAB2 命令，设置 N 方向的网格等分数。

🖉 第一条边界曲线决定了网格的 M 方向及网数，第二条边界曲线决定了网格的 N 方向及网数。

11.4　建立三维实体

用户可以建立多段体、长方体、球体、圆柱体、圆锥体、楔体或圆环体等三维立体对象，或是利用拉伸或旋转对象的方式来建立。

11.4.1　建立三维基本实体

用户可以执行"绘图"→"建模"对应的命令（例如：长方体、球体、圆柱体等）来建立三维基本实体，也可单击"建模"工具栏上对应的工具按钮来操作，接下来要说明几种重要的三维实体建立方法。

● **Step 01** 多段体（POLYSOLID）：利用此命令可将原有的线、二维多段线、弧或圆转换为具有矩形轮廓的三维实体，多段体可以具有曲线段，但默认轮廓永远为矩形。

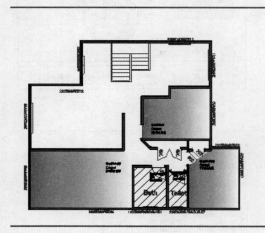 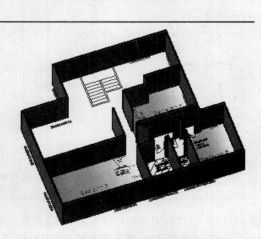

范　例 利用多段体命令绘制建筑物隔间墙

Step 01 请打开范例
CH11-4-1.DWG，我们要按着
墙面线来建立隔间墙对象。

Step 02 单击"建模"工
具栏上的"多段体" 按钮，
输入 H 参数设置高度；输入
W 参数设置宽度；输入 J 参数、
指定对齐方式（例如：左）。

Step 03 配合"对象捕捉"
功能，依次单击图上墙面线的
端点，完成后按 Enter 键结束。

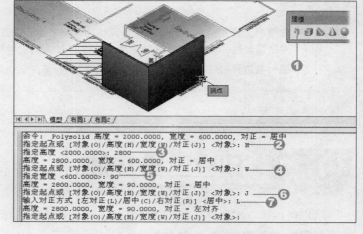

● 长方体（BOX） ：依次输入第一角点、
对角点及高度，即可绘制长方体。

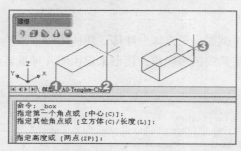

● 圆锥体（CONE） ：依次输入中心点、
半径及高度，即可绘制圆锥体。

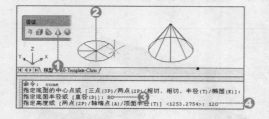

● 楔体（WEDGE） ：依次输入第一角点、
对角点及高度，即可绘制楔体。

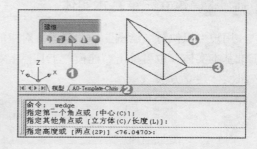

● 球体（SPHERE） ：依次输入中心点及
半径，即可绘制球体。

提示

ISOLINES 参数代表球体经线、纬线的总和，默认值为 8，可以按需要调高数值。

● 圆柱体（CYLINDER） ：依次输入底面的
中心点、半径及高度，即可绘制圆柱体。

● 圆环体（TORUS）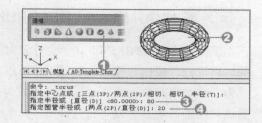：依次输入中心点、圆环体的半径及圆管的半径，即可绘制圆环体。

● 棱锥面（PYRAMID）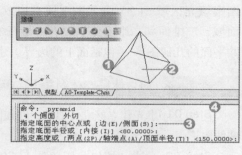：指定中心点，依次输入基准半径、高度，即可绘制棱锥面。

提示

> 在绘制三维实体时，如果要指定点位置时，都可以使用相对／绝对坐标方式输入指定的点位置，请参考 2.1 节。

11.4.2　拉伸实体（EXTRUDE）

利用"拉伸"命令，将二维多段线、圆、椭圆等闭合的对象，拉伸一个具有高度的三维实体。若不是多段线对象，可以先利用"编辑多段线"命令，将图形结合成整体性对象。

范　例　将建立好的线框图形拉伸成为立体书桌

Step 01 打开 11.2.1 节的范例文件，配合图层打开关闭概念，打开 Lev0 图层（关闭其他图层），设置在三维视图的上俯视图状态。

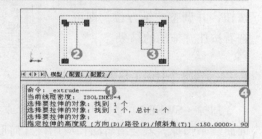

Step 02 单击"拉伸"按钮，选择桌脚对象，按 Enter 键，输入拉伸高度 90，按 Enter 键。

Step 03 以此类推；将桌面矩形拉伸高度 3 单位，抽屉拉伸 70 单位，完成后转换为"西南等轴测"三维视图，就会呈现出立体线框图。

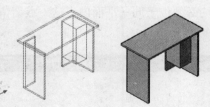

Step 04 单击"视觉样式"工具栏的"概念视觉样式"工具按钮，会呈现三维彩色图形。

提示

> 由于抽屉高标离地为 20 单位，因此拉伸 70 单位就会成为 90 单位高，与桌面相连接成一体，至于桌面拉伸 3 单位，作为桌面厚度。在选择要被拉伸的对象后输入 P，可以将对象以指定路径的方式沿着该路径建立拉伸实体。

新手一学就会 ▼ AutoCAD 辅助绘图

11.4.3 按住并拖动（PRESSPULL）

按住并拖动（PRESSPULL）命令针对具有封闭边界的区域进行"按住并拖动"的效果，可以将该面域拖出成为立体凸出对象，或通过按压方式成为镂空效果。只要该封闭的区域具有以下特性即可：（1）封闭可以绘制图案填充区域；（2）由共平面顶点组成的封闭多段线、面域、三维面和二维实体；（3）由与三维实体的任意面共平面的几何图形（包括面上的边界）建立的区域。

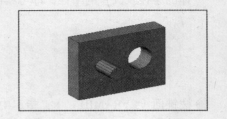

| 范 例 | 将立体长方体对象上的两个圆封闭区域进行按住并拖动 |

Step 01 事先建立好立体对象，并在同一侧面域上建立两个封闭的区域（例如：两个二维圆曲线图形）。

Step 02 单击"按住并拖动" 🔲 按钮，单击具有边界的封闭区域中心处，将该面域拉出，即形成突出的立体对象。

Step 03 按照上面的方式，单击另一个具有边界的封闭区域中心处，以相反坐标轴的方向拖动，便形成镂空状态。

Step 04 执行"视觉样式"工具栏的"真实视觉样式" 🔲 按钮，并调整三维方位，即可查看按住并拖动的结果。

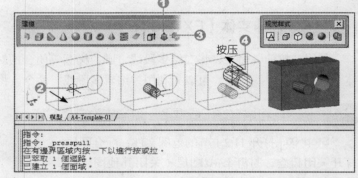

11.4.4 扫掠（SWEEP）

扫掠（SWEEP）命令可以通过开放或封闭的二维或三维路径，以指定的开放或封闭的平面曲线来扫掠，就会沿着路径应用该几何形状，用以建立新实体或曲面对象。可以扫掠多个对象，但所有这些对象均必须位于同一平面内，这一点请留意。下面的表格显示可以用作扫掠的对象或扫掠路径的对象。

可扫掠的对象	可用作扫掠路径的对象
直线	直线
圆弧	圆弧
椭圆弧	椭圆弧
二维多段线	二维多段线
二维样条曲线	二维样条曲线
圆	圆
椭圆	椭圆
平面曲面	三维样条曲线
二维实体	三维多段线
宽线	螺旋线
面域	实体或曲面的边界

范 例 以螺旋线来扫掠二维圆曲线对象，建立一个螺旋管立体对象

Step 01 事先建立好二维圆曲线与螺旋线，单击"扫掠" 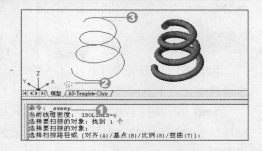 按钮。

Step 02 单击要扫掠的对象（例如：二维圆曲线），按 Enter 键，单击扫掠路径，便完成一个立体对象。

提示

使用"扫掠"命令的"扭曲"（T）参数，会将横截面的形状沿着扫掠路径加以扭曲。

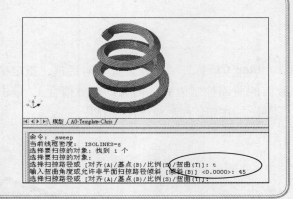

11.4.5　旋转实体（REVOLVE）

利用"旋转"命令，将二维多段线、多边形、矩形、圆、椭圆、面域等闭合的对象，指定旋转轴建立三维实体。但是要旋转的对象必须在旋转轴的一侧，才能建立旋转实体。

范 例 以旋转的方式建立三维实体

Step 01 单击"旋转" 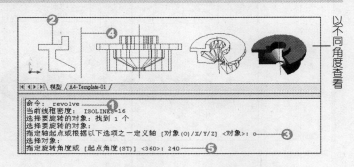 工具按钮，选择要旋转的对象，按 Enter 键。

Step 02 输入 O 参数（对象），选择旋转轴对象，输入旋转角度（例如：240），并按 Enter 键完成。

以不同角度查看

提示

不闭合的二维对象、自相交的对象、块中的对象或三维对象均不能旋转。

11.4.6　放样（LOFT）

放样（LOFT）命令可使用多条曲线进行放样，以建立三维实体或曲面，其中横截面可以

是曲面轮廓、开放的（例如：弧）或封闭图形（例如：圆），一旦将这些横截面执行 LOFT 命令，就会在横截面之间的空间部分制作连贯性的实体或曲面。

范 例 利用不同的轮廓曲线，以 LOFT 命令来制作轮廓线立体图形

Step 01 打开范例 CH11-4-5.DWG，已经以多段线建立若干不同高标的封闭曲线。

Step 02 执行 LOFT 命令或单击 按钮，依顺序单击轮廓线，按 Enter 键，输入 C 参数（仅限横截面）。

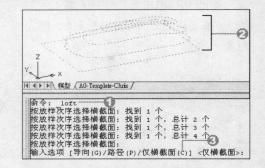

Step 01 打开"放样设置"对话框，指定横截面的曲面控制方式（例如：平滑拟合），单击 确定 按钮，便形成放样的结果。

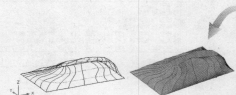

提示

在"放样设置"对话框中，设置不同的"横截面上的曲面控制"选项，所呈现的样式也有不同。

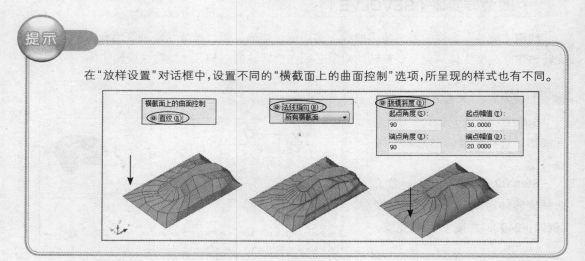

11.4.7 实体剖切（SLICE）

实体剖切在三维对象的编辑上相当重要，可以将立体对象以选择的参考对象方式来剖切，以平面对象剖切、曲面剖切、视图剖切、三点剖切等方式，说明如下。

范　例　以三点方式剖切立体对象

Step 01　事先建立好三维立体对象，在"面板"上展开"三维制作"控制台，单击"剖切" ![按钮图标] 按钮。

Step 02　单击要被剖切的对象，输入参数 3（三点剖切），依次指定剖切平面第一点、第二点、第三点。

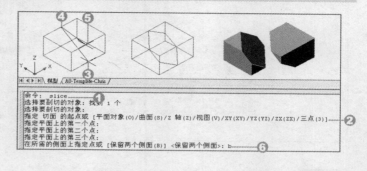

Step 03　输入参数 B（保留两个侧面），保留剖切后对象，移动对象便可看出分割的情况。

范　例　以平面对象剖切立体对象

Step 01　事先绘制好二维多段线对象，单击"剖切" ![工具图标] 工具按钮，窗交要被剖切的对象。

Step 02　输入参数 O（平面对象），按 Enter 键，选择二维多段线对象，输入参数 B，并按 Enter 键完成。

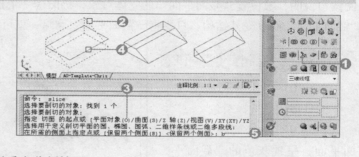

Step 03　移动剖切对象，便可看出分割情况。

提示

Z 轴（Z）、视图（V）与 XY/YZ/ZX、剖切方式的做法，步骤与上面类似，请参考下图。

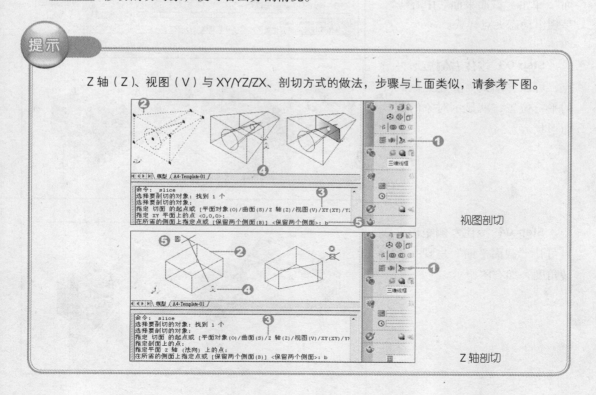

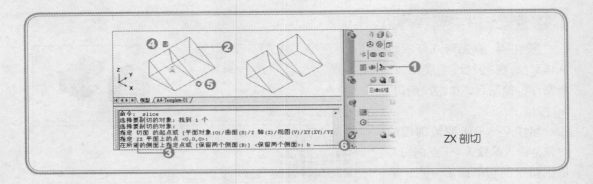

ZX 剖切

11.4.8 截面平面与平面摄影

截面平面（SECTIONPLANE）的用意，就是要观察立体对象的横截面结构，方便立体图的阅读与说明，被设置"截面平面"的立体对象，仍旧是一个独立完整的对象，也不会因为建立"截面平面"而改变其结构。只要将"截面平面"删除，就可以恢复三维对象原貌。

范 例　绘制三维截面平面

Step 01 单击 "截面平面"工具按钮，选择对象。

Step 02 单击要建立的截面平面，呈现灰色的"截面平面"，单击"截面平面"中心线，呈现出动态夹点样式。

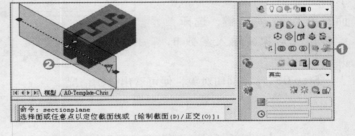

Step 03 按住右侧矩形夹点，可以移动到需要建立截面的平行位置，就显示对象的截面形状。

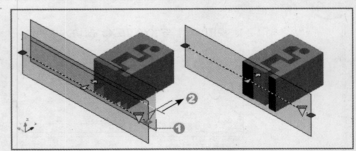

Step 04 按住左侧矩形夹点可让"截面平面"呈现一旋转角度，如右图所示。

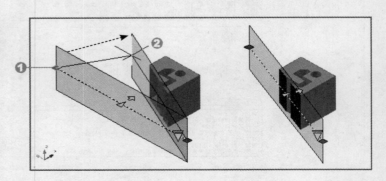

Step 05 单击"箭头符号"夹点，可以绘制反侧的截面平面。

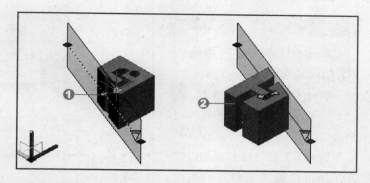

Step 06 旋转截面平面：如果想要旋转截面平面，可以执行"修改"→"旋转"命令，单击截面平面，并设置来执行，请自行尝试。

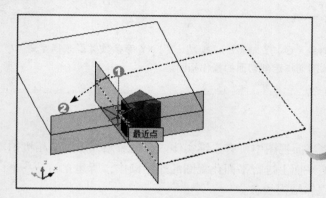

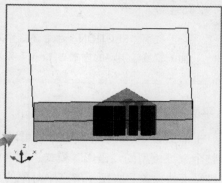

提示

如果单击向下夹点，在列表中可以显示出"截面边界"、"截面体积"的不同样式，并且有对应的夹点来使用，请自行尝试，如果要恢复对象原状，只要将该"截面平面"加以"删除"即可。

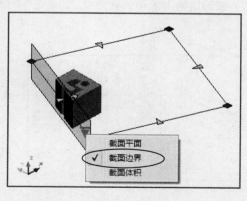

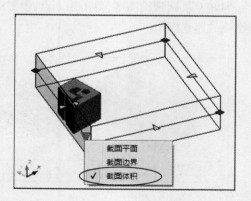

截面（SECTION）

截面（SECTION）命令是 AutoCAD 2006 具备的功能，与"截面平面"类似，可依照指定的横截面位置，呈现出截面样式，且不会影响原立体对象结构。

| 范 例 | 建立三维对象的截面 |

Step 01 在命令行中输入 SECTION 命令，指定要立体对象。

Step 02 输入参数 3（三点（3）方式），指定截面平面的三个点。

Step 03 将立体对象加以移开，便可以看到所建立的截面对象。

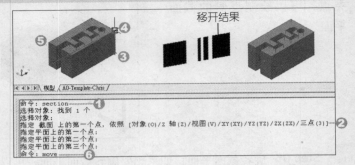

提示

截面（SECTION）命令还提供对象（O）/Z 轴（Z）/视图（V）XY 等参数类型来指定截面的位置，指定的方式与 11.4.7 实体剖切指定剖切面的操作相同。

▌ 平面摄影（FLATSHOT）

平面摄影（FLATSHOT）命令可以将当前视图中所有三维实体或面域对象，以类似相机拍摄整个三维模型的"摄影"模式，在 XY 平面上进行平面化视图的建立操作，所建立的是一个二维平面块对象，方便了解三维对象的立体结构状态。

| 范 例 | 建立平面摄影对象 |

Step 01 单击"面板"上"三维制作"的"平面摄影"按钮，打开"平面摄影"对话框。

Step 02 单击"插入为新块"选项，设置好"前景线"、"暗显直线"的"颜色"、"线型"等参数，单击"创建"按钮。

Step 03 回到绘图区，单击插入点，设置 X、Y 轴的比例因子与旋转角度，便完成"平面摄影"二维块的建立操作。

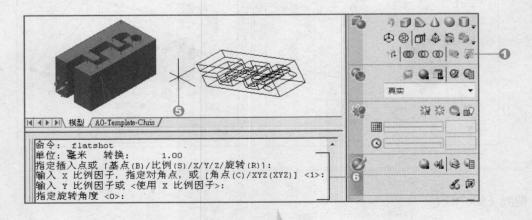

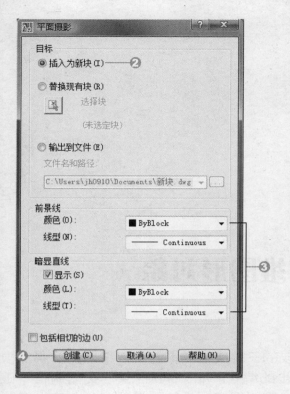

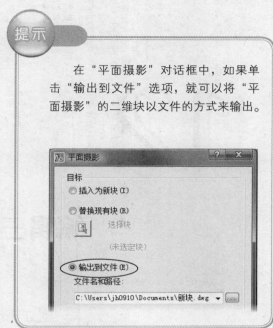

提示

在"平面摄影"对话框中，如果单击"输出到文件"选项，就可以将"平面摄影"的二维块以文件的方式来输出。

11.4.9　干涉检查（INTERFERE）

干涉检查（INTERFERE）命令可以找出两个以上立体对象之间相干涉的情况，并将共有的部分建立一个复合实体，并保留原先的立体对象。

范　例　建立干涉实体

Step 01 执行"修改"→"三维操作"→"干涉检查"命令，或者在命令行中输入 INTERFERE 命令，依次选择第一组、第二组实体。

Step 02 出现"干涉检查"对话框，可以选择对应的"上一个"、"下一个"、平移、缩放、三维旋转等按钮来调整视图的查看样式。

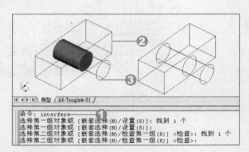

Step 03 如果想要保留干涉对象，请取消选择"关闭时删除已创建的干涉对象"复选框，单击按钮完成。

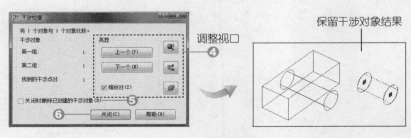

编辑三维图形对象

建立完成的三维实体对象，可以按照其所属的模型进行进一步的编辑。AutoCAD 提供"实体编辑"工具栏，让用户可以很方便地编辑复合实体、三维实体面；此外，本章还将介绍三维实体对象的"移动"、"旋转"和"镜像"、"阵列"等功能。

● 学习重点

12.1　编辑复合实体

利用布尔运算的 UNION、SUBTRACT 或 INTERSECT 等命令，针对现有实体建立并集、差集或交集等复合实体。

12.1.1　并集（UNION）

利用并集命令，使两个或两个以上的实体，结合成一个复合实体。

范　例　建立并集复合实体

Step 01 首先建立两个独立的立体对象，将两对象重叠在一起。

Step 02 单击"实体编辑"工具栏上的"并集" 按钮。

Step 03 再来创建要并集的对象，按 Enter 键，完成建立并集的复合实体。

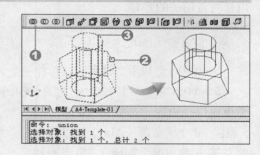

12.1.2　差集（SUBTRACT）

利用差集命令，使两个或两个以上的实体，删除其共有的部分。

范　例　建立差集复合实体

Step 01 单击"差集" 工具按钮。

Step 02 选择"六边形"并按 Enter 键，然后选择"圆柱体"为差集的对象，并按 Enter 键完成建立差集的复合实体，最后输入 HI 取消三维隐藏。

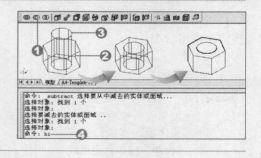

12.1.3　交集（INTERSECT）

利用交集命令，使两个或两个以上的实体，保留其共有的部分。

范　例　建立交集复合实体

Step 01 单击"交集" 工具按钮。

Step 02 选择"六边形"与"圆柱体"对象，按 Enter 键，完成建立交集的复合实体。

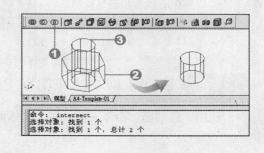

新手一学就会 ▼ AutoCAD 辅助绘图

12.2 编辑三维实体面

利用"实体编辑"工具按钮的各项命令，可以针对三维实体的任意一个面进行编辑，详细的方法与功能，在下面各小节中介绍。

12.2.1 拉伸（EXTRUDE）

第 11 章范例曾提到二维多段线的"拉伸"范例，是利用二维多段线拉伸一个三维实体；这一小节要进一步介绍的是利用原有的"实体编辑"工具栏的"拉伸" ⬚ 工具按钮，拉伸一立体面，它与二维的拉伸方法类似，只是必须针对一个既存的"面域"才能进行拉伸操作，这也是两者用法的差异。

范 例　拉伸三维实体面域

Step 01 先利用二维多段线拉伸一个长方体对象。

Step 02 单击"拉伸" ⬚ 工具按钮，选择要拉伸的实体面，如果选择的面还连接其他的面，命令窗口会出现"选择面 [放弃（U）> 删除（R）> 全部（ALL）]:"信息，此时输入参数 R（删除），单击不要的面域，只剩下一个面域。

Step 03 按下 Enter 键，输入拉伸高度（例如：15）和拉伸角度（例如：20）。

Step 04 连续按两次 Enter 键结束实体面编辑状态。

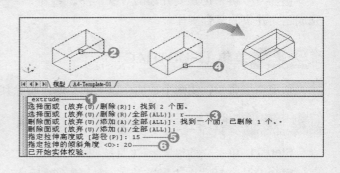

 提示

- 如果没有删除多余的实体面，当执行完成"拉伸"操作，会形成复数面域的拉伸结果。
- 如果已建立好路径的直线对象，那么在步骤 3 中输入参数 P(路径)，就会沿着路径的方向与高度来拉伸实体面域。

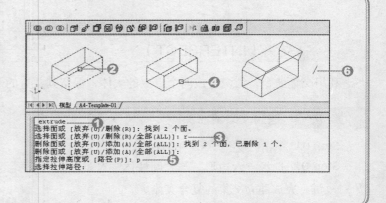

12.2.2 移动面（SOLIDEDIT/_FACE）

利用"移动面"命令，可以移动实体面的位置。

范　例　移动实体面到不同位置上

Step 01　单击"原点" ⌊ 工具按钮，将新原点设于（O）点，让该平面成为 X-Y 平面。

Step 02　单击"移动面" ⊡⁺ 工具按钮，出现 SOLIDEDIT（实体编辑）命令，并且自动设置为"面"（F）的编辑模式（亦即参数 FACE）。

Step 03　可复选要移动的面域，按 Enter 键，指定基点与第二个位移点，连按两次 Enter 键便完成面域的移动操作。

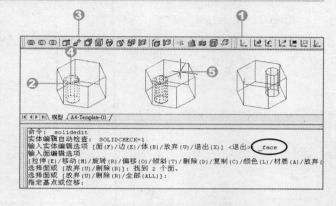

进行三维实体编辑时，如果在三维视图状态下（不论是东南、西北或任意视图），当我们认为是正确选择某一特定立体面或点时，往往选择的位置与实际有出入，因而无法达到目的，那是因为编辑的平面位置无法掌控，因此强烈建议编辑三维立体面时，必须配合 UCS 坐标，将要选定的面指定为 X-Y 平面，所进行的编辑操作才能如预期的正确。

12.2.3　偏移面与删除面

▌偏移面（SOLIDEDIT/_FACE/_OFFSET）

利用"偏移面"命令，可以将实体面偏移一段距离，这个命令与二维绘图的 OFFSET 命令相似，惟一的不同点是二维的 OFFSET 完成偏移复制后会保留原先的对象，而三维的偏移面会将原先的面删除，只留下新的部分。

范　例　偏移实体面

Step 01　单击"原点" ⌊ 工具按钮，将新原点设于立体对象顶部边缘点，让该平面成为 X-Y 平面。

Step 02　单击"偏移面" ⬚ 工具按钮，单击要偏移的面，按 Enter 键。

Step 03　输入偏移距离（例如：5），最后按两下 Enter 键完成偏移面操作。

提示

如果输入的距离为负值，代表该三维实体面会缩小。

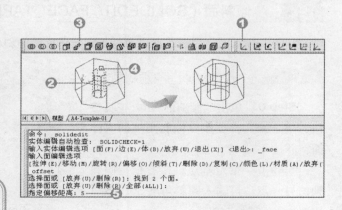

▌删除面（SOLIDEDIT/_FACE/_DELETE）

利用"删除面"命令或 Del 键，可以将不需要的实体面删除。

范 例　删除实体面

Step 01　单击"删除面"⬚工具按钮。

Step 02　选择要删除的实体面，并按 3 次 Enter 键完成。

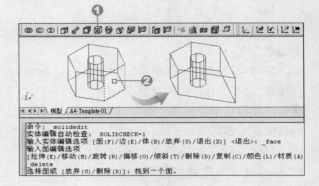

12.2.4　旋转面（SOLIDEDIT/_FACE/_ROTATE）

利用"旋转面"命令，可以旋转实体面的角度。

范 例　旋转实体面

Step 01　单击"旋转面"⬚工具按钮，选择要旋转的实体面，并按 Enter 键。

Step 02　指定旋转轴：输入参数 X，接着指定旋转原点，输入旋转角度（例如：15），按两下 Enter 键结束。

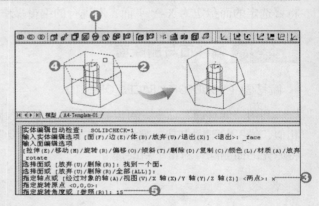

12.2.5　倾斜面（SOLIDEDIT/_FACE/_TAPER）

利用"倾斜面"命令，可以改变指定实体面的倾斜角度。

范 例　改变实体面的倾斜角度

Step 01　单击"倾斜面"⬚工具按钮，接下来选择要改变倾斜角度的实体面，并按 Enter 键。

Step 02　指定基点，接着指定倾斜轴的另一点，再输入倾斜角度 30，最后按两次 Enter 键完成。

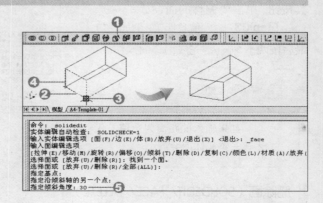

12.2.6　复制面与复制边缘

利用"复制面"（SOLIDEDIT/_FACE/_COPY）命令，可以复制实体面。而"复制边"（SOLIDEDIT/_EDGE/_COPY）命令却可以将实体边缘每一线段选择好之后，复制到所要的地方。两者功能非常类似，惟一差别在于：前者以面为单位，后者以边为单位进行复制。

范　例　复制所指定的多重实体面

Step 01 单击"复制面"⧉工具按钮，选择要复制的实体面，并按 Enter 键。

Step 02 指定基点，移动指针指定位移的第二点，最后按两次 Enter 键完成。

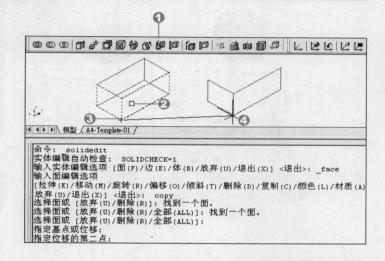

范　例　复制实体边

Step 01 单击"复制边"⧉工具按钮，选择要复制的边，按 Enter 键。

Step 02 指定基点，移动指针指定位移的第二点，最后按两次 Enter 键完成。

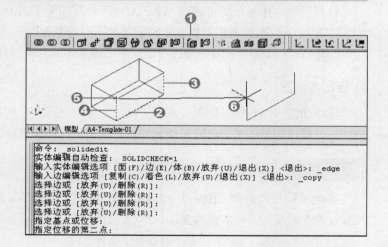

12.2.7　着色面与着色边

利用"着色面"（SOLIDEDIT/_FACE/_COLOR）命令，可以指定实体面的颜色，而"着色边"（SOLIDEDIT/_EDGE/_COLOR）就是用来设置边缘线段的颜色。

范例　指定实体面的颜色

Step 01 单击"着色面" 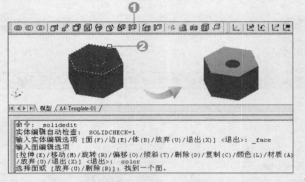 工具按钮，选择要着色的实体面，并按 Enter 键。

Step 02 打开"选择颜色"对话框，选择所要的颜色，接着单击 确定 按钮，返回绘图窗口，最后按两次 Enter 键完成。

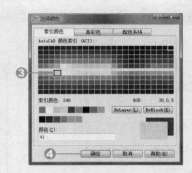

至于"着色边"命令，方法与着色面类似，单击"着色边"  工具按钮，选择要着色的边缘线段并选择颜色，便可以完成边缘着色。

12.2.8 压印 / 清除与分割

针对三维立体对象的边和面，AutoCAD 提供"压印"（IMPRINT）和"清除"（SOLIDEDIT/_BODY/_CLEAN）的命令，让我们可以在边和面加上不同的平面图形。而"分割"（SOLIDEDIT/_BODY/_SEPARATE）就是要将两个通过并集成为三维实体的对象，分割成各自独立的对象。

▌压印与清除

压印功能可以将圆、圆弧、椭圆、线、二维与三维多段线等对象，与要压印的对象建立新的面，再将压印的图形着色便完成此操作，而清除操作就是将已经压印的面加以清除。

范例　将矩形体压印圆形图案，之后再加以清除

Step 01 打开范例 CH12-2-8.DWG，首先建立好两个相交的三维实体对象。

Step 02 单击"压印" 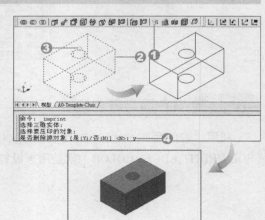 工具按钮，选择三维实体、选择要压印对象，并输入参数 Y（删除源对象），按 Enter 键结束。

Step 03 请按照"着色面"操作程序，将"压印"对象着色，就能比较"压印面"与"立体面"的差异。

Step 04 单击"清除" 按钮，选择三维实体对象，按 Enter 键即完成"清除"压印面的操作。

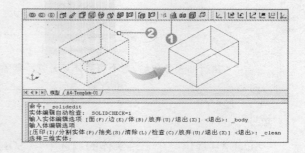

提示

　　　　在进行压印之前，必须确保要压印的图形需要与立体面有相交，否则无法产生压印功能。

▌分割

　　分割实体的用意是将原本并集后成为空间整体的对象（但不是两实体有相交在一起），通过分割命令，再将两者分开为各自独立对象。

> 范　例　　分割两结合的三维实体

Step 01 预先建立好两并集立方体（不相交）。

Step 02 单击"分割" 工具按钮，选择实体对象，连按两次 Enter 键结束，便可将两实体分开。

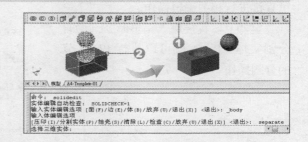

提示

　　　　如果两立体实体通过并集成相交一起的对象，就无法通过分割命令加以分开，必须通过分割命令才能分割，请注意两者的差别。

12.2.9 抽壳功能与选中

　　AutoCAD 提供"抽壳"（SOLIDEDIT/_BODY_SHELL）功能，可以让任何三维实体变成一个中空的抽壳实体，并可指定抽壳的厚度，在模具的制图上有很大的帮助。

> 范　例　　分割两结合的三维实体

Step 01 单击"抽壳" 工具按钮，选择实体对象。

Step 02 输入抽壳偏移距离（例如：3），连按两次 Enter 键结束。

Step 03 将图形转成三维线框，能分辨出已经抽壳。

Step 04 执行分割操作，将实体对角切开（请参考 11.4.4 节），就能分辨抽壳结果，如右图所示。

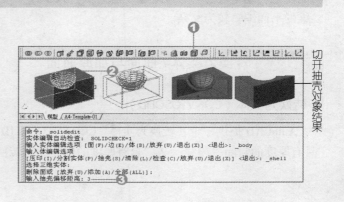

> **提示**
>
> 执行抽壳命令后,若不将实体切开就不能看出差别,惟有在三维线框下才能看出大概。

▍选中

AutoCAD 提供一个三维实体的"选中"(SOLIDEDIT/_BODY/_CHECK)命令,以检查要编辑的对象是否为有效的三维实体对象,以避免产生修改操作的错误,一旦通过"选中",就可以直接输入要编辑的命令参数,进行实体编辑操作。

范　例　选中对象是否为三维实体,并进行三维实体相关编辑操作

Step 01 单击"选中" 按钮,单击三维实体对象,显示"此对象是有效的 ShapeManager 实体"的信息,即可直接进行相关编辑操作。

Step 01 直接输入编辑命令(例如:分割实体(P)),就可以执行 12.2.8 节的分割操作。

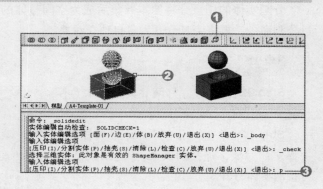

> **提示**
>
> 如果使用"选中"命令单击的对象并非有效的三维实体对象,在命令行中就会出现"必须选择三维实体"的信息,这一点请留意。

12.3　编辑三维实体对象

在此要介绍的三维编辑实体内容,包含立体对象的圆角、倒角编辑、阵列、镜像与旋转等功能,它的基本观念与二维对象观念类似,只不过三维对象编辑是针对立体空间来编辑,比起二维的平面编辑较为复杂。

12.3.1　转换为实体 / 曲面与加厚曲面

▍转换为实体(CONVTOSOLID)

AutoCAD 提供一个"转换为实体"(CONVTOSOLID)命令,可以将"具有厚度的多段线"、"具有厚度的封闭多段线"与"具有厚度的圆"图形转换为三维实体对象。

范　例　将具有厚度的圆对象转换为三维实体圆对象

Step 01 首先绘制一个二维圆图形，在"特性"选项板中输入指定它的厚度（例如：10）。

Step 02 选择"修改"→"三维操作"→"转换为实体"命令，单击具有厚度的多段线，按 Enter 键即完成此操作。

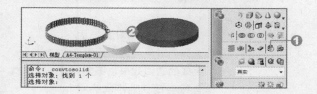

转换为曲面（CONVTOSURFACE）

AutoCAD 提供一个"转换为曲面"（CONVTOSURFACE）命令，可以将二维实面、面域、具有厚度的开放多段线、零宽度多段线、具有厚度的线、具有厚度的弧、三维平面等对象转换为曲面。

范　例　将具有厚度的封闭多段线转换为曲面

Step 01 首先用"多段线"（PLINE）命令绘制好封闭的曲线，在"特性"选项板中指定厚度（例如：15）。

Step 02 选择"修改"→"三维操作"→"转换为曲面"命令，单击上述的曲线，按 Enter 键即完成此操作。

加厚曲面（THICKEN）

AutoCAD 提供的"加厚"（THICKEN）命令，可以将三维曲面加厚形成三维实体对象，这是一个相当好用的命令。

范　例　将曲面对象加厚形成三维实体对象

Step 01 延续上范例，执行"修改"→"三维操作"→"加厚"命令或单击 按钮。

Step 02 单击要加厚的曲面，设置厚度（例如：10），按 Enter 键完成操作。

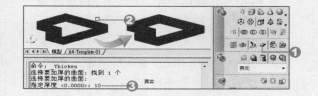

12.3.2　圆角与倒角编辑

在三维对象编辑圆角与倒角的命令与编辑二维对象命令相同。可以由"修改"工具栏找到对应的按钮。以编辑"圆角"而言，它的工具按钮为 ，命令为 FILLET，至于"倒角"，工具按钮为 ，命令为 CHAMFER，下面以范例说明。

范　例　进行三维实体圆角编辑

Step 01 单击"圆角" 工具按钮，选择第一个对象。

Step 02 输入圆角半径（例如：30），选择要编辑的边，按 Enter 键结束。

新手一学就会 ▼ AutoCAD 辅助绘图

提示

由于是立体对象，因此选择的对象与边不同时，所组成的圆角效果也不同，请自行尝试其他不同的组合样式。

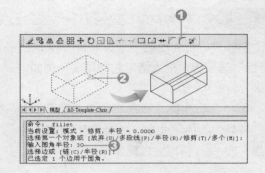

范 例 进行三维实体倒角编辑

Step 01 单击"倒角" ▱ 工具按钮，选择要编辑的曲面。

Step 02 输入基面的倒角距离（例如：20），输入其他面倒角距离（例如：30），选择边，按 Enter 键结束。

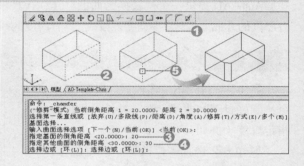

12.3.3 三维阵列（3D ARRAY）

在三维空间中利用 **3D ARRAY** 命令，可以建立实体对象的矩形阵列或环形阵列。

范 例 建立三维矩形阵列

Step 01 执行"修改"→"三维操作"→"三维阵列"命令。

Step 02 选择对象，按 Enter 键输入参数 R（矩形），输入行数、列数和层数。

Step 03 输入行间距（例如：60），输入列间距（例如：100），输入层间距（例如：60），便完成矩形阵列操作。

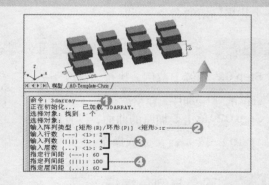

范 例 建立三维环形阵列

Step 01 执行"修改"→"三维操作"→"三维阵列"命令。

Step 02 选择对象，按 Enter 键，输入参数 P（环形），输入阵列项目数目，输入填充角度，输入参数 Y（是）。

Step 03 指定阵列中心点、指定旋转轴上第二点，便完成环形阵列操作。

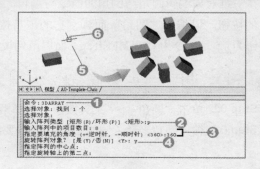

提示

因为是立体空间的环转，因此必须配合 UCS 坐标设置，才能正确指定要旋转轴心位置，请试着以不同 UCS 坐标来查看其差异。

12.3.4　三维镜像（MIRROR 3D）

在三维空间中利用 MIRROR 3D 命令来镜像三维实体对象。

范　例　建立一个三维镜像立体对象

Step 01　执行"修改"→"三维操作"→"三维镜像"命令。

Step 02　选择要镜像的三维对象，并按 Enter 键，输入参数 3（三点）。

Step 03　指定镜像平面第一点、镜像平面第二点、镜像平面第三点，输入参数 N（不删除源对象），便完成三维镜像操作。

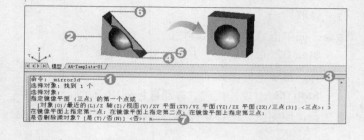

提示

三维镜像平面可以根据"对象 > 最近的 >Z 轴 > 视图 >XY>YZ>ZX> 三点方式来设置镜像平面，各种设置方法请参考 11.4.4 节。

12.3.5　三维旋转与三维移动

三维旋转（3D ROTATE）

在三维空间中利用 ROTATE 三维命令，依旋转轴来旋转三维实体对象。

范　例　旋转三维立体对象

Step 01　执行"修改"→"三维操作"→"三维旋转"命令或单击"建模"工具栏的 按钮。

Step 02　选择要旋转的三维对象，并按 Enter 键，指定旋转基点。

Step 03　出现旋转轴图标，用鼠标单击旋转轴图标的轴色彩（例如：蓝色）。

Step 04　拖动鼠标可指定旋转角度，或是直接输入角度值（例如：-80）便完成操作。

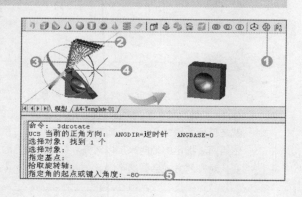

系统默认的 X、Y 与 Z 轴坐标图标，分别以红色、绿色与蓝色来加以区分。旋转角度以逆时针方向为正。

三维移动（3D MOVE）

范 例 在斜面对象上移动三维立体对象

Step 01 打开范例 CH12-3-5.DWG，执行"修改"→"三维操作"→"三维移动"命令，或单击"建模"工具栏的 按钮。

Step 02 单击斜面上方块对象，出现坐标图标，指定坐标图标基点。

Step 03 出现连接线，移动鼠标到指定第二点，便完成三维移动操作。

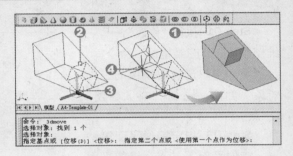

12.3.6 三维对齐（ALIGN）

"三维对齐"命令用来是使两个空间中的对象对齐，系统以三点式方式来指定对齐的相对位置，详见下面范例说明。

范 例 对齐三维对象

Step 01 延续上面范例，执行"修改"→"三维操作"→"对齐"命令，或单击"建模"工具栏的 按钮。

Step 02 选择要对齐对象，按 Enter 键，指定基准点、第二个点和第三个点。

Step 03 指定第一个目的点、第二个目的点和第三个目的点，完成对齐操作。

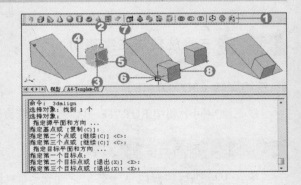

在步骤 2 所指定的点，就是源对象指定面域的基点、X 轴向和 Y 轴向的点。同样地，步骤 3 中的点，就是目标面域的基点、X 轴向和 Y 轴向的点，系统会依照两者指定的轴向来加以对齐。如果指定点顺序改变，对齐的方式会截然不同。

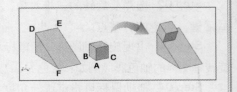

12.3.7　提取边（XEDGE）

AutoCAD 提供"提取边"命令，可以通过三维实体、面域或曲面中，将其边提取出来，以建立线框几何图形。

范　例　从三维实体对象中提取出其边线图形

Step 01　执行"修改"→"三维操作"→"提取边"命令。

Step 02　单击三维实体对象，按 Enter 键，便将其边线提取出来。

Step 03　执行 MOVE 命令，将三维实体对象挪开，就可以看见所提取出来的边线图形。

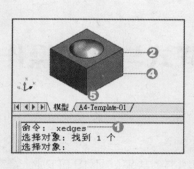

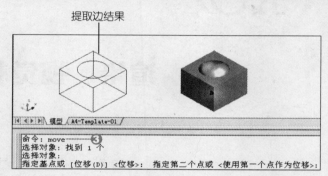

提取边结果

渲染、视觉样式与打印操作

　　渲染（Render）其实就是给三维对象上彩妆，让立体对象能显示出真实的效果来。不但可以附着想要的材质，设置灯光角度并产生阴影效果，还可以加上透明度的设置，让三维立体更逼真，表现出各种效果。

　　有关渲染操作的工具按钮是收集在"渲染"工具栏或"面板"上的"渲染"控制台中，请先将它们打开以方便操作。

● 学习重点

13.1　视觉样式设置
13.2　设置光源
13.3　材质与材质的附着操作
13.4　渲染操作

13.1　视觉样式设置

系统默认有若干种的"视觉样式",让我们可以在"视图"中直接应用来查看三维实体对象,包含二维线框、三维隐藏、三维线框、概念与真实等5种样式。除此之外,系统也允许自定义个性化的"视觉样式",以方便操作。有关"视觉样式"的功能按钮,系统收集在"视觉样式"工具栏或在"面板"的"视觉样式"控制台中,请先将它们打开备用。

13.1.1　视觉样式的介绍

系统默认二维线框、三维隐藏、三维线框、概念与真实等5种样式,每种默认状态的功能介绍如下。

二维线框

将物体以二维直线和曲线样式表现出对象的边界样式。

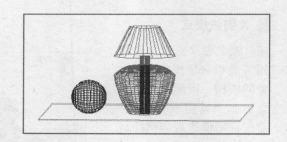

三维线框

将物体以三维线框的样式来加以呈现,针对三维实体对象而言,它的视觉效果与二维线框并没有太大的差异,请自行比较。

三维隐藏

会显示出使用三维线框的对象,但却将对象的背面线条加以隐藏。

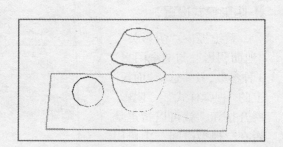

真实

会着色出多边形平面的对象,并平滑化对象的边界,并且所附着的材质均会显示在视图中。

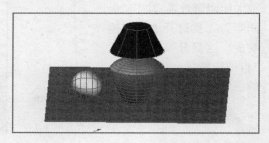

新手一学就会 ▼ AutoCAD 辅助绘图

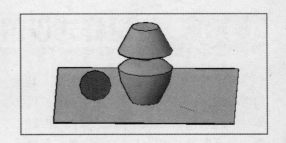

▌ 概念

着色多边形平面之间的对象，并平滑化对象的边界，与前者最大的不同在于它不会将附着的材质加以呈现，反而使用冷色与暖色间的过渡色来着色，因此效果欠真实，但好处是可以节省查看模型视图的时间。

提示

如何自定义个性化的"视觉样式"，请参考 13.1.3 节。

13.1.2 视觉样式面板功能介绍

除了上述系统默认的视觉样式外，通过"面板"上的"视觉样式"控制台的工具按钮，也可以调整局部的视觉效果，一旦更改了视觉样式的参数状态后，系统会将该样式自动写入"当前"视觉样式项目，详细的功能说明如下。

▌ X 射线模式

顾名思义，就好像使用 X 光机来呈现出立体对象的架构，因此针对"概念"和"真实视觉样式"而言，不但能着色出面域颜色或材质样式，还可呈现出内部的结构样式。只要单击 按钮，即可打开或关闭此功能。

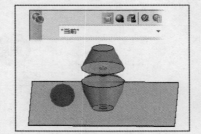

概念 +X 射线模式

真实 +X 射线模式

▌ 阴影模式设置

系统提供"阴影关"、"地面阴影"与"全阴影"3 种参数，只要选择"面板"上的"视觉样式"–"阴影"展开按钮，就可以指定是否在"模型空间"中启用或关闭阴影效果，其中"全阴影"需要打开硬件加速功能，这部分操作请参考"自适应降级和性能调节"的说明。

全阴影效果

3 种阴影格式

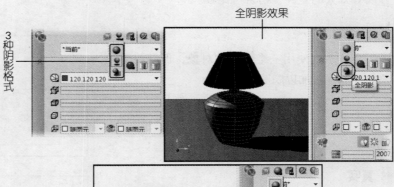

阴影关闭效果

面颜色模式设置

如果将立体对象材质与材质的显示加以关闭，系统就会以"常规面颜色"的样式来加以应用，系统提供"常规"、"单色"、"染色"、"降饱和度"4 种参数，功能说明如下。

● 常规：不应用颜色修改因子，也就是以默认的"三维线框"颜色来显示。

● 单色：以指定颜色的着色来显示模型颜色。

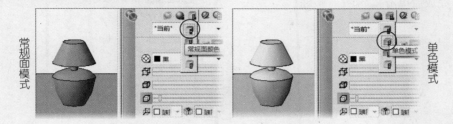

● 染色：变更面域颜色的色相和彩度值。

● 降饱和度（即去颜色模式）：将颜色的饱和度降低 30%，让颜色变的更加柔和。

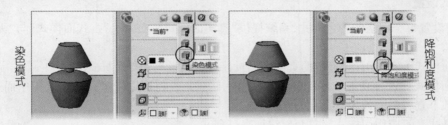

自适应降级和性能调节

如果您的显卡与硬件并非专业级设备，在面对复杂的图形与复杂材质附着的状态下，可以启动"自适应降级"功能，并设置各种视觉效果的降级顺序，一旦显示的性能低于指定的级别时（例如：每秒 5 个画面），系统会依顺序关闭或拒绝使用效果，直到性能返回可接受的级别，而不致于产生显示过慢或死机的情况。

> **范　例**　启用自适应降级和性能调节功能

Step 01 单击"面板"上的"视觉样式"控制台的"调节"功能按钮，打开"自适应降级和性能调节"对话框。

Step 02 必须选择"自适应降级"复选框来启动此功能，设置降级级别（例如：每秒 5 个画面），并调整显示项目降级顺序（通过 上移(U) 、 下移(D) 按钮来设置），单击 手动调节(M) 按钮。

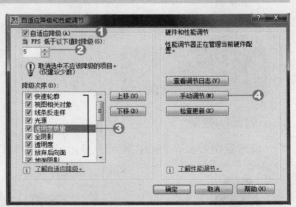

Step 03 打开"手动性能调节"对话框，请选择"启用硬件加速"复选框，指定驱动程序项目（例如：Direct3D）。

Step 04 依次设置要启用的硬件加速项目，设置"透明度质量"、"曲面"及"曲线"的精度，完成后单击 确定 按钮。

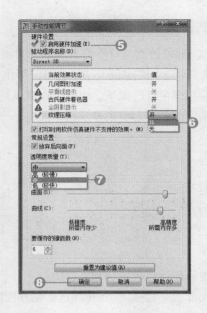

面样式设置

用来设置每个网格的着色样式，系统提供"真实面样式"（实际）、"古式面样式"与"无面样式" 3种参数。

- 真实面样式（实际）：让着色的真实度尽量接近真实世界的外观样式。
- 古式面样式：这种功能使用冷暖色来代替明暗显示，特别用来增强处于阴影中而且难在真实模式下查看的面效果。
- 无面样式：不应用面样式，只会以线框来呈现。

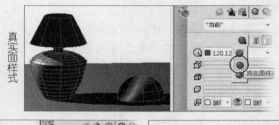

真实面样式

古式面样式

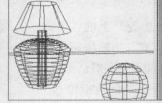

无面样式

设置照明效果

设置照明效果是否要在模型上显示出"镶嵌面"样式，或设置为"平滑"状态（系统默认值）。

镶嵌面样式

平滑样式

边界设置

系统提供"素线"、"镶嵌面边"与"无边"3 种模式,通过"面板"上的"视觉样式"的"边设置"按钮来设置,同时也可以指定边的颜色,请自行尝试。

素线　　　　　　　　　　　　　　　　　　　　　　　　　　　无边

镶嵌面边　　　　　　　　　　　　　　　　　　　　　　　　更改边颜色

边修改因子

设置所有边模式("无边"除外)的样式,分别有以下几种设置。

- 边突出:设置线延伸到交点以外的距离,以模拟徒手着色效果。
- 边抖动:设置边线抖动的徒手着色效果,可设置为"低"、"中"和"高"3 种样式。
- 轮廓边:设置轮廓边是否显示,并指定其边宽度。

边突出　　　　　　　　　　　　　边抖动　　　　　　　　　　　　轮廓边

遮挡边

只有当"边模式"设置为"镶嵌面边"样式时,才能指定是否要将遮挡的边线框加以显示或隐藏。

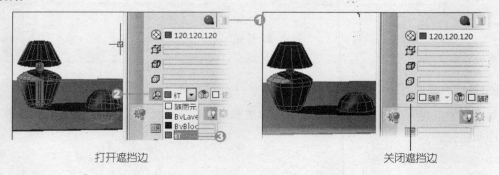

打开遮挡边　　　　　　　　　　　　　　　　　　　关闭遮挡边

新手一学就会 ▼　AutoCAD 辅助绘图

283

相交边

只有当"边模式"设置为"镶嵌面边"样式时，才能设置两对象相交边是否显示。

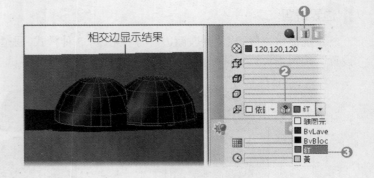

相交边显示结果

13.1.3 自定义个性化视觉样式

系统允许创建个性化的视觉样式，可以直接应用到"模型空间"的视图上，本节以范例说明。

范 例 创建个性化的视觉样式

Step 01 单击"面板"上"视觉样式"控制台上"视觉样式管理器" 按钮，便打开"视觉样式管理器"选项板。

Step 02 单击 按钮，打开"创建新的视觉样式"对话框，输入名称、说明，单击 确定 按钮。

Step 03 返回"视觉样式管理器"选项板，新增该样式，并自动应用"当前的"视觉状态，接下来针对面板下方的各项参数进行设置（详见上一节内容）。

Step 04 单击 按钮，将个性化样式应用到视口中。

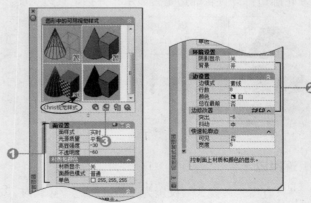

如果要删除上述的视觉样式，单击 按钮即可。

输出视觉样式项目到工具选项板

如果希望上述创建好的视觉样式项目可以放置在工具选项板中，供快速使用，请依照下面的程序来执行。

| 范　例 | 将上面创建的视觉样式输出到指定的工具选项板中 |

Step 01 执行"工具"→"选项板"→"工具选项板"命令，打开"工具选项板"窗口，右击标题栏，选择所要打开的类别（例如：视觉样式）。

Step 02 打开"视觉样式管理器"选项板，选择"视觉样式"（例如：Chris 视觉样式），单击 按钮，便将该样式放置在工具选项板中。

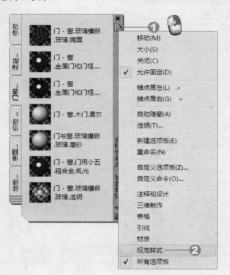

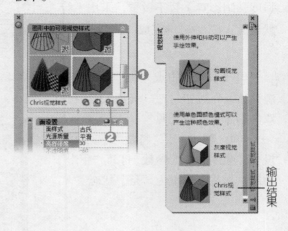

输出结果

新手一学就会▼ AutoCAD 辅助绘图

13.2　设置光源

当在学习渲染各种功能的同时，光源的设置与阴影产生的方法和原理相当重要，正确的光源角度才能让立体对象表现出真实性来。系统提供的光源种类可以区分为"点光源"、平行光、聚光灯和阳光光源等状态，当设置好相同光源角度，但采用不同光源时，所显示的效果就会不同，让我们来了解光源的状态。

13.2.1　创建点光源（POINTLIGHT）

点光源（POINTLIGHT）指的就是一般家用的灯泡，想象当我们晚上在家中开灯时，被照物体的反面就显现出阴影来，有关光源的设置按钮，系统收集在"光源"工具栏与"面板"的"光源"控制台中，请先打开它们，方便本节的说明。

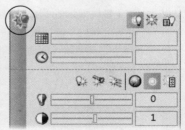

| 范　例 | 创建单一点光源 |

Step 01 展开"面板"的"光源"控制台，单击 工具按钮。

Step 02 出现点光源图标，配合 UCS 坐标系统，移动鼠标到所要的位置上或输入该光源位置的坐标值，输入参数 N（名称），输入名称（例如：Plight01），至于其他的参数（例如：强度、阴影等）暂不设置，采用系统默认值，按 Enter 键完成。

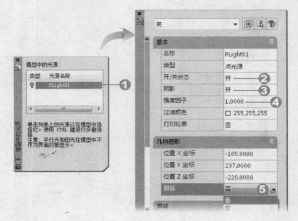

Step 03 编辑点光源：单击"光源列表" 按钮，打开"光源"选项板，双击刚才创建的光源。

Step 04 打开"特性"选项板，设置"强度因子"参数，打开"阴影"功能，并将目标设为"是"状态。

Step 05 出现"坐标 X、Y、Z"字段，此时回到绘图区，该光源图标出现相关夹点，拖动夹点到所要的目标对象上，或直接输入目标对象坐标值，便设置好点光源的目标。

Step 06 光源衰减、渲染着色与其他的参数设置，请参考下一节的内容说明。

提示

如果要将光源设置为白光（系统默认值）以外的颜色，请在"特性"选项板中，将"过滤颜色"字段设成所要的颜色即可。

用户可以按照上述的方式创建多个点光源，就会形成复数阴影的效果，并且可以只打开某个"光源"与它的阴影效果，组成多种光影效果，请自行练习。

打开光源与阴影

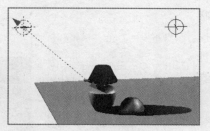

只打开单一点光源

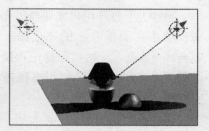

打开多个点光源

13.2.2　点光源参数介绍

有关点光源相关的参数，其功能说明如下。

▍光度特性

AutoCAD 为了让光源以真实的灯光亮度（例如：烛光（CD）和勒克司（LX））来模拟，设计了一个系统变量 LIGHTINGUNITS，以选择光源强度的单位，计算出真实空间中所需的灯具数量。该变量提供 0（默认值）、1、2 三种参数，前者（0）是"标准照明样式"，只有强度因子以供调整，后两者以真实灯光亮度来设置，详见下面范例说明。

范　例	更改点光源的强度为真实的烛光单位

Step 01 在命令行中输入 LIGHTINGUNITS 命令，输入参数 1。

Step 02 选择创建好的点光源，在"特性"选项板中，新增"光度特性"类别，单击"灯的强度"字段旁的展开按钮。

Step 03 打开"灯的强度"对话框，指定光度测量样式（例如：强度（烛光））、输入数值，调整强度因子，完成后单击 确定 按钮。

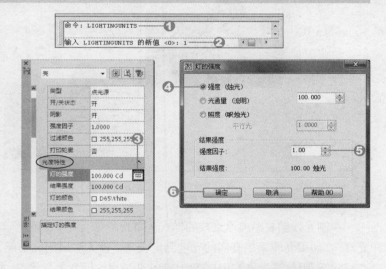

Step 04 回到"特性"选项板，单击"灯的颜色"字段旁的展开按钮，打开"灯的颜色"对话框，选择灯光色温样式选项（例如：标准颜色），并指定灯光类型（例如：卤素灯）与过滤颜色，单击 确定 按钮完成。

Step 05 打开用户光源与阳光状态：单击"面板"上的"光源"控制台的 与 ![按钮] 按钮，将用户设计的灯光与阳光都打开，用以模拟真实情况。

Step 06 最后单击 ![渲染按钮] 按钮，将"模型空间"的图形以真实的灯光效果渲染出来，它的效果与在模型空间的视口显示样式还是有差距。

模型空间真实模式

渲染结果

提示

🖉 步骤 5 中的 ![按钮] 按钮，若再单击，就会变成 ![样式] 样式，代表在视口中只启用系统默认的照明。同样地，再单击 ![按钮] 按钮，就会变成 ![样式] 样式，代表将阳光状态关闭。

🖉 上述的方式不仅适用于点光源，也适用于聚光灯和平行光等灯光样式。如果采用 LIGHTINGUNITS 变量的 0 参数状态所创建的灯光，它的默认强度因子都是 1 单位。

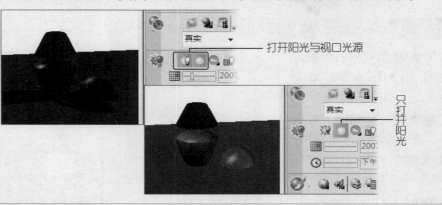

打开阳光与视口光源

只打开阳光

▌衰减设置

控制光线随着距离而衰减的样式，离光源愈远对象也就愈暗，可以适用于"点光源"与"聚光灯"。如果光源采用真实的光度测定模式，就无法启用此功能，因为系统已经模拟真实灯具的衰减状态，因此请先将 LIGHTINGUNITS 变量更改回 0 参数状态，才能设置此效果。系统提供"无"、"线性反比"和"平方反比" 3 种参数，说明如下。

⚫ 无：光源强度不衰减。

⚫ 线性反比：以距离反比方式衰减，距离光源 2 单位，光强度只有点光源的 1/2。

⚫ 平方反比：以距离平方反比的方式衰减，距离光源 2 单位，光强度只有点光源的 1/4。

渲染着色与细节

　　设置光源投射到对象上产生着色的效果，系统提供锐化、柔和（阴影贴图）与柔和（已采样）三种样式，它们的功能说明如下，请自行尝试。

⬤ 锐化：显示边界锐化的着色，使用此功能可提高渲染效率。

⬤ 柔和（阴影贴图）：显示对象边界的柔和真实阴影效果，可以设置贴图的内存大小（例如：128 MB）与柔和度（数值愈大，阴影边界愈柔和）。

⬤ 柔和（已采样）：扩展光源阴影的显示，让阴影带有柔和阴影的真实状态，可以指定范例大小、投射阴影形状（例如：球体）与半径（半径愈大，阴影边界愈柔和）。

提示

　　本章中时常要进行编辑操作，由于立体空间很难掌握正确的坐标位置，因此建议采用三维线框模式来进行，完成后再执行渲染操作，以下范例都是采用此原则来进行的。

13.2.3　创建聚光灯（SPOTLIGHT）

　　"聚光灯"具有方向性的圆锥体状光线，用户可以控制光源方向与圆锥大小，同时也可以按照点光源方式来设置聚光灯的衰减模式，并且它的强度会依据聚光目标的向量角度一直衰减，通过聚光角和衰退角来加以控制。如果聚光灯没有指定目标，就属于"自由聚光灯"（FREESPOT），类似于聚光灯的设置样式，下面以范例说明。

范　例　创建目标聚光灯对象

　　Step 01 单击"面板"上的"光源"控制台的 ▨ 按钮，指定聚光灯位置或输入坐标（例如：80,-200,-150），指定目标位置（例如：-80,-70.-400）。

　　Step 02 输入参数 N，输入聚光灯名称，按 [Enter] 键便创建好聚光灯。

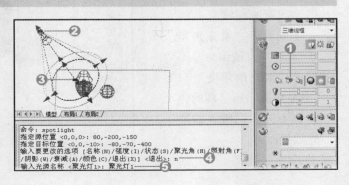

（页边侧栏）新手一学就会▼ AutoCAD 辅助绘图

Step 03 按照创建点光源方式，打开"光源"选项板，双击"聚光灯"对象，打开"特性"选项板，设置聚光灯角度、衰退角度、强度因子与过滤颜色。

Step 04 单击 🖌 按钮，渲染出锥形光影的效果。

提示

　　如果在"模型空间"中看到有绿色光源图标，代表该光源线处于"关闭"状态。此外，系统允许在"特性"选项板中直接更改光源的状态，只要展开"类型"字段的下拉列表，直接选择光源状态，即可直接转换样式，请自行尝试。

　　如果要设置"聚光灯"的实际光源强度，同样地必须设置 LIGNTINGUNITS 变量为参数 1 或 2，方法与"点光源"设置方式相同。至于在参数设置方面，"聚光灯"除了"聚光角角度"、"衰减角度"两个参数与"点光源"不同外，其余都相同，请参考 13.2.2 节来练习。有关"聚光角角度"、"衰减角度"的用途说明如下。

● 聚光角角度：指的就是中心最亮的光锥角度范围，简称为光线角度，可设置的参数值范围介于 0～160 度之间。

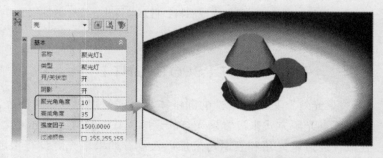

● 衰减角度：指的就是完整的光锥角度范围，简称为范围角度，可设置的参数值范围介于 0～160 度（默认值 50 度）。但是"衰减角度"必须大于或等于"聚光角角度"，这一点请留意。不同的"聚光角角度"与"衰减角度"所呈现的样式也不同，视所要的聚光效果而定。

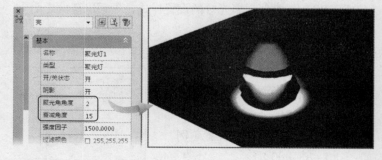

13.2.4　创建平行光（DISTANTLIGHT）

　　AutoCAD 所提供的平行光，它的光源样式与阳光光源相似，必须要指定"光源方向来源"与"光源方向目标"坐标参数，通过这两个参数来决定光源的向量角度。一旦创建好该光源，并不会有任何光源图标呈现在"模型空间"中，请留意。

| 范　例 | 新增平行光 |

　　Step 01 单击"面板"上的"光源"控制台的 按钮，指定"光源来向"位置或输入该方向坐标（例如：80，−240，−140），指定"光源去向"位置（例如：−80，−40，−410）。

　　Step 02 输入参数 N，输入平行光名称，按 Enter 键便创建好平行光。

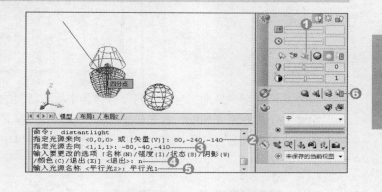

　　Step 03 打开"光源"选项板，双击"平行光"项目，便打开"特性"选项板，设置"强度因子"、"渲染着色"参数，这部分操作与前两者设置方式相同，不再赘述。

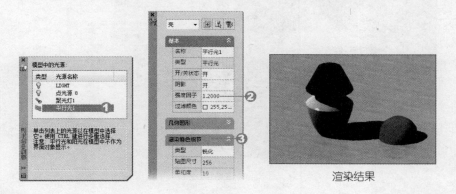

渲染结果

13.2.5　阳光照明

　　阳光照明是系统内建的光源之一（包含默认光源、阳光光源），为了能真实仿真所在城市位置的日照系统，AutoCAD 提供"地理位置"设置的功能，以指定好所在的城市位置、日期与时间，设置好后，只要打开阳光照明，就可以模拟出光影效果，因此这一类的光源，又称为自然光源。倘若设置的时间在晚间，阳光照明就自动模拟成月光照明。此外，阳光照明可以搭配前面的人工照明来一起显示，详见下面说明。

| 范　例 | 创建阳光照明系统 |

　　Step 01 设置地理位置：单击"面板"的"光源"控制台中的 按钮，打开"地理位置"对话框，指定所在位置的地区、城市与时区。

　　Step 02 指定"模型空间 WCS"与北方的夹角（例如：45 度），单击 确定 按钮。

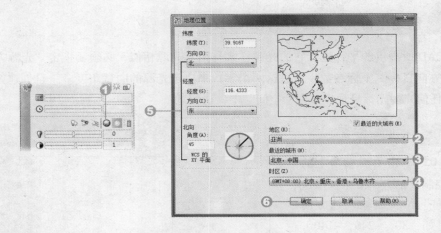

Step 03 拖动"日期"与"时间"滑块，来设置所要的日照日期与时间。

Step 04 打开阳光照明：首先必须打开"视口光源模式"/"视口模式"/"光照明"功能，接下来将"阳光状态"打开，就会将阳光照明应用在视口中进行查看。

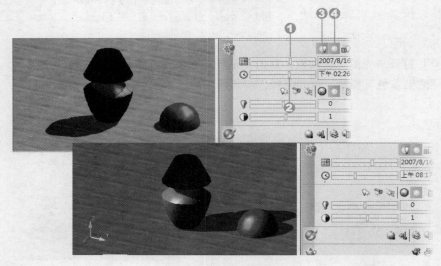

不同时间的光影效果

提示

现在 UPS 系统盛行，如果知道开发案例所在的经纬度，可以在"地理位置"对话框中，直接输入纬度、经度坐标值，就能更精确模拟日照情况。

13.2.6　编辑阳光（SUNPROPERTIES）

如果要修改阳光照明参数，在面板中，单击"编辑阳光"  按钮，会打开"阳光特性"选项板，进行日照相关设置，重要的参数设置说明如下。

使用天光特性

这是 AutoCAD 2008 加入到"阳光照明"的新功能，主要功能在配合阳光时间，将天光背景所呈现出来自然光成为可用于渲染的聚集光源，应用到视口或渲染模式中，更能仿真出大自然环境的效果来，有以下几个参数供设置。

- 状态：有"关闭天光"（系统默认值）、"天光背景"与"天光背景和照明"3 种样式，其中"天光背景和照明"不仅应用天光背景样式，并将天空自然光呈现出来。
- 强度因子：可以扩大阳光效果的方法，数值愈大，天光背景亮度愈亮。
- 雾化：决定大气中散射效果的大小（介于 0~15），数值愈大，天光背景呈现较为雾化的光影效果，同时穿透到地面的亮度变小，着色相对不明显。

提示

一旦更改"天光特性"设置，在"面板"的"光源"控制台中，就会呈现出 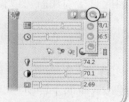 按钮，可以很方便地打开与关闭此功能。

地平线设置

- 高度：设置相对于世界坐标地平面的绝对位置，默认高度值为 0。
- 模糊：决定地平面与天空之间的模糊量（介于 0~10），数值越大，地平面样式越模糊。
- 地面颜色：通过下拉列表来决定地平面的颜色，不同颜色，天空与地平面的混合效果也不同。

新手一学就会 ▼ AutoCAD 辅助绘图

▌高级

● 夜间颜色：指定夜晚时天空的颜色。

● 鸟瞰透视：打开或关闭鸟瞰透视的功能，默认为"关闭"状态。

● 可见距离：指定产生 10% 模糊效果的距离长度，默认值 10 000 单位。

▌太阳圆盘 / 太阳角度计算器 / 渲染着色细节

"太阳圆盘"在控制太阳圆盘的外观，仅会影响到背景质量，请自行尝试。而"太阳角度计算器"仅能更改日期与时间，更改后就会将太阳的角度与方位呈现出来供参考。

提示

在"面板"的"光源"控制台中还有"亮度"、"对比"、"中间色调"工具滑块供设置，拖动滑块即可更改亮度、对比、中间色调的倍数效果，同时会直接影响视口与渲染的光影效果。

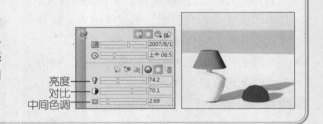

13.2.7 使用灯具照明

如果您是室内设计师，一定希望系统能默认若干的照明灯具供直接引用，很幸运，AutoCAD 2008 已经加入多种样式的照明灯具，这些灯具都是采用真实的亮度单位来设计的，因此直接引用就可以模拟真实的室内光影效果。

范 例 直接使用照明灯具

Step 01 请打开范例 CH13-2-7.DWG，单击"面板"上的"光源" 图标，打开"一般光源"选项板。

Step 02 右击标题栏，执行"光度控制光源"项目，打开"光度控制光源"选项板，显示出系统默认的若干灯具标签（例如：荧光灯等）。

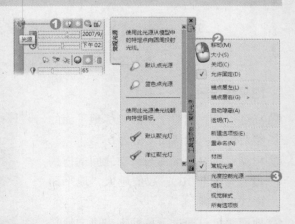

Step 03 选择所要的灯具，移动鼠标到摆放的位置上，依序拖动便完成灯具照明的创建操作，经过此渲染后可以呈现光影效果。

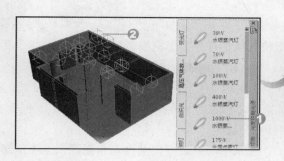

渲染结果

13.3　材质与材质的附着操作

创建好环境灯光操作后，接下来要介绍材质的附着操作，一旦三维立体对象以真实的材质与材质加以附着，再配合灯光效果，就可以营造出相当逼真的实体效果。

13.3.1　材质附着基本操作

AutoCAD 已经创建若干的材质供使用，并放置在"材质"工具选项板中可以快速使用。此外，系统也允许创建个性化的材质，并将图像文件当作材质来附着，就可以创造出真实的材质与材质的效果，接下来以范例介绍。

范　例　附着材质操作

Step 01　请打开范例 CH13-3-1.DWG 文件，单击"面板"上的 按钮。

Step 02　打开"材质"工具选项板，切换到所要的材质类型选项卡（例如：地板）。

Step 03　单击其中的材质项目，移动鼠标到绘图区，出现笔刷图标，单击要附着材质的对象，就完成附着材质操作。

Step 04　按照上面方式依次完成立体对象的附着材质操作，并设置为"真实"视觉样式就可以查看其结果。

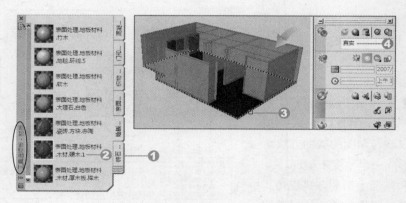

13.3.2　变更材质附着样式（MATERIALMAP）

使用系统的材质贴图后，如果要更改材质所附着材质的排列方式，系统提供"平面"、"长方体"、"柱面"与"球面"等4种贴图方式来修改，功能说明如下。

◯ 平面贴图：将图像贴图到对象上，就好像将其从幻灯片投影机投影到二维曲面一样，其图像不会失真，但其比例会调整以布满对象，最常用于面域，也是系统默认的状态。

◯ 长方体贴图：图像以实体长方块的样式贴图到指定的对象上，该图像会在对象的各个面上重复。

◯ 柱面贴图：图像以圆柱对象方式贴图至对象上，它的水平边界将重叠在一起，但不包括上、下边界，并且其图像高度将沿圆柱的轴自动调整比例。

◯ 球面贴图：图像以圆球方式附着在对象上，在水平与垂直方向上会弯曲图像，至于顶部边界则会压缩至圆球"北极"处的一点，而底部边界则被压缩至"南极"处的一点上。

为了让您了解不同贴图模式对不同三维建模的影响状况，分别以平面、长方体、柱面、球面4种造型同时执行在立体对象上，将结果呈现在下图中，请自行比较其差异。

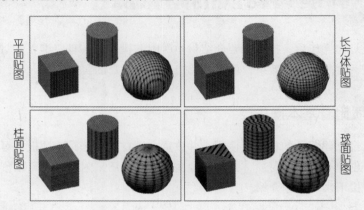

范 例　更改贴图样式

Step 01 事先将立体对象附着材质，接着单击"面板"的"材质"控制台上的"贴图样式" 展开按钮，选择所要更改的样式（例如：长方体贴图）。

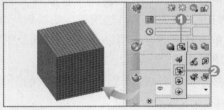

Step 02 选择要更改样式的对象，按 Enter 键，出现夹点与旋转坐标轴图标，可以缩放长、宽、高的控制夹点，就会改变材质不满的样式。

Step 03 旋转贴图：可以移动鼠标到Z轴环带上，出现绿色线，按住左键便可以旋转贴图的辅助方块角度，材质就形成一个角度来呈现。

Step 04 按照上面的方式旋转其他轴向，就可以制作出特殊的材质效果，完成后按 Enter 键结束。

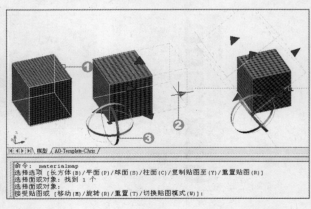

提示

① 平面、柱面与球面的设置方式与上述步骤类似，不同的样式会出现不同的轴坐标图标。

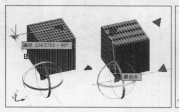
平面

柱面

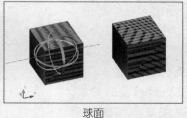
球面

② 若想要恢复材质最原始的状态，不需要再重新附着材质，只要单击"重置贴图坐标" ▣ 按钮，单击对象按 Enter 键就能恢复原状。

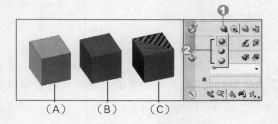
恢复原状

变更材质显示模式

一旦附着材质后，在"真实"的"视觉样式"下，可以选择要以哪种材质来显示在对象上，系统提供（A）材质与纹理关（B）材质开与纹理关（C）材质与纹理开等3种模式。

● 材质与纹理关：只会以三维曲线的颜色填满面域。

● 材质开与纹理关：仅将材质样式显示，至于附着的纹理图案就会关闭。

● 材质与纹理开：将材质与纹理样式都打开。

（A）　　（B）　　（C）

13.3.3　材质编辑操作

AutoCAD 允许编辑系统默认的材质或创建个性化的材质，详细的操作以下面范例说明。

范　例　编辑系统提供的材质

Step 01 单击"面板"的"材质"控制台中的"材质"选项板 ▣ 按钮。

Step 02 打开"材质"选项板，在"材质"工具选项板中拖动要编辑的材质到列表中。

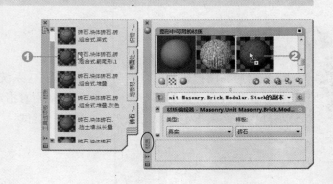

Step 03 单击该材质样本，在"材质编辑器"标签中，指定材质类型、调整光泽、不透明、折射率等参数。

Step 04 完成后，单击"将材质应用到对象" 按钮，并单击要更新材质的对象，便完成基本编辑材质操作。

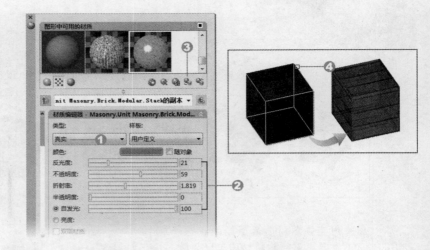

提示

在"材质编辑器"标签中，不同的"材质"类型，所出现的编辑参数也不同，请自行尝试。

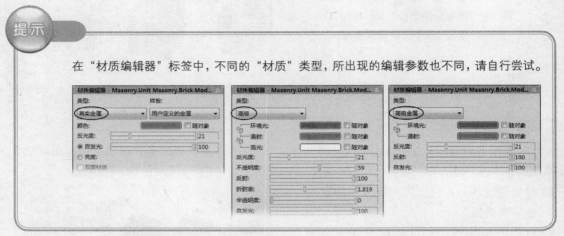

在"材质"工具选项板中，还有其他的编辑标签可以用来编辑，详细内容说明如下。

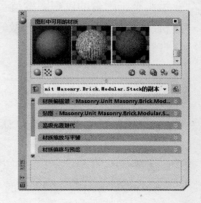

▍贴图标签

设置材质贴图样式，可以复选"漫射贴图"（系统默认值）、"不透明贴图"和"凸凹贴图"复选框，其中只有"漫射贴图"样式已经自动附着指定的图像，如果要启用其他两项，除了选择该项外，还必须指定附着图像文件，请自行尝试。

范　例　修改材质的贴图样式

Step 01　按照前面范例方式，打开"材质"选项板，在"贴图"标签中，单击 🔳 按钮，将"漫射贴图"的图像文件删除。

Step 02　重新单击 ┃　　　选择图像　　　┃ 按钮，打开"选择图像文件"对话框，双击图像文件，便将该图片加入，并应用到对象上。

Step 03　单击 🖼 按钮，便可以查看贴图结果。

渲染结果

提示

其他的贴图样式请参照上面方式进行。

材质缩放与平铺标签

这个编辑标签可以设置附着材质图案的比例，可以采用"无"、"适合物件"、"毫米"、"英尺"等"比例单位"样式，若希望以真实尺寸附着，请先设置材质的真实单位（例如：厘米），并指定材质的宽度与高度。

⬤ **适合物件**：此选项会将材质图片以 U 框、V 框的比例方式布满在对象面域上。

⬤ **真实尺寸**（例如：英寸）：指定尺寸比例，并设置高度、宽度尺寸后，就会依此设置，将材质以真实尺寸附着在对象上。

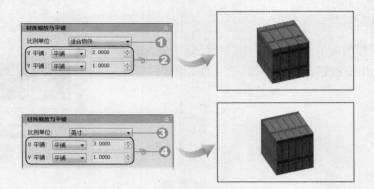

材质偏移和预览

如果希望附着的材质能在 U、V 轴（即附着面域的 X、Y 轴）上有偏移的效果，就必须在此标签中指定 U、V 轴的偏移量。

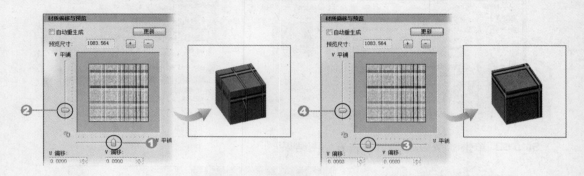

高级光源替代

设置颜色饱和度、间接凹凸度、反射度和透射度等滑块，以设置材质对光线的反应，这部分的操作属于高级材质应用，不在本书中详述，请参考本系列 AutoCAD 高级书籍的介绍。

13.3.4 创建新的材质与图层附着

创建新的材质

系统允许创建个性化的材质，在此以范例说明。

范 例	创建个人专属材质

Step 01 依循前述方式，打开"材质"选项板，单击"创建新材质" 按钮。

Step 02 输入名称和说明，单击 确定 按钮，便创建新材质空的样本在列表中。

Step 03 按照上一节内容设置贴图等样式。

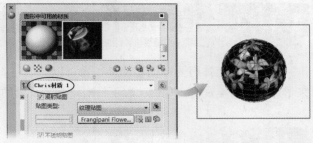

Step 04 拖动创建好的材质项目到"材质"工具选项板中所要放置的选项卡中,以便日后使用。

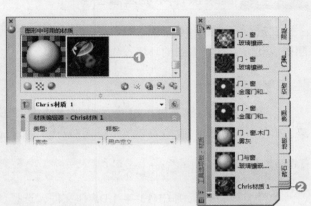

提示

　　如果要将"材质"选项板中使用或不使用的材质样本加以清除,只要选择该项目,单击 ⊘ 按钮即可。如果要将已应用的对象材质删除,只要选择材质,单击 按钮,再点选对象即可。

随层附着

　　如果希望利用图层来管理与附着材质,可以在"面板"的"材质"控制台中,单击"随层附着" 按钮,打开"材质附着选项"对话框,每个图层默认的材质为"全局"(GLOBAL),可以依次拖动左边窗口的材质项目到右侧的图层上,便更改图层默认材质样式,往后在该图层创建的对象便自动应用该材质。

提示

　　三维打印操作的方法,与第 10 章的二维打印方式相同,必须先在图纸空间中创建命名视口,再指定视口所要应用的"命名视图"(如上面创建的渲染视图 01),就可以执行打印操作。

新手一学就会 ▼ AutoCAD 辅助绘图

13.4 渲染操作

渲染除了上述有光源的辅助外，也可以通过材质与背景图的附着、产生雾化等特殊效果，来增加渲染的美观与实用性，以下针对一些较重要的渲染效果与操作加以介绍。

13.4.1 渲染操作环境设置

在进行完对象附着材质、灯光架设操作后，接下来希望能够将真实的场景加以输出打印或制作成动画，有关渲染的环境设置说明如下。

▌ 保存渲染效果

当执行渲染的操作时，渲染的结果无法随着图形的保存而保存，如果想要重新查看结果，就必须再执行一次渲染动作，会耗费许多时间，因此渲染的保存与输入就变得非常重要。

范 例	保存渲染结果

Step 01 打开范例 CH13-4-1.DWG 文件，选择"视图"→"命名视图"命令，参照 10.2.1 节方法，新增一个渲染命名视图，打开"新建视图"对话框，选择"将阳光特性与视图一起保存"复选框，并设置视图的"背景"为"阳光与天光"选项。

Step 02 打开"调整阳光和天光背景"对话框，根据需要调整天光特性等参数，按两次 [Enter] 按钮，便新增具有阳光与天光背景的视图。

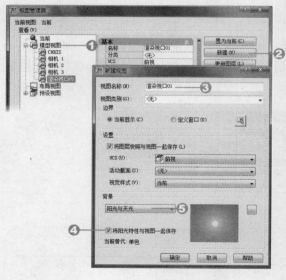

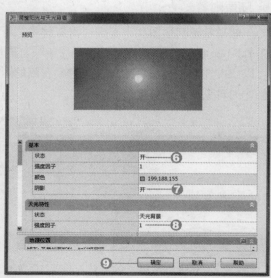

Step 03 指定视口，单击"渲染"按钮，即可将此渲染结果在渲染窗口呈现，并显示相关信息。

Step 04 执行"文件"→"保存"命令，将文件渲染结果保存成 BMP 文件，供日后查看。

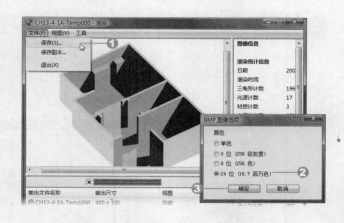

渲染修剪面域设置

在绘图或打印过程中（不论"模型"或"图纸"空间），假如想要先浏览一部分视图渲染的结果，以方便后续操作，可以单击"面板"的"渲染"控制台的"渲染已修剪的面域"按钮，回到画面中，框选出要查看渲染的区域，系统便将该区域结果呈现在绘图区以供查看。只要执行"视图"→"重画"命令，就可以恢复原状。

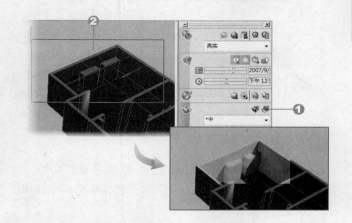

13.4.2　渲染高级设置

接下来介绍渲染曝光调整、环境设置、雾化的效果等操作，说明如下。

调整渲染曝光

单击"面板"的"渲染"控制台的"调整曝光"按钮，会打开"调整渲染曝光"对话框，以调整曝光亮度和对比度等参数，并将结果显示在窗口中。

渲染环境设置

渲染环境的主要目的就是设置雾化的效果，包含雾化的颜色、雾化背景、雾化开始、结束距离与百分比等参数设置，不同的设置会有不同的效果。

范 例 设置渲染环境

Step 01 单击"渲染环境" 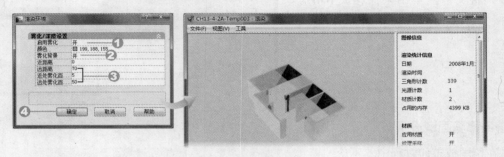 按钮，打开"渲染环境"对话框。

Step 02 "启用雾化"功能"开"，设置雾化颜色、雾化背景等参数，单击 确定 按钮。

Step 03 单击 按钮，便将雾化的效果呈现出来。

提示

> 雾化背景的功能如果打开，雾化的效果就会影响到背景图片的清晰度，请留意。

高级渲染设置

系统提供"高级渲染设置" 选项板的功能，就好像是渲染操作的管理器，在当中可以指定渲染的分辨率、材质、阴影、光线跟踪和全局照明等功能。

范 例 高级渲染设置操作

Step 01 单击"高级渲染设置" 按钮，便打开"高级渲染设置"选项板，设置"渲染分辨率"（有草稿、低、中、高等选择）。

Step 02 指定过程（有视图、修剪、选中 3 种模式）（例如：视图），设置输出目的（例如：窗口）。

Step 03 指定输出大小、是否应用材质、阴影模式、光线跟踪和全局照明等参数。

Step 04 完成后单击 按钮，便会应用上述设置的参数来执行渲染操作。

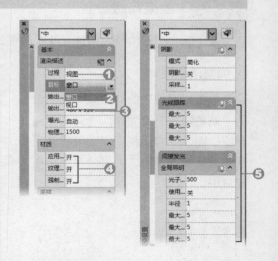

提示

> 如果打开"光线跟踪"与"全局照明"，会让光线呈现出较真实的效果。

13.4.3 应用图片作为背景

如果想要将某个图片当成渲染的背景，加以彩色打印，必须对照前面创建命名视图的方法，打开"视图管理器"对话框，选择"视图"后，选择"背景替代"列表中的"图像"选项，打开"背景"对话框，指定好图片文件，即可完成此操作。

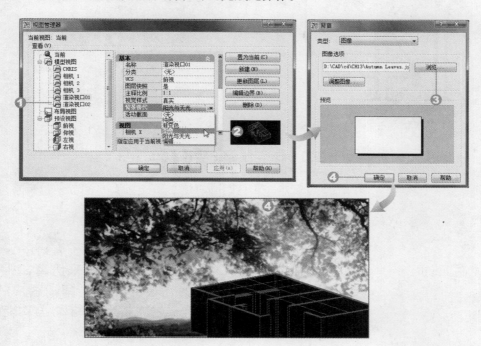

三维动画制作

一个成功的开发建筑方案，除了有好的设计理念外，如果能以三维仿真实体的动画来仿真，相信可以将理念更完整地呈现在客户面前，博取客户的信赖，这也是 AutoCAD 近年来大大提升三维动画功能的主要目的。

◉ 学习重点

14.1　相机创建操作
14.2　创建动画操作

14.1　相机创建操作

动画基本上就是许多图片连续播放所形成的效果，因此在 AutoCAD 制作动画之前，必须先创建相机，通过相机的架设、灯光效果、场景人物等安排，将一幕幕的画面通过相机连续拍摄，就是一个完整动画文件。

14.1.1　创建相机（CAMERA）

AutoCAD 提供 3 种预设相机模式供使用，分别是"一般相机"（预设 50mm 镜头）、"广角相机"（预设 35mm 镜头）与"超广角相机"（预设 6mm 镜头），"一般相机"所拍摄的效果就像是人类视觉的自然外观视图，而"广角相机"所拍摄的结果会产生广角的视图，并使视图率呈现弧形状态，如果采用"超广角相机"，可以将相机置于目标物相当近的距离，所拍摄出来的结果就会是歪曲的"鱼眼"视图样式，如下图所示。

一般相机（50mm）

广角相机（35mm）

超广角相机（6mm）

范 例　创建相机

Step 01 选择"面板"上"三维导航"控制台中的"创建相机"按钮。

Step 02 指定"相机位置"（或输入坐标）、指定"目标位置"（或输入坐标），输入 N 参数（名称），输入相机名称，按 Enter 键完成。

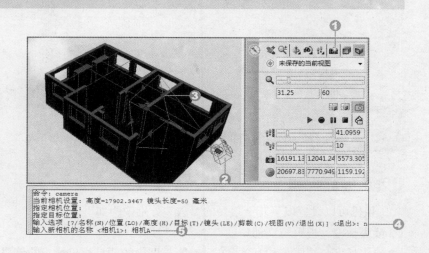

Step 03 单击上述创建的相机，出现"三维轴坐标"，调整相机位置。

Step 04 同时会出现"相机预览"窗口，立即查看相机视图的范围，有助于相机方位的调整。

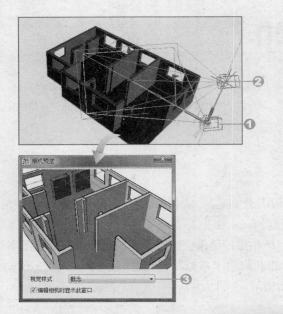

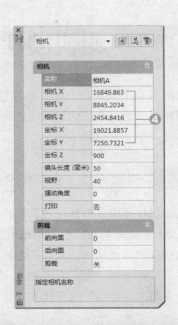

Step 05 打开"特性"选项板，就可以更改相机相关参数，便完成相机创建操作。

Step 06 一旦创建相机后，系统自动新增一个相机名称的"命名视图"，随时选择该视图来浏览相机拍摄场景的结果。

有关"广角相机"、"超广角相机"的创建操作与上述方式相同，唯一的差别只有在相机镜头的长度设置上，至于镜头各项参数的编辑操作，请参考下一节内容的说明。

提示

> 可以直接在"特性"选项板中更改相机名称，输入相机新位置坐标、新目标坐标，就会更改相机查看视图的样式。

> 如果不要显示"相机图标"在视图中，只要通过打开或关闭"显示相机" 按钮即可。

14.1.2 相机相关操作

相机参数的编辑

相机可以设置以下若干重要的参数，分别说明如下。

◯ 镜头长度、视野与摆动角度

镜头长度与视野是相互关联的，镜头长度指的就是相机镜头的倍率，倍数值愈大，视野越窄，也就是景深愈浅，因此当变动镜头长度时，系统就会自动计算出新的视野角度，反之亦然。此外，如果要让镜头转动一个角度方位，可以修改"摆动角度"值来达到目的。

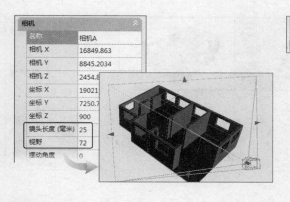

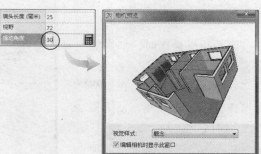

摆动镜头角度的结果

⬤ 剪裁

可以设置截面的位置，截面是定义剪裁视图的边界。如果打开"前向面"功能，那么在相机视图中，就会隐藏位于相机和前截面之间的所有对象。同样地，如果打开"后向面"功能，就会隐藏位于后截面与目标之间的所有对象。

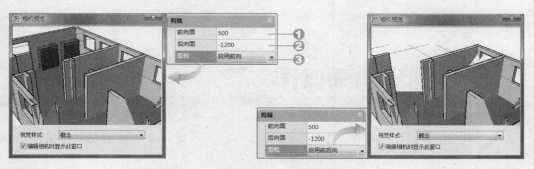

提示

- 设置"前向面"距离与"后向面"距离时，都是以相机目标为原点，往相机的方向为正距离，反之为负。
- 在"相机预览"窗口中，系统允许使用各种不同的"视觉样式"来相看。

▌ 相机回旋与距离调整

系统提供相机"回旋" ⬚ 与"调整视距" ⬚ 命令，并不会改变真实相机的拍摄角度与参数值，它们的功能仅是改变视图中系统预设相机的查看角度与距离而已。

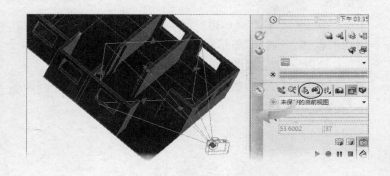

视口切换

调整相机操作时，如果能有"俯视"、"仰视"、"左视"与"立体视图"参考，相信会让操作变得较为方便，系统预设"多视口"与"单个视口"按钮在"三维导航"选项板中，供直接使用。

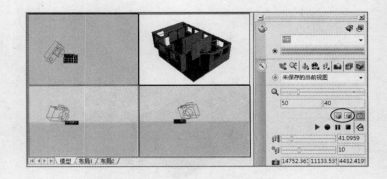

在"多个视口"查看模式下，粗线框代表当前视口，只要用鼠标单击其他视口，就可以轻易地转换当前视口。

14.2　创建动画操作

AutoCAD 为了让设计师能够轻易制作动画，提供了"漫游与飞行"、相机结合路径等动画的建立模式，建立的程序会依次在本节中介绍。

14.2.1　建立漫游与飞行动画

当建立好三维立体环境（例如：室内立体空间），如果希望能够以"定位器"所在的 XY 平面上来查看视图情况，那么"漫游"（3DWALK）的功能就是最佳的选择。如果希望能以飞行方式，越过模型空间对象来浏览视图，不受 XY 平面视角的限制，"飞行"（3D FLY）命令就能符合这个要求。在执行这两种功能之前，必须要先设置"漫游与飞行"的相关参数。

范　例　漫游与飞行参数设置操作

Step 01 单击"漫游和飞行设置"按钮，打开"漫游和飞行设置"对话框。

Step 02 选择"显示指令窗口"出现的模式、选择"显示定位器窗口"复选框，设置"漫游/飞行步长"与"每秒步数"等参数，完成后单击 确定 按钮。

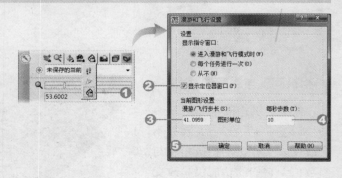

提示

除了用上述方式来设置"漫游／飞行步长"与"每秒步数"参数外，可以直接拖动"三维导航"选项板中的"步长"（亦即每执行一次键盘操作所进行的距离）与"每秒步数"（亦即设置速度）滑块来直接更改数值。当这两者的数值加大时，所浏览的速度变快，这一点请特别留意。

范 例　执行漫游动画制作

Step 01 完成参数的设置后，单击"漫游" 按钮，出现"漫游和飞行导航映射"窗口，显示对应的键盘操控信息，阅毕后关闭它。

Step 01 回到视图中，出现十字型绿色的"位置指示器"光标，并打开"定位器"选项板，呈现出"定位器"与"视图导航"窗口，可以更改相关"定位器"、"位置指示器颜色"及"视觉样式"。

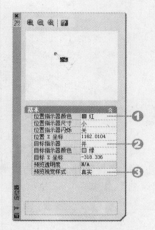

Step 03 通过键盘 ←、↑、↓、→ 键来进行"漫游"导航，但会保持在同一平面上，进行穿越空间对象的查看操作。

Step 04 制作动画：熟练操作后，单击"开始录制动画" 按钮，就开始录制"漫游"的动画。

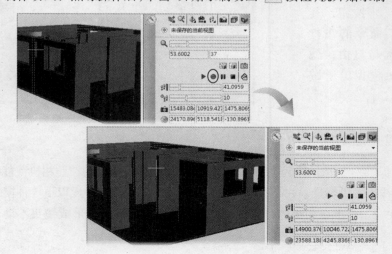

Step 05 再单击一次该按钮，就结束动画录制操作，单击 ▶ 按钮打开"动画预览"窗口，将录制结果呈现出来，单击"保存动画" ▣ 按钮。

Step 06 打开"另存为"对话框，输入文件名（扩展名为 .WMV）加以保存。

提示

当进行"漫游"或"飞行"操作时，在"面板"上"三维导航"控制台的"相机位置"、"目标位置"坐标值都会随时呈现最新的坐标数值供参考。在录制过程，配合"暂停录制" ❚❚ 与"继续录制" ▣ 按钮，来执行录制操作的暂停与继续。

"飞行"动画的录制操作，与上述方式几乎相同，只有两点不同，其一是必须执行"飞行" ⬚ 按钮，其二是"飞行"命令的飞行方式更具弹性与自由，就像是操控飞机模拟电子游戏情况一样。

飞行动画结果

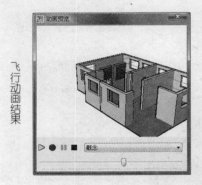
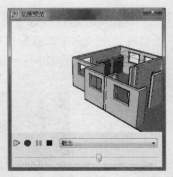

14.2.2 建立运动路径动画

AutoCAD 提供一个 运动路径（ANIPATH）的功能，让所架设的"照相机"能够按着该"运动路径"的路线来拍摄场景，并制作成动画影片，其中又可以细分成以下 3 种模式。

● 相机固定在一定点上，相机的目标与运动路径连接：如此就会形成镜头不动、场景变动的情况。

◯ 相机连接到运动路径上，但相机目标却固定在一定点上：形成在场景中转动摄影机、拍摄某个人物的特写一般。

◯ 相机连接到运动路径上，同时相机目标也连接到另一运动路径上：如此就像是拍摄警匪枪战一般，相机架在一部运动中的车上，同时相机目标锁定警匪车辆的运动路径变动，这是困难度较高的动画影片制作。

提示

不论哪种类型，如果熟悉 3ds max 软件，就会明了这个功能其实就是 AutoDesk 公司买下 3ds max 软件后，将 3ds max 动画功能融入到 AutoCAD 的结果，使得 AutoCAD 过去被人诟病的动画功能，呈现划时代的突破，请务必熟悉此操作。

范　例　相机与目标皆连接动画路径的动画制作

Step 01 打开范例 CH14-2-2.DWG 文件，事先已经建立好相机与运动路径，并设置好该路径的高程。

Step 02 执行"视图"→"运动路径动画"命令，打开"运动路径动画"对话框，首先设置"帧率"（例如：每秒画面 15）、持续时间（例如：10 秒），系统就会自动填入"帧数"数值。

Step 03 选择动画录制的"视觉样式"（例如：真实）、设置"动画格式"（例如：AVI）与"分辨率"。

Step 04 设置"将相机链接至"选项，单击"选择路径" 按钮；回到视图中，单击要链接的路径。

Step 05 打开"路径名称"对话框，输入名称，单击 确定 按钮。

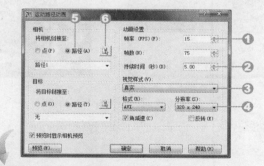

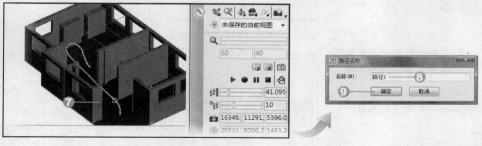

Step 06 回到步骤 4 的画面，选择"将目标链接至"选项，按照前两步骤的方式，单击"路径"（可以与相机相同）选项并设置名称（例如：路径 2），完成后单击 确定 按钮。

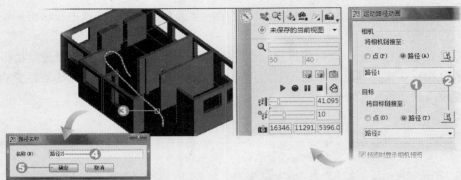

Step 07 打开"另存为"对话框并输入名称，保存后，系统会开始制作动画。

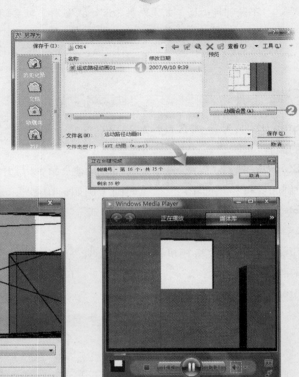

查看动画结果

其他两种类型的"运动路径动画"方式，与上述范例相似。

提示

　　若要自行建立运动路径，最好配合"多重视口"的方式来执行，如此才能精确地制作出所需的路径对象位置与高度。

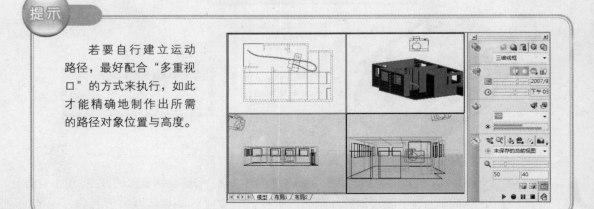

好书推荐

Photoshop CS4完全自学教程
ISBN：978-7-111-25108-8
定 价：68.00元

ILLustrator CS3完全自学教程
ISBN：978-7-111-25106-4
定 价：55.00元

Dreamweaver CS3完全自学教程
ISBN：978-7-111-25107-1
定价：49.80元

Premiere PRO CS3完全自学教程
ISBN：978-7-111-25139-2
定价：59.00元

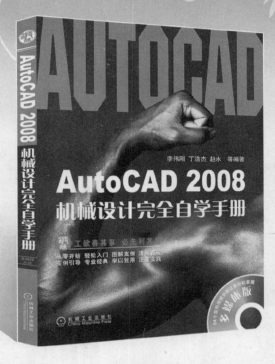

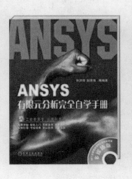

专业成就人生
立体服务大众

HZ BOOKS
www.hzbook.com

填写读者调查表　加入华章书友会
获赠精彩技术书　参与活动和抽奖

尊敬的读者：

　　感谢您选择华章图书。为了聆听您的意见，以便我们能够为您提供更优秀的图书产品，敬请您抽出
宝贵的时间填写本表，并按底部的地址邮寄给我们（您也可通过www.hzbook.com填写本表）。您将加入
我们的"华章书友会"，及时获得新书资讯，免费参加书友会活动。我们将定期选出若干名热心读者，
免费赠送我们出版的图书。请一定填写书名书号并留全您的联系信息，以便我们联络您，谢谢！

书名：　　　　　　　　　　　　书号：7-111-(　　　　　　　　　)

姓名：	性别：□男　□女	年龄：	职业：
通信地址：		E-mail：	
电话：	手机：	邮编：	

1. 您是如何获知本书的：
□ 朋友推荐　　　□ 书店　　　□ 图书目录　　　□ 杂志、报纸、网络等　　　□ 其他

2. 您从哪里购买本书：
□ 新华书店　　　□ 计算机专业书店　　　　　□ 网上书店　　　　　　□ 其他

3. 您对本书的评价是：

技术内容	□ 很好	□ 一般	□ 较差	□ 理由_____
文字质量	□ 很好	□ 一般	□ 较差	□ 理由_____
版式封面	□ 很好	□ 一般	□ 较差	□ 理由_____
印装质量	□ 很好	□ 一般	□ 较差	□ 理由_____
图书定价	□ 太高	□ 合适	□ 较低	□ 理由_____

4. 您希望我们的图书在哪些方面进行改进？
_____

5. 您最希望我们出版哪方面的图书？如果有英文版请写出书名。
_____

6. 您有没有写作或翻译技术图书的想法？
□ 是，我的计划是_____　□ 否

7. 您希望获取图书信息的形式：
□ 邮件　　　　□ 信函　　　　□ 短信　　　　□ 其他_____

请寄：北京市西城区百万庄南街1号　机械工业出版社　华章公司　计算机图书策划部收
邮编：100037　电话：(010) 88379512　传真：(010) 68311602　E-mail: hzjsj@hzbook.com